高职高专"十三五"建筑及工程管理类专业系列规划教材

工 程 材 料

主　审　刘超群

主　编　张月芳

西安交通大学出版社

XI'AN JIAOTONG UNIVERSITY PRESS

内 容 提 要

　　本书通过任务导入的方式介绍了工程施工企业常用的工程材料，重点介绍了五个项目，包括工程材料基本性质、土建工程材料、装饰工程材料、爆破材料、油料。通过介绍材料的基本性质来掌握各种工程材料的用途、运输、使用、仓储、保管和防护。在每个项目下都设有若干个任务，让学生带着任务里提出的问题来认识工程材料，在学习完理论知识后，能利用学习到的理论知识回答问题并完成任务实施。通过这样的训练，既可以提高学生的学习兴趣，又可以提高其将理论转化为实践的能力。

本教材依据教育部对高职高专人才培养目标、培养规格、培养模式以及与之相适应的知识、技能、能力和素质结构的要求，贴合企业对物流管理专业（工程物资方向）人才的实际需要，采用最新技术标准和规范编写而成。本教材具备如下特点：

（1）教材结构的合理性。教材的体系设计合理、循序渐进，符合学生的认知规律。每一个项目下都有具体的任务，便于教师授课、学生学习，每一项目的任务导入中所附的引导问题有助于学生对重点内容的掌握。

（2）知识的实用性。强调理论知识够用，以实用为根本原则，吸收企业人员的意见和建议。本教材还列有一些工程案例，加强教学的针对性。

本教材由张月芳任主编并负责全书统编定稿。编写人员分工如下：项目一中的任务一和任务二（陕西铁路工程职业技术学院，张月芳）、项目一中的任务三（陕西铁路工程职业技术学院，刘良甫）、项目二（张月芳）、项目三（中铁航空港集团第二工程有限公司，马增强）、项目四（中铁十一局集团第五工程有限公司建安分公司副总经理李云鹏）、项目五（陕西铁路工程职业技术学院，苏开拓）。

在本教材的编写过程中，陕西铁路工程职业技术学院管理工程系系主任刘超群副教授对全书进行了审定，并提出了宝贵意见。同时也得到了兄弟院校、政府行业管理部门、施工企业从业者等的大力支持和帮助，在此一并表示感谢！

由于作者水平有限，对有些问题考虑得不成熟，书中难免会有错误，敬请广大读者多提宝贵意见。

编者

2016.1

Contents 目录

项目一

工程材料基本性质

一、任务描述

1.了解材料的状态参数与结构特征；

2.掌握材料与水有关的性质；

3.掌握材料与热有关的性质。

二、学习目标

通过本任务的学习，你应当：

1.能读懂材料的密度、表观密度、堆积密度、亲水性、憎水性、吸水性、吸湿性、耐水性、抗冻性、抗渗性、导热性、耐热性、耐燃性等技术指标；

2.能根据工程情况判断材料的各项指标是否达标，进而判断该种材料选用是否合理。

三、任务实施

(一)任务导入，学习准备

引导问题 1：在建筑工程中，什么情况下会用到材料的密度、表观密度和堆积密度等数据？

_____

_____

_____

引导问题 2：举例说明，哪些材料属于亲水性材料？哪些材料属于憎水性材料？防水防潮材料应优先选用哪种材料？

_____

_____

_____

_____

引导问题 3：吸水性和吸湿性有什么区别？

_____

_____

_____

引导问题 4：哪些材料属于非燃烧材料？哪些材料属于易燃材料？哪些材料属于耐火材料？

_____

_____

_____

引导问题 5：软化系数和耐水性之间是什么关系？导热系数和导热性之间是什么关系？

_____

_____

_____

引导问题 6：空隙率与孔隙率有什么区别？

_____

_____

_____

_____

(二)任务实施

任务 1：某工程灌浆材料采用水泥净浆，为了达到较好的施工性能，配合比中要求加入硅粉，并对硅粉的化学组成和细度提出要求，但施工单位将硅粉误解为磨细石英粉，生产中加入的磨细石英粉的化学组成和细度均满足要求，在实际使用中效果不好，水泥浆体成分不均。

请分析原因是什么？

_____

_____

_____

任务 2：某施工队原使用普通烧结黏土砖，后改为表观密度为 $700kg/m^3$ 的加气混凝土砌块。在抹灰前采用同样的方式往墙上浇水，发现原使用的普通烧结黏土砖易吸足水量，但加气混凝土砌块虽表面看来浇水不少，但实则吸水不多。

请分析原因是什么？

_____

_____

_____

_____

任务3：一块普通黏土砖，其尺寸符合标准尺寸，烘干恒定质量为2500g，吸水饱和质量为2900g，再将该砖磨细，过筛烘干后取50g，用密度瓶测定其体积为18.5cm³。试求该砖的吸水率、密度、表观密度及孔隙率。

_____

_____

_____

任务4：空气、水和冰的导热性能哪个最大？并由此说明为什么保温隔热材料要注意防潮？

_____

_____

_____

_____

任务5：新建的房屋保暖性差，到了冬季更甚，这是为什么？（提示：从导热系数的影响因素考虑）

_____

_____

_____

_____

四、任务评价

1. 完成以上任务评价的填写

班级：　　　　　　　姓名：

考核项目		分数				教师评价得分
		差	中	良	优	
自学能力		8	10	11	13	
言谈举止	工作过程安排是否合理规范	8	10	15	20	
	陈述是否清晰完整	8	10	11	12	
	是否正确领会运用已学知识来解决实际问题	7	10	15	18	
是否积极参与活动		7	10	11	13	
是否具备团队合作精神		7	10	11	12	
成果展示		7	10	11	12	
总计		52	70	85	100	
教师签字：　　　　　　　　　年　　月　　日						最终得分：

2.自我评价

(1)完成此次任务过程中存在哪些问题?

_____

_____

_____

(2)请提出相应的解决问题的方法。

_____

_____

_____

五、知识讲解

(一)材料的真实密度、表观密度与堆积密度

密度是指物质单位体积的质量,单位为 g/cm^3 或 kg/m^3。由于材料所处的体积状况不同,因此有真实密度、表观密度和堆积密度之分。

1.真实密度(true density)

真实密度是指材料在规定条件(105℃±5℃烘干至恒重,温度 20℃)绝对密实状态下(绝对密度状态是指不包括任何孔隙在内的体积)单位体积所具有的质量,其计算公式如下:

$$\rho = \frac{m_s}{V_s}$$

式中:ρ——真实密度(g/cm^3);

m_s——材料矿质实体的质量(g);

V_s——材料矿质实体的体积(cm^3)。

除了钢材、玻璃等少数接近于真实密度的材料外,绝大多数材料都有一些孔隙。在测定有孔隙的材料密度时,应把材料磨成细粉(粒径小于 0.20mm),经干燥后用李氏密度瓶测定其实体体积。材料磨得愈细,测定的密度值愈精确。

2.表观密度(apparent density)

表观密度是单位体积(含材料的实体矿物及不吸水的闭口孔隙,但不包括能吸水的开口空隙在内的体积)所具有的质量,其计算公式如下:

$$\rho_a = \frac{m_s}{V_s + V_n}$$

式中:ρ_a——表观密度(g/cm^3);

V_n——材料不吸水的闭口孔隙的体积(cm^3);

m_s、V_s 意义同上。

3.堆积密度(stacking density)

堆积密度(旧称松散容重)是指粉状、粒状或纤维状下,单位体积(包含了颗粒的孔隙及

颗粒之间的空隙)所具有的质量,其计算公式如下:

$$\rho_0' = \frac{m}{V_0}$$

式中:ρ_0'——堆积密度(g/m^3);

m——材料的质量(g);

V_0——材料的堆积体积(cm^3)。

在土木工程中,计算材料用量、构件自重、配料计算及确定堆放空间时,经常要到材料的密度、表观密度和毛体积密度等数据。常用土木工程材料的有关数据见表1-1。

表1-1　常用土木工程材料的密度、表观密度、堆积密度和孔隙率

材料	密度 ρ（kg/m^3）	表观密度 ρ（kg/m^3）	孔隙率 P（%）
石灰岩	2.60	1800～2600	—
花岗岩	2.80	2500～2700	0.5～3.0
碎石(石灰岩)	2.60	—	—
砂	2.60	—	—
黏土	2.60	—	—
普通黏土砖	2.50	1600～1800	20～40
黏土空心砖	2.50	1000～1400	—
水泥	2.50	—	—
普通混凝土	3.10	2100～2600	5～20
轻骨料混凝土	—	800～1900	—
木材	1.55	400～800	55～75
钢材	7.85	7850	0
泡沫塑料	—	20～50	—
玻璃	2.55		

(二)材料的密实度与孔隙率

1. 密实度

密实度是指材料体积内被固体物质所充实的程度,也就是固体物质的体积占总体积的比例。密实度反映了材料的致密度,以 D 表示,其计算公式如下:

$$D = \frac{V_s}{V} \times 100\%$$

式中,V_s、V 的意义同上。

含有孔隙的固体材料的密实度均小于1。材料的很多性能如强度、吸水性、耐久性、导热性等均与其密实度有关。

2. 孔隙率

孔隙率是指材料孔隙体积(包括不吸水的闭口孔隙、能吸水的开口空隙)与总体积之比,以

P 表示,其计算公式如下:

$$P = \frac{V - V_s}{V} \times 100\%$$

式中,V_s、V 的意义同上。

孔隙率与密实度的关系为:

$$P + D = 1$$

孔隙率的大小直接反映了材料的致密程度。材料内部的孔隙又可分为连通的孔隙和封闭的孔隙,连通孔隙不仅彼此贯通且与外界相通,而封闭孔隙彼此不连通且与外界隔绝。孔隙按其尺寸大小又可分为粗孔和细孔。孔隙率的大小及孔隙本身的特征与材料的许多重要性质,如强度、吸水性、抗渗性、抗冻性和导热性等都有密切关系。一般而言,孔隙率小,且连通孔较少的材料,其吸水性较小,强度较高,抗渗性和抗冻性较好。几种常用土木工程材料的孔隙率见表 1-1。

(三)材料与水有关的性质

1. 亲水性与憎水性

材料在空气中与水接触时,根据其是否能被水润湿,可将材料分为亲水性材料和憎水性材料(或称疏水性)两大类。

材料被水润湿的程度可用润湿角 θ 表示,如图 1-1 所示。润湿角是在材料、水和空气三相的交点处,沿水滴表面切线与水雾固体接触面之间的夹角,θ 角愈小,则该材料能被水所润湿的程度愈高。一般认为,润湿角 $\theta \leqslant 90°$(如图 1-1(a)所示)的材料为亲水性材料。反之,润湿角 $\theta > 90°$,表明该材料不能被水润湿,称为憎水性材料(如图 1-1(b)所示)。

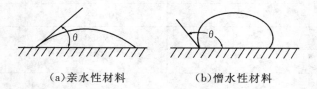

(a)亲水性材料　　　　　　　(b)憎水性材料

图 1-1　材料润湿示意图

大多数土木工程材料,如石料、集料、砖、混凝土、木材等都属于亲水性材料,表面均能被水润湿,且能通过毛细管作用将水吸入材料的毛细管内部。

沥青、石蜡等属于憎水性材料,表面不能被水润湿。该类材料一般能阻止水分渗入毛细管中,因而能降低材料的吸水性。憎水性材料不仅可用作防水材料,而且可用于亲水性材料的表面处理,以降低其吸水性。

2. 吸湿性

材料在潮湿的空气中吸收空气中水分的性质称为吸湿性。吸湿性的大小用含水率表示。

材料所含水的质量占材料干燥质量的百分数,称为材料的含水率,其计算公式如下:

$$W_{含} = \frac{m_{含} - m_{干}}{m_{干}} \times 100\%$$

式中:$W_{含}$——材料的含水率(%);

$m_含$——材料含水时的质量(g);

$m_干$——材料干燥至恒重时的质量(g)。

材料含水率的大小,除与材料本身的特性有关外,还与周围环境的温度、湿度有关。气温越低、相对湿度越大,材料的含水率也就越大。

材料随着空气湿度的变化,既能在空气中吸收水分,又可向外界扩散水分,最终将使材料中的水分与周围空气的湿度达到平衡,这时材料的含水率,称为平衡含水率。平衡含水率并不是固定不变的,它随环境中的温度和湿度的变化而改变。当材料吸水达到饱和状态时的含水率即为吸水率。

3. 吸水性

材料在浸水状态下吸入水分的能力为吸水性。吸水性的大小,以吸水率表示。吸水率有质量吸水率和体积吸水率两种。

(1)质量吸水率:材料所吸收水分的质量占材料干燥质量的百分数,其计算公式如下:

$$W_质 = \frac{m_湿 - m_干}{m_干} \times 100\%$$

式中:$W_质$——材料的质量吸水率(%);

$m_湿$——材料饱水后的质量(g);

$m_干$——材料烘干到恒重的质量(g)。

(2)体积吸水率:材料吸收水分的体积占干燥自然体积的百分数,是材料体积内被水充实的程度。其计算公式如下:

$$W_体 = \frac{V_水}{V_1} = \frac{m_湿 - m_干}{V_1} \cdot \frac{1}{\rho_w} \times 100\%$$

式中:$W_体$——材料的体积吸水率(%);

$V_水$——材料在饱水时水的体积(cm^3);

V_1——干燥材料在自然状态下的体积(cm^3);

ρ_w——水的密度(g/cm^3);

$m_湿$、$m_干$ 的意义同上。

质量吸水率与体积吸水率存在如下关系:

$$W_体 = W_质 \cdot \rho_0 \cdot \frac{1}{\rho_w}$$

材料的吸水性,不仅与材料的亲水性或憎水性有关,而且与孔隙率的大小及孔隙特征有关。一般孔隙率愈大,吸水性也愈强。封闭的孔隙,水分不易进入;开口的孔隙,水分又不易存留,故材料的体积吸水率常小于孔隙率。

对于某些轻质材料,如加气混凝土、软木等,由于具有很多开口而微小的孔隙,所以它的质量吸水率往往超过100%,即湿质量为干质量的几倍,在这种情况下,最好用体积吸水率表示其吸水性。

水在材料中对材料性质将产生不良的影响,它使材料的表观密度和导热性增大,强度降低,体积膨胀。因此,吸水率大对材料性能是不利的。

4.耐水性

材料长期在饱和水作用下不破坏，其强度也不显著降低的性质称为耐水性。材料的耐水性用软化系数表示，其计算公式如下：

$$K_{软} = \frac{f_{饱}}{f_{干}}$$

式中：$K_{软}$——材料的软化系数；

$f_{饱}$——材料在饱水状态下的抗压强度（MPa）；

$f_{干}$——材料在干燥状态下的抗压强度（MPa）。

软化系数的大小表明材料浸水后强度降低的程度，一般在 0～1 之间波动。软化系数越小，说明材料饱水后的强度降低越多，其耐水性越差。对于经常位于水中或受潮严重的重要结构物的材料，其软化系数不宜小于 0.85；受潮较轻或次要结构物的材料，其软化系数不宜小于 0.70。软化系数大于 0.80 的材料，通常可以认为是耐水的材料。

5.抗渗性

材料抵抗水、油等液体压力作用渗透的性质称为抗渗性（或不透水性）。材料的抗渗性用渗透系数表示，材料的渗透系数越大，表明材料的抗渗性越差。

材料的抗渗性也可用抗渗等级 P_n 来表示。抗渗等级是以规定的试件，在标准的试验方法下所能承受的最大水压力来表示。如 P_2、P_4、P_6 等，分别表示材料能承受 0.2MPa、0.4MPa、0.6 MPa 水压而不渗透。

材料抗渗性的好坏，与材料的孔隙率和孔隙特征有密切关系。孔隙率很小而且是封闭孔隙的材料具有较高的抗渗性。对于地下建筑及水工构筑物，因常受到压力水的作用，故要求材料具有一定的抗渗性；对于防水材料，则要求具有更高的抗渗性。材料抵抗其他液体渗透的性质，也属于抗渗性。

6.抗冻性

材料在饱水状态下，能经受多次冻结和融化作用（冻融循环）而不破坏，同时也不严重降低强度的性质称为抗冻性。通常采用－15℃的温度（水在微小的毛细管中低于－15℃才能冻结）冻结后，再在 20℃的水中融化，这样的过程为一次冻融循环。

材料经多次冻融交替作用后，表面将出现剥落、裂纹，产生质量损失，强度也将会降低。这是因为材料孔隙内的水结冰时体积膨胀将引起材料的破坏。

抗冻性良好的材料，对于抵抗温度变化、干湿交替等破坏作用的性能也较强。所以，抗冻性常作为考查材料耐久性的一个指标。处于温暖地区的土建结构物，虽无冰冻作用，为抵抗大气的作用，确保土建结构物的耐久性，有时对材料也提出一定的抗冻性要求。

（四）材料与热有关的性质

材料的热性质主要包括导热性、耐热性、耐燃性和热变形性。

1.导热性

材料传导热量的能力称为导热性，其大小用导热系数表示，其计算公式如下：

$$\lambda = \frac{QS}{At(T_2 - T_1)}$$

式中：λ——导热系数（W/(m·K)）；

　　Q——传导的热量（J）；

　　A——热传导面积（m²）；

　　S——材料的厚度（m）；

　　t——热传导时间（s）；

　　$T_2 - T_1$——材料两侧温差（K）。

材料导热系数的大小，受本身的物质构成、密实程度、构造特征、环境的温湿度及热流方向的影响。

通常金属材料的导热系数最大，无机非金属材料次之，有机材料最小；相同组成时，晶态比非晶态材料的导热系数大；密实性大的材料，导热系数亦大；在孔隙率相同时，具有微细孔或封闭孔构造的材料，其导热系数偏小。此外，材料含水，导热系数会明显增大；材料在高温下的导热系数比常温下大些；顺纤维方向的导热系数也会大些。

2. 耐热性（亦称耐高温性或耐火性）

材料长期在高温作用下，不失去使用功能的性质称为耐热性。材料在高温作用下会发生性质的变化而影响材料的正常使用。

（1）受热变质。

一些材料长期在高温作用下会发生材质的变化。如二水石膏在 65℃～140℃ 脱水成为半水石膏；石英 573℃ 会由 α 石英转变为 β 石英，同时体积增大 2%；石灰石、大理石等碳酸盐类矿物在 900℃ 以上分解；可燃物常因在高温下急剧氧化而燃烧，如木材长期受热则会发生碳化，甚至燃烧。

（2）受热变形。

材料受热作用会发生热膨胀导致结构破坏。材料受热膨胀大小常用膨胀系数表示。普通混凝土膨胀系数为 10×10^{-6}，钢材为 $(10 \sim 12) \times 10^{-6}$，因此它们能组成钢筋混凝土共同工作。普通混凝土在 300℃ 以上，由于水泥石脱水收缩，骨料受热膨胀，因而混凝土长期在 300℃ 以上工作会导致结构破坏。钢材在 350℃ 以上时，其抗拉强度显著降低，会使钢结构产生过大的变形而失去稳定。

3. 耐燃性

材料对火焰和高温的抵抗力称为材料的耐燃性。耐燃性是影响建筑物防火、建筑结构耐火等级的一项因素。《建筑内部装修防火设计规范》（GB 50222—95）按建筑材料的燃烧性能不同将其分为四类。

（1）非燃烧材料（A 级）：在空气中受到火烧或高温作用时不起火、不碳化、不微燃的材料，如钢铁、砖、石等。用非燃烧材料制作的构件称非燃烧体。钢铁、铝、玻璃等材料受到火烧或高热作用会发生变形、熔融，所以虽然它们是非燃烧材料，但不是耐火的材料。

（2）难燃材料（B1 级）：在空气中受到火烧或高温高热作用时难起火、难微燃、难碳化，当火源移走后,已有的燃烧或微燃立即停止的材料,如经过防火处理的木材和刨花板等。

(3)可燃材料(B2级):在空气中受到火烧或高温高热作用时立即起火或微燃,且火源移走后仍继续燃烧的材料,如木材。用这种材料制作的构件称为燃烧体,使用时应作防燃处理。

(4)易燃材料(B3级):在空气中受到火烧或高温作用时立即起火,并迅速燃烧,且离开火源后仍继续迅速燃烧的材料,如部分未经阻燃处理的塑料、纤维织物等。

材料在燃烧时放出的烟气和毒气对人体的危害极大,远远超过火灾本身。因此,对建筑内部进行施工时,应尽量避免使用燃烧时放出大量浓烟和有毒气体的材料。国家标准中对用于建筑物内部和部位的建筑材料的燃烧等级作了严格的规定。

任务二 材料的力学性质

一、任务描述

1. 了解与材料强度有关的因素;
2. 掌握强度的分类及计算公式;
3. 掌握硬度的含义及其衡量指标;
4. 掌握材料的耐磨性及其衡量指标;
5. 掌握材料的四种变形性及其含义。

二、学习目标

通过本任务的学习,你应当:

1. 能读懂材料的强度、硬度、磨损率等技术指标;
2. 能区分弹性、塑性、脆性和韧性这四种变形性能。

三、任务实施

(一)任务导入,学习准备

引导问题 1:材料的强度有哪几类? 影响材料强度的因素有哪些?

_____

_____

_____

引导问题 2:影响材料耐磨性的因素有哪些?

_____

_____

_____

引导问题 3：在哪些部位使用的材料要求耐磨性比较高？

_____

_____

_____

引导问题 4：脆性材料有哪些？请举例说明。

_____

_____

_____

引导问题 5：脆性材料和塑性材料的主要区别是什么？

_____

_____

_____

_____

(二)任务实施

任务：人们在测试混凝土等材料的强度时可观察到，同一试件，加荷速度过快，所测值偏高。

请分析原因是什么？

_____

_____

_____

四、任务评价

1.完成以上任务评价的填写

班级：　　　　　　　姓名：

考核项目		分数				教师评价得分
		差	中	良	优	
自学能力		8	10	11	13	
言谈举止	工作过程安排是否合理规范	8	10	15	20	
	陈述是否清晰完整	8	10	11	12	
	是否正确领会运用已学知识来解决实际问题	7	10	15	18	

续表

考核项目	分数				教师评价得分
	差	中	良	优	
是否积极参与活动	7	10	11	13	
是否具备团队合作精神	7	10	11	12	
成果展示	7	10	11	12	
总计	52	70	85	100	最终得分：
教师签字：			年　　月　　日		

2.自我评价

(1)完成此次任务过程中存在哪些问题？

_____

_____

_____

(2)请提出相应的解决问题的方法。

_____

_____

_____

_____

五、知识讲解

(一)材料的强度

　　材料在外力(负荷)作用下抵抗破坏的能力称为强度。强度值是以材料受外力破坏时,单位面积上所承受的力来表示。建筑材料在建筑物上所受的外力,主要有拉力、压力、剪力及弯曲等。材料抵抗这些外力破坏的能力,分别称为抗压、抗剪和抗弯(抗弯折)等强度。如图1-2所示。

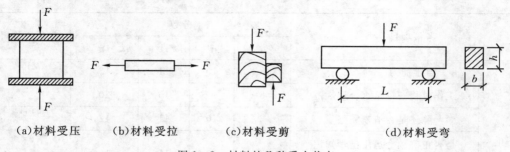

　　(a)材料受压　　　(b)材料受拉　　　(c)材料受剪　　　　　(d)材料受弯

图1-2　材料的几种受力状态

强度的分类和计算公式如表1-2所示。

表 1 - 2　强度的分类、受力举例和计算公式

强度类型	举例	计算公式	附注
抗压强度（MPa） 抗拉强度（MPa） 抗剪强度（MPa）		$f = \dfrac{F}{A}$	f——材料强度（MPa）； F——破坏荷载（N）； A——受荷面积（mm^2）； L——跨度（mm）； b、h——试件宽度和高度（mm）
抗弯强度（MPa）		$f = \dfrac{3FL}{2bh^2}$	

对于以强度为主要指标的材料，通常按材料强度值的高低划分成若干等级，称为材料的强度等级或标号。材料的强度与材料的成分、结构及构造等有关。构造紧密、孔隙率较小的材料，由于其质点间的联系较强，材料有效受力面积较高，所以其强度较高。如硬质木材的强度就要高于软质木材的强度。具有层次或纤维状构造的材料在不同的方向受力时所表现出的强度性能不同，如木材的强度就有横纹强度和顺纹强度之分。

在工程的设计与施工时，了解材料的强度特性，对于掌握材料的其他性能，合理选用材料，正确进行设计和控制工程质量，是十分重要的。

在选择材料时，经常用到比强度的概念。比强度是指材料的强度与其表观密度的比值。比强度的意义如下：

（1）衡量材料轻质高强性能的一项重要指标。

（2）选用比强度高的材料或者提高材料的比强度，对大跨度、高高度建筑十分有利。普通混凝土、低碳钢、松木的比强度分别为 0.012、0.053、0.069。

（二）材料的硬度

硬度是材料表面能抵抗其他较硬物体压入或刻划的能力。不同材料的硬度测定方法不同。木材、混凝土、钢材等的硬度常用钢球压入法测定，如布氏硬度（HBS、HBW）、肖氏硬度（HS）、洛氏硬度（HR）等。但石材有时也按刻划法（又称莫氏硬度）测定，即将矿物硬度分为10 级，其硬度递增的顺序为：滑石 1、石膏 2、方解石 3、萤石 4、磷灰石 5、正长石 6、石英 7、黄玉8、刚玉 9、金刚石 10。一般硬度大的材料耐磨性较强，但不易加工，也可根据硬度的大小，间接推算出材料的强度。

(三)材料的耐磨性

耐磨性是材料表面抵抗磨损的能力,常用磨损率表示。其计算公式如下:

$$N = \frac{m_1 - m_2}{A}$$

式中:N——材料的耐磨率(g/cm^2);

m_1,m_2——材料磨损前、后的质量(g);

A——试件受磨面积(cm^2)。

材料的磨耗率 N 值越低,表明该材料的耐磨性越好。一般硬度较高的材料,耐磨性也较好。材料的磨损性与硬度、强度及内部构造有关。材料的硬度越大,则材料的耐磨性越高。材料的磨损率有时也用磨损前后的体积损失来表示;材料的耐磨性也可用耐磨次数来表示。地面、路面、楼梯踏步及其他受较强磨损作用的部位,需选用具有较强硬度和耐磨性的材料,工程实际中也可通过选择硬度合适的材料来满足对耐磨性的要求。

(四)材料的变形性

1.弹性

材料在外力作用下产生变形,外力取消后变形即行消失,材料能够完全恢复到原来形状的性质,称为材料的弹性。这种完全恢复的变形,称为弹性变形。材料的弹性变形与荷载成正比。

2.塑性

材料在外力作用下产生变形,在外力取消后,有一部分变形不能恢复,这种性质称为材料的塑性。这种不能恢复的变形,称为塑性变形。

钢材在弹性极限内接近于完全弹性材料,其他建筑材料多为非完全弹性材料。这种非完全弹性材料在受力时,弹性变形和塑性变形同时产生,外力取消后,弹性变形可以消失,而塑性变形不能消失。

3.脆性

脆性指材料受力达到一定程度后突然破坏,而破坏时并无明显塑性变形的性质。其特点是材料在接近破坏时,变形仍很小。混凝土、玻璃、砖、石材及陶瓷等属于脆性材料。它们抵抗冲击作用的能力差,抗拉强度低,但是抗压强度较高。

4.韧性

韧性指材料在冲击、振动荷载的作用下,材料能够吸收较大的能量,同时也能产生一定的变形而不破坏的性质。对用作桥梁、地面、路面及吊车梁等材料,都要求具有较高的抗冲击韧性。

任务三　材料的耐久性

一、任务描述

1. 了解影响耐久性的因素；
2. 掌握耐久性的含义及其应用。

二、学习目标

通过本任务的学习，你应当：

1. 能读懂材料耐久性的技术指标；
2. 能根据不同的工程情况判断出衡量该种材料应选用的耐久性指标。

三、任务实施

（一）任务导入，学习准备

引导问题 1：工程所处环境不同，对材料耐久性项目的要求也不同，请举例说明。

_____

_____

_____

引导问题 2：影响材料耐久性的外部因素有哪些？请举例说明。

_____

_____

_____

引导问题 3：影响材料耐久性的内部因素有哪些？请举例说明。

_____

_____

_____

_____

（二）任务实施

任务：生产材料时，在其组成一定的情况下，可采取什么措施来提高材料的强度和耐久性？

_____

_____

_____

_____

四、任务评价

1. 完成以上任务评价的填写

班级：　　　　　　　　　　　　　姓名：

考核项目		分数				教师评价得分
		差	中	良	优	
自学能力		8	10	11	13	
言谈举止	工作过程安排是否合理规范	8	10	15	20	
	陈述是否清晰完整	8	10	11	12	
	是否正确领会运用已学知识来解决实际问题	7	10	15	18	
是否积极参与活动		7	10	11	13	
是否具备团队合作精神		7	10	11	12	
成果展示		7	10	11	12	
总计		52	70	85	100	最终得分：
教师签字：			年　　月　　日			

2. 自我评价

(1)完成此次任务过程中存在哪些问题？

_____

_____

_____

(2)请提出相应的解决问题的方法。

_____

_____

_____

_____

五、知识讲解

材料的耐久性是指用于建筑物的材料,在环境的多种因素作用下不变质、不破坏,长久地保持其使用性能的能力。耐久性是材料的一种综合性质,诸如抗冻性、抗风化性、抗老化性、耐化学腐蚀性等均属耐久性的范围。此外,材料的强度、抗渗性、耐磨性等也与材料的耐久性有密切关系。

(一)影响材料耐久性的因素

建筑材料在使用中逐步变质失效,有其内部因素和外部因素的影响。

1.内部因素

内因是决定材料耐久性的最根本的因素。材料本身组分和结构的不稳定、低密实度、各组分热膨胀的不均匀、固相界面上的化学生成物的膨胀等都是其内部因素。

2.外部因素

使用中所处的环境和条件(自然的和人为的),诸如日光曝晒、介质侵蚀(大气、水、化学介质)、温湿度变化、冻融循环、机械摩擦、荷载、疲劳、电解、虫菌寄生等,都是其外部因素。具体包括以下几个方面:

(1)物理作用。

物理作用有干湿变化、温度变化及冻融变化等。这些作用将使材料发生体积的胀缩,或导致内部裂缝的扩展,时间长久之后即会使材料逐渐破坏。在寒冷冰冻地区,冻融变化对材料会起着显著的破坏作用。在高温环境下,经常处于高温状态的建筑物或构筑物,选用的建筑材料要具有耐热性能。在民用和公共建筑中,要考虑安全防火要求,须选用具有抗火性能的难燃或不燃的材料。

(2)化学作用。

化学作用包括酸、碱、盐等物质的水溶液以及有害气体的侵蚀作用,这些侵蚀作用会使材料逐渐变质而被破坏。

(3)机械作用。

机械作用包括荷载的持续作用,交变荷载对材料引起的疲劳、冲击、磨损、磨耗等。

(4)生物作用。

生物作用包括菌类、昆虫等的侵害作用,导致材料发生腐朽、虫蛀等而破坏。

这些内外因素,最后都归结为机械的、物理的、化学的和生物的作用,单独或复合地作用于材料,抵消了它在使用中可能同时存在的有利因素的作用,使之逐步变质而导致丧失其使用性能。

各种作用对于材料性能的影响,视材料本身的组分、结构而不同。在建筑材料中,金属材料主要易被电化学腐蚀;水泥砂浆、混凝土、砖瓦等无机非金属材料,主要是通过干湿循环、冻融循环、温度变化等物理作用,以及溶解、溶出、氧化等化学作用;高分子材料主要由于紫外线、臭氧等所起的化学作用,使材料变质失效;木材虽主要是由于腐烂菌引起腐朽和昆虫引起蛀蚀而使其失去使用性能,但环境的温度、湿度和空气又为菌类、虫类提供生存与繁殖的条件。在材料的变质失效过程中,其外部因素往往和内部因素结合而起作用;各外部因素之间,也可能互相影响。

建筑材料的耐久性指标,对于传统材料生产中的质量控制、使用条件的规定,特别是新材料的能否推广使用都是关键性的。目前,还只能把材料处在比实际使用状况强化得多的模拟环境和条件(一般只突出一、两种因素)下,进行加速的或短期试验,确定一个表征材料受损、变质、失效以至破坏程度的对比性评价指标。如据此预言材料的远期行为,则仍是困难的,还要求助于类同材料的长期使用经验。由于近代材料科学和统计数学的发展,有可能把材料在使用中的变质失效作为某种随机过程来处理,通过数学模拟,并辅以短期试验,从而预测比较可靠的安全使用年限,作为耐久性指标,进行安全使用年限的预测。事实上,对某些金属材料耐久性的研究试验,已开始向这个方向努力。

从单一破坏因素着手,分析清楚材料变质失效的机理和过程,对于获得和理解近期评价指标,提出有效地防止变质措施,以致为发展中的理论预测作基础准备等,都是很有价值的。在实际使用环境中,在各种因素综合作用下进行考验的长期数据,则尤为可贵,据此可建立材料在单一因素和复合因素作用下,它的有关行为之间的关系,并可直接检验长期性能预测的可靠性。耐久性是材料抵抗自身和自然环境双重因素长期破坏作用的能力,即保证其经久耐用的能力。耐久性越好,材料的使用寿命越长。

(二)提高材料耐久性的措施

提高材料耐久性的措施主要有三方面:

第一,提高材料本身对外界作用的抵抗能力(如提高密实度、改变孔隙构造和改变成分等)。

第二,选用其他材料对主体材料加以保护(如作保护层、刷涂料和作饰面等)。

第三,设法减轻大气或其他介质对材料的破坏作用(如降低湿度、排除侵蚀性物质等)。

下面以混凝土为例,谈谈如何提高其耐久性。

在土建工程中,混凝土是用途最广、用量最大的建筑材料之一。近百年来,不断提高混凝土强度成为它主要的发展趋势。发达国家越来越多的使用 50MPa 以上的高强混凝土。有些远见卓识的专家考虑到某些工程的需要,在提出高强度的同时,也提出耐久性、施工和易性的要求,尤其是近 5 年,在很多重要工程中都成功地采用高性能混凝土。

要提高混凝土的耐久性,必须降低混凝土的孔隙率,特别是毛细管孔隙率,最主要的方法是降低混凝土的拌和用水量。但如果纯粹地降低用水量,混凝土的工作性也将随之降低,又会导致捣实成型有所困难,同样造成混凝土结构不致密,甚至出现蜂窝等宏观缺陷,不但混凝土强度降低,而且混凝土的耐久性也同时降低。目前提高混凝土耐久性基本上有以下几种方法:

1. 掺入高效减水剂

在保证混凝土拌和物所需流动性的同时,尽可能降低用水量,减少水灰比,使混凝土的总孔隙,特别是毛细管孔隙率大幅度降低。水泥在加水搅拌后,会产生一种絮凝状结构。在这些絮凝状结构中,包裹着许多拌和水,从而降低了新拌混凝土的工作性。施工中为了保持混凝土拌和物所需的工作性,就必须在拌和时相应地增加用水量,这样就会促使水泥石结构中形成过多的孔隙。当加入减水剂的定向排列,使水泥质点表面均带有相同电荷。在电性斥力的作用下,不但使水泥体系处于相对稳定的悬浮状态,还在水泥颗粒表面形成一层溶剂化水膜,同时使水泥絮凝体内的游离水释放出来,因而达到减水的目的。许多研究表明,当水灰比降低到 0.38 以下时,消除毛细管孔隙的目标便可以实现,而掺入高效减水剂,完全可以将水灰比降低到 0.38 以下。

2. 掺入高效活性矿物掺料

普通水泥混凝土的水泥石中水化物稳定性的不足,是混凝土不能超耐久的另一主要因素。在普通混凝土中掺入活性矿物的目的,在于改善混凝土中水泥石的胶凝物质的组成。活性矿物掺料中含有大量活性 SiO_2 及活性 Al_2O_3,它们能和波特兰水泥水化过程中产生的游离石灰及高碱性水化矽酸钙产生二次反映,生成强度更高、稳定性更优的低碱性水化矽酸钙,从而达到改善水化胶凝物质的组成,消除游离石灰的目的,使水泥石结构更为致密,并阻断可能形成的渗透路。此外,还能改善集料与水泥石的界面结构和界面区性能。这些重要的作用,对增进混凝土的耐久性及强度都有本质性的贡献。

3.消除混凝土自身的结构破坏因素

除了环境因素引起的混凝土结构破坏以外,混凝土本身的一些物理化学因素,也可能引起混凝土结构的严重破坏,致使混凝土失效。例如,混凝土的化学收缩和干缩过大引起的开裂,水化性过热过高引起的温度裂缝,硫酸铝的延迟生成,以及混凝土的碱骨料反映等。因此,要提高混凝土的耐久性,就必须减小或消除这些结构破坏因素。限制或消除从原材料引入的碱、SO_3、Cl^- 等可以引起破坏结构和侵蚀钢筋物质的含量,加强施工控制环节,避免收缩及温度裂缝产生,以提高混凝土的耐久性。

4.保证混凝土的强度

尽管强度与耐久性是不同概念,但它们又密切相关。它们之间的本质联系是基于混凝土的内部结构,都与水灰比这个因素直接相关。在混凝土能充分密实条件下,随着水灰比的降低,混凝土的孔隙率降低,混凝土的强度不断提高。与此同时,随着孔隙率降低,混凝土的抗渗性提高,各种耐久性指标也随之提高。在现在的高性能混凝土中,除掺入高效减水剂外,还掺入了活性矿物材料,它们不但增加了混凝土的致密性,而且也降低或消除了游离氧化钙的含量。在大幅度提高混凝土强度的同时,也大幅度地提高了混凝土的耐久性。此外,在排除内部破坏因素的条件下,随着混凝土强度的提高,其抵抗环境侵蚀破坏的能力也越强。

为提高材料耐久性,可根据实际情况和材料的特点采取相应的措施,以防为主,比如合理选用材料,减轻环境破坏的作用,提高材料的密实度,采用表面覆盖层等,从而达到目的。

项目二

土建工程材料

任务一　胶凝材料(气硬性无机胶凝材料)

一、任务描述

1. 了解胶凝材料的定义、分类;
2. 了解生石灰、建筑石膏和水玻璃的生产和凝结硬化过程;
3. 掌握石灰、建筑石膏和水玻璃的技术性质及其应用。

二、学习目标

通过本任务的学习,你应当:

1. 能读懂石灰、建筑石膏的技术指标;
2. 能根据工程情况判断石灰选用是否合理。

三、任务实施

(一)任务导入,学习准备

引导问题 1:工地上使用石灰为何要进行陈伏?

_____

_____

_____

引导问题 2:建筑石膏的主要技术性质有哪些? 有哪些用途?

_____

_____

_____

引导问题 3:水玻璃的用途有哪些?

_____

_____

_____

引导问题 4：为什么会出现过火石灰和欠火石灰？它们对石灰的质量有何影响？

_____

_____

_____

_____

（二）任务实施

任务 1：你现在的岗位是一名材料员，你所就职单位的一项民用建筑内墙抹灰采用石灰砂浆，施工验收时发现抹灰层有起鼓现象，伴有放射状裂纹，请分析产生这些裂纹的原因，应采取哪些措施？

_____

_____

_____

任务 2：你现在的岗位是一名材料员，其中职责之一是负责物资保管，那么在石灰的储存和保管时需要注意哪些方面？

_____

_____

_____

任务 3：工人施工时把建筑石膏用于室外了，这种做法对吗？请说明原因是什么？

_____

_____

_____

_____

四、任务评价

1.完成以上任务评价的填写

班级：　　　　　　　　姓名：

考核项目		分数				教师评价得分
		差	中	良	优	
自学能力		8	10	11	13	
言谈举止	工作过程安排是否合理规范	8	10	15	20	
	陈述是否清晰完整	8	10	11	12	
	是否正确领会运用已学知识来解决实际问题	7	10	15	18	
	是否积极参与活动	7	10	11	13	

考核项目	分数				教师评价得分
	差	中	良	优	
是否具备团队合作精神	7	10	11	12	
成果展示	7	10	11	12	
总计	52	70	85	100	最终得分：
教师签字：			年　月　日		

2.自我评价

(1)完成此次任务过程中存在哪些问题？

_____

_____

_____

_____

(2)请提出相应的解决问题的方法。

_____

_____

_____

_____

五、知识讲解

　　建筑材料中，凡本身经过一系列物理、化学作用，能由浆体变成坚硬的固体，并能将散粒材料（如砂、石等）或块、片状材料（如砖、石块等）胶结成整体的物质，称为胶凝材料。

　　胶凝材料按其化学成分可分为无机胶凝材料（如树脂、沥青等）和有机胶凝材料（如水泥、石灰等）两大类。无机胶凝材料也称为矿物胶凝材料。根据硬化条件的不同，又可分为气硬性胶凝材料和水硬性胶凝材料。

　　气硬性胶凝材料由单一矿物组成，它们与适量的水分拌和后只能在空气中硬化，并且只能在空气中保持或发展其强度，因此气硬性胶凝材料只能用于地面上干燥环境中的建筑物。它们在水中有一定的溶解度，因此只适用于不受水作用的场所。

　　水硬性胶凝材料由多种矿物组成，它们与适量的水拌和后，不仅能在空气中硬化，而且硬化后能更好地在水中硬化，保持并发展其强度，一般不溶或难溶于水，有较好的耐久性，强度较气硬性胶凝材料高。水硬性胶凝材料既可用于地上建筑物，也可用于地下或水中的建筑物，常用的水硬性胶凝材料有各种水泥。

（一）建筑石膏

　　石膏是一种传统的建筑材料，我国使用石膏制作建筑材料有着悠久的历史。早在两千多年前，在建造长沙马王堆汉墓时就使用了石膏。由于资源丰富、生产能耗低、不污染环境及石膏制品自身的优良性能，近年来石膏及其制品已广泛用于室内装饰，是发展较快的一种绿色新型建筑材料。

我国石膏资源极其丰富,已探明的矿区达150多处,储量达600亿t以上,居世界首位。矿产主要分布在华东、中南、华北、西北、西南等区域。其中,华东区的储量近400亿t,占全国总储量的70%左右。品种有纤维石膏、透明石膏、雪花石膏、普通石膏、泥质石膏和天然硬石膏等。

1.建筑石膏的原料

石膏是一种以硫酸钙为主要成分的气硬性胶凝材料,是一种以二水硫酸钙($CaSO_4 \cdot 2H_2O$)为主要成分的天然矿石。生产建筑石膏的原料有天然二水石膏矿石($CaSO_4 \cdot 2H_2O$)、天然无水石膏或含有硫酸钙成分的工业废料等。

硬石膏是以无水硫酸钙($CaSO_4$)为主要成分的天然矿石。天然二水石膏矿石也称为生石膏,它是一种外观呈针状、片状或板状的白色或透明无色的矿物。天然石膏中含有杂质,有时呈红、黄、褐、灰等不同颜色。建筑石膏是将天然二水石膏加热至107℃～170℃,经脱水转变而成。按GB/ T 5483—1996《石膏和硬石膏的技术要求》,以二水硫酸钙($CaSO_4 \cdot 2H_2O$)和无水硫酸钙($CaSO_4$)的百分含量表示石膏的品位。硬石膏中无水硫酸钙($CaSO_4$)与二水硫酸钙($CaSO_4 \cdot 2H_2O$)之质量比应大于或等于1。按其品位将石膏和一般硬石膏各分为三个等级,详见表2-1。

表2-1 石膏和硬石膏的等级划分

等级	石膏 ($CaSO_4 \cdot 2H_2O + CaSO_4$)%	硬石膏 ($CaSO_4 + CaSO_4 \cdot 2H_2O$)%
一级	≥80	≥80
二级	≥70	≥70
三级	≥60	≥60

2.建筑石膏的性质

建筑石膏是一种气硬性胶凝材料,色白,密度为2.50～2.70g/cm³,堆积密度为800～1450g/cm³。建筑石膏产品标记的顺序为:产品名称、抗折强度、标准号。如抗折强度为2.5 MPa的建筑石膏标记为:建筑石膏2.5(GB 9776—08)。按其技术要求,石膏可分为优等品、一等品和合格品三个等级。建筑石膏的技术要求详见表2-2。

表2-2 建筑石膏技术要求(GB 9776—08)

技术指标		优等品	一等品	合格品
强度(MPa)	抗折强度	≥3.0	≥2.0	≥1.6
	抗压强度	≥6.0	≥4.0	≥3.0
细度	0.2mm方孔筛筛余	≤10.0%	≤10.0%	≤10.0%
凝结时间(min)	初凝时间	≥3		
	终凝时间	≤30		

建筑石膏与水拌和后会发生溶解,很快形成饱和溶液,形成最初的可塑性的石膏浆体,

随后逐渐变稠失去可塑性，但尚无强度。随着水分的进一步蒸发，浆体逐渐变成具有一定强度的固体，直至完全干燥，强度停止发展，这一过程称为硬化。其反应如下：

$$CaSO_4 \cdot \frac{1}{2}H_2O + 1\frac{1}{2}H_2O = CaSO_4 \cdot 2H_2O$$

石膏硬化速度较快，成型性好。如欲暂缓凝结，可掺入一定比例的缓凝剂以降低石膏的溶解速度和溶解度。硬化后石膏制品表面光滑，形体饱满，装饰性好，洁白细腻，有微弱的体积膨胀，不会开裂并形成微孔材料，其空隙率高达50%左右，具有很好的装饰性、保温隔热性能好，吸声性强。石膏硬化后的成分是二水硫酸钙，对有机物质和纤维没有腐蚀作用，防火性较好。其缺点是耐水性差，在吸水饱和后强度大幅度降低，在外力的作用下容易发生蠕变。

3.建筑石膏的应用与保管

建筑石膏广泛用于配制石膏抹面砂浆、抹灰石膏、石膏建筑制品、石膏板和作粉刷材料等。如图2-1、2-2所示。

图2-1 浮雕

图2-2 石膏板

石膏建筑制品中的主要制品有两大类，即板材石膏制品和装饰石膏制品，其中尤以纸面石膏板应用最广，已成为我国室内装修的主要材料。

石膏板具有轻质、隔热保温、吸声、防火、尺寸稳定及施工方便等优点，主要石膏板有纸面石膏板、纤维石膏板、装饰石膏板、空心石膏板和吸音用穿孔石膏板等。纸面石膏板作为一种新型墙体材料，具有质轻、保温隔热性能好、防火性能好等特点，可钉、可刨，施工安装方便，在建筑上占有重要地位，主要用于隔墙、内外墙、吊顶及吸声要求高的建筑场所。它在西方工业发达国家普遍受到重视，并得到大量应用。以美国、日本、加拿大产量为最高，日本产量已超过5亿平方米。

此外，国内不少单位开发了一些轻质、高强、耐水、保温的石膏复合墙体，如轻钢龙骨纸面石膏板夹岩板复合墙体，纤维石膏板或石膏刨花板等与龙骨的复合墙体，加气（或发泡）石膏保温板或砌块复合墙体，石膏与聚苯泡沫板、稻草板、蜂窝纸芯、麦秸芯板等复合的大板等。特别是纤维增强碱度水泥（GRC板）或硬石膏水泥压力板与各种有机、无机芯材复合墙体，既可以做内墙也可以做外墙。有条件的地区和工厂，可与建筑设计、施工及建设单位密切配合，组织生产各种装配式石膏复合墙板、屋面乃至包括门窗的盒子间。这种工厂化生产的建筑物各种组件，可在现场装配，可提高建筑速度和质量，降低造价，减轻工人的劳动强度和环境污染，是新型建材的发展方向。

石膏装饰材料品种繁多，五光十色，量大面广。国内不少大中城市或乡村都能生产开发出各式各样的石膏装饰材料，各种高强、防潮、防火又具有环保功能的石膏装饰板、石膏线条、灯盘、门柱、门公共处拱眉等装饰制品不断涌现。此外，具有吸声、防辐射、防火功能的石膏装饰板正在或将要被推广应用。

建筑石膏中，高强度石膏主要用于要求较高的室内抹灰、装饰零件和石膏板，它可代替白水泥，适用于内部装修；无水石膏水泥主要用于地上工程，制造建筑砂浆、保温混凝土、普通混凝土、灰泥、屋顶和制造石膏墙板等；高温煅烧石膏可做无缝地板、人造大理石、地面砖及石膏墙板；模型石膏主要用于制造各种模型、模型工艺品、室内建筑装饰粉刷材料、建筑零件和人造装饰石材等。

石膏还可用来生产水泥和硅酸盐制品。石膏以其优良的建筑特性、丰富的资源、生产设备简单等优点，将会有广泛的应用前景。

石膏一般采用散装发货，应入库保管，保持环境的干燥和清洁，储运过程中应注意防潮防水。石膏应分品种、质量等级分别堆放，标记明显，不得与其他粉状物料混放，防止杂物混入，以防影响石膏的质量。建筑石膏不宜久存，储存期不宜超过三个月。过期或受潮都会使石膏强度明显降低。

（二）建筑石灰

建筑石灰是以碳酸钙为主要成分的石灰岩、其他天然矿物及工业废渣为原料，经高温煅烧制成的以氧化钙为主要成分的无机胶凝材料。氧化钙是块状材料，常称为生石灰，将其磨细后称为生石灰粉或磨细生石灰，加水消化成粉状的消石灰粉或成浆状的石灰浆。建筑石灰主要有建筑生石灰（块灰）、建筑生石灰粉（磨细生石灰）和建筑消石灰粉（熟石灰）及石灰浆（石灰膏）等品种。建筑石灰广泛用于建筑工程中配制砌筑砂浆、抹面砂浆、刷墙涂料等。

1. 生石灰的生产

生产石灰的主要原料是石灰石，其主要成分是碳酸钙（$CaCO_3$），其次是碳酸镁（$MgCO_3$）。

将石灰石入窑炉中煅烧至 900℃～1100℃，碳酸钙发生分解，生成白色块状生石灰。石灰石加热分解反应如下：

$$CaCO_3 \xrightarrow[\text{燃烧}]{900℃～1100℃} CaO + CO_2 \uparrow$$

生石灰的主要成分是氧化钙，其次是氧化镁。当生石灰中氧化镁含量不大于 5% 时称为钙质石灰，氧化镁含量大于 5% 时称为镁质石灰。

2. 生石灰的水化

使用石灰时，通常在生石灰中加水，使之消解为熟石灰。生石灰加水后，迅速水化成氢氧化钙（即熟石灰）并释放出大量的热量，这个过程称为熟化或消化。

$$CaO + H_2O \Longrightarrow Ca(OH)_2 + 65kJ/mol$$

生石灰消化时消化反应迅速，释放大量热量，同时体积急剧膨胀。块状生石灰消化时，体积可增大 1～2.5 倍。为此，工程中应特别注意安全，防止发生意外事故。

石灰按用途的不同可熟化成为石灰浆（膏）或石灰粉。施工中对石灰进行处理一般有两种方法：一种是将生石灰磨成细粉，另一种是将生石灰洗灰入池，熟化后使用。

施工工地上消化石灰，将生石灰熟化成石灰浆的方法是将生石灰先用适量的水淋洒，使块灰吸水，部分熟化膨胀成小颗粒，再将其放在化灰池中加水搅拌成浆，通过筛网流入储灰坑，在储灰坑中保存两星期以上方可使用，该存放过程也称为石灰的陈伏。陈伏时间越长，石灰消解得越完全，可减轻或消除过火石灰的危害，得到质地较软、可塑性较高的浆体。石灰浆在储灰坑中沉淀并除去上层水分后成为石灰膏，可用来拌制各种灰浆和砂浆。

熟化石灰粉的方法为：生石灰消化成石灰粉时，需要加水量为生石灰的 60%～80%，以能充分消解而不使成团为宜。

3. 建筑石灰的性质

生石灰呈白色或灰色块状。石灰调水后，逐渐发生水化和硬化反应。石灰的水化速度快，释放热量大，易引起有机物的自燃。石灰的水化产物——氢氧化钙呈碱性，具有一定的腐蚀性，储存和保管过程中应注意防止伤害。但生石灰消化成石灰浆后，保水性和可塑性好。在建筑砂浆中掺入建筑石灰，可显著提高砂浆的保水性。

石灰浆只能在空气中硬化，硬化速度缓慢，且硬化后强度低，受潮后强度更低，不宜长期处于潮湿或反复受潮的处所。石灰在硬化过程中体积收缩，不宜单独使用，常掺入砂子、纸筋等物。

4. 建筑石灰的技术要求

国家标准 JC/T 479—2013 按石灰中氧化镁含量的不同，将生石灰分为钙质石灰和镁质石灰；将消石灰粉分为钙质消石灰粉、镁质消石灰粉和白云石消石灰粉。

建筑生石灰的技术要求包括有效氧化钙和有效氧化镁含量、未消化残渣含量、二氧化碳的含量等，并由此分为优等品、一等品和合格品。

建筑生石灰和生石灰粉的技术要求包括有效氧化钙和有效氧化镁含量等，由此划分的产品等级分别见表 2-3 和表 2-4。建筑消石灰粉的技术指标见表 2-5。

表 2-3　建筑生石灰的技术指标

项目	钙质生石灰			镁质生石灰		
	优等品	一等品	合格品	优等品	一等品	合格品
CaO＋MgO 含量（%）	≥90	≥85	≥80	≥85	≥80	≥75
CO_2 含量（%）	≤5	≤10	≤15	≤5	≤10	≤15
未消化残渣含量（5mm 圆孔筛余）（%）	≤5	≤10	≤15	≤5	≤10	≤15
产浆量（L/kg）	≥2.8	≥2.3	≥2.0	≥2.8	≥2.3	≥2.0

表 2－4 建筑生石灰粉的技术指标

项目		钙质生石灰			镁质生石灰		
		优等品	一等品	合格品	优等品	一等品	合格品
CaO＋MgO 含量（%）		≥85	≥80	≥75	≥80	≥75	≥70
CO_2含量（%）		≤7	≤9	≤11	≤8	≤10	≤12
细度	0.99mm 筛筛余（%）	≤0.2	≤0.5	≤1.5	≤0.2	≤0.5	≤1.5
	0.125mm 筛筛余（%）	≤7.0	≤12.0	≤18.0	≤7.0	≤12.0	≤18.0

表 2－5 建筑消石灰粉的技术指标

项目		钙质生石灰粉			镁质生石灰粉			白云石消石灰粉		
		优等品	一等品	合格品	优等品	一等品	合格品	优等品	一等品	合格品
CaO＋MgO 含量（%）		≥70	≥65	≥60	≥65	≥60	≥55	≥65	≥60	≥55
游离水（%）		0.4～2	0.4～2	0.4～2	0.4～2	0.4～2	0.4～2	0.4～2	0.4～2	0.4～2
体积安定性		合格	合格	—	合格	合格	—	合格	合格	—
细度	0.99mm 筛筛余（%）	≤0	≤0	≤0.5	≤0	≤0	≤0.5	≤0	≤0	≤0.5
	0.125mm 筛筛余（%）	≤3	≤10	≤15	≤3	≤10	≤15	≤3	≤10	≤15

5．建筑石灰的应用

建筑石灰是建筑工程中面广量大的建筑材料之一。常用石灰品种很多，应用历史悠久，广泛用于工业和各种建筑中。

（1）磨细生石灰。

磨细生石灰是由生石灰用球磨机磨细而得来的。磨细生石灰使用时，无需事先熟化而直接使用，只需加少量水。磨细生石灰硬化速度快，抗压抗拉强度较生石灰提高 2 倍，凝结速度较快，吸湿性极强，可用来做干燥剂及代替建筑石膏和消石灰粉配制灰土或砂浆，也可直接用于硅酸盐水泥及其制品。

（2）石灰乳。

石灰乳是由消石灰粉或消化后的石灰膏加入定量的水搅拌稀释而得。消石灰也称为熟石灰，是块状生石灰在熟化过程中发生崩解变成的粉状物。石灰乳是一种廉价的涂料，颜色洁白，主要用于内墙的粉刷。石灰乳中添加聚乙烯醇、干酪素、氧化钙或明矾，可减少涂层的粉化；加入耐碱颜料，可提高其耐碱性；加入少量磨细粒化高炉矿渣或粉煤灰，可增强其耐水性。

（3）石灰砂浆和混合砂浆。

石灰砂浆是将石灰膏、砂加水拌和制成的砂浆。混合砂浆是将消石灰浆和消石灰粉与水泥按一定比例配制而成的砂浆。石灰砂浆可用于砖墙和混凝土基层的抹灰，混合砂浆则用于砌筑，也可用于抹灰。

（4）灰土和三合土。

石灰和黏土按一定质量比例拌制成灰土，或与黏土、炉渣或砂等按一定比例拌制成三合土，主要用于建筑物的基础、普通路面等。

此外，石灰还可用于生产碳化石灰板，配制无熟料水泥，加固软土地基，制造膨胀剂和静态破碎剂等。

（5）建筑石灰的保管。

石灰水化物呈碱性，具有腐蚀性，在运输和装卸过程中，应注意人身防护。生石灰及其磨细石灰的吸湿性极强，在空气中储存三天品质即会下降，适宜采用密封容器或防水纸袋储存在干燥的库棚内；散装块状石灰一般在室外保管。室外场地应平坦、不积水，不应与易燃、易爆及液体物品一起储运，以免发生火灾和爆炸事故，并注意防水、防潮和防火。石灰具有极强的腐蚀性，不宜堆放在木料上。石灰在储运过程中易发生水化碳化反应而失去活性，不宜长期存放，一般保管期不超过一个月。

为防止石灰的变质损失，需长期放置的生石灰可熟化成石灰浆存放。石灰浆在存放过程中表面要保留一层水，使之与空气隔绝，以免产生碳化。石灰应尽量堆成大堆，力求堆高。灰堆表面应拍打密实或表面洒水拍打。从大堆灰中取用石灰时，应从一端按顺序取用，尽量不要破坏已形成的防护硬壳，以减少石灰的损失。

（三）水玻璃

水玻璃也称为泡花碱，是一种透明的玻璃状熔合物，由碱金属硅酸盐组成。最常用的有硅酸钠（$Na_2O \cdot nSiO_2$）和硅酸钾（$K_2O \cdot nSiO_2$）两种水玻璃，尤以硅酸钠水玻璃为多见。水玻璃能溶解于水，以后又能在空气中硬化，是一种液体的无机胶凝材料。

1. 水玻璃的种类

按水玻璃的形态和特性可分为无水固态水玻璃、含有化合水的固态水玻璃和液体水玻璃。

（1）无水固态水玻璃。无水固态水玻璃为块状或粉末状的具有不同颜色的玻璃状物质。块状水玻璃的抗水性能很稳定，易于保管；粉状水玻璃能大量吸收空气中的水分，为保持其无水状态，必须储存在密封的容器里。

（2）含有化合水的固态水玻璃。含有化合水的固态水玻璃，又称水化水玻璃，其外观基本与无水固态水玻璃相同，只是具有一定的弹性。

水合固态水玻璃易于保管，使用时还可根据需要配制成各种浓度；磨成细粉可用作制造耐火陶瓷制品的结合剂、黏合液和冷釉。

（3）液体水玻璃。液体水玻璃是水合固态水玻璃的溶液，使用时还可根据需要配制成各种浓度，但使用性能不同，应针对不同要求加以选用。

2. 水玻璃的硬化

水玻璃溶液能与空气中的二氧化碳发生反应，生成无定形的硅酸凝胶，随着水分的挥发，无定形的硅酸凝胶脱水转变成为二氧化硅而硬化。其反应过程如下：

$$Na_2O \cdot nSiO_2 + CO_2 + mH_2O \Longrightarrow Na_2CO_3 + nSiO_2 \cdot mH_2O$$

$$nSiO_2 \cdot mH_2O \overset{干燥}{\Longrightarrow} nSiO_2 + mH_2O$$

由于空气中二氧化碳含量较少，这一过程进行得很慢。实际水玻璃使用时需加入促硬剂以加速其硬化。常用的促硬剂为氟硅酸钠，是一种白色粉状固体，有腐蚀性，一般用量为水玻璃用量的 12%～15%。

3.水玻璃的性质

水玻璃在凝结硬化后，具有不少特性。硬化后的水玻璃成分是氧化硅和二氧化硅凝胶，具有良好的胶结性能和强度；二氧化硅能抵抗大多数无机酸（氢氟酸、过热磷酸除外）和有机酸的侵蚀；二氧化硅网状结构在高温下强度下降不多，故耐热性好，但耐碱性和耐水性较差。

4.水玻璃的应用

水玻璃除用作耐热和耐酸材料外，建筑上还有其他用途。如在水玻璃中添加一定比例的聚乙烯、填色浆及稳定剂，可配制成内墙涂料；用水玻璃可配制成耐酸泥胶、耐酸砂浆和耐酸混凝土等；直接用来涂刷黏土砖、硅酸盐制品、水泥混凝土等多孔材料的表面，可提高材料的密实度、强度和耐久性；用作水泥的快凝剂，用于抢修和堵漏；配制耐热砂浆和混凝土以及加固土壤地基，提高土层的承载能力等。

任务二　胶凝材料(水硬性无机胶凝材料)

一、任务描述

1.了解硅酸盐水泥的生产、凝结硬化过程；
2.掌握硅酸盐水泥的技术性质及应用；
3.了解其他品种水泥的特性及其用途。

二、学习目标

通过本任务的学习，你应当：
1.能读懂通用硅酸盐水泥的技术指标；
2.能根据工程情况判断水泥选用是否合理；
3.能对水泥进行正常的验收与保管。

三、任务实施

(一)任务导入，学习准备

引导问题 1：常用的活性混合材料、非活性材料品种有哪些？

_____

_____

引导问题 2：通用水泥主要包括哪些品种？其代号和特性是什么？

_____

_____

引导问题 3:国家标准对通用水泥的凝结时间是如何规定的?

引导问题 4:通用水泥的强度等级划分的依据是什么? 六大品种水泥有哪些强度等级?

引导问题 5:通用水泥合格品怎样判定?

引导问题 6:水泥石的腐蚀方式如何? 怎样防止水泥石的腐蚀?

(二)任务实施

任务 1:有下列混凝土构件和工程,试分别选用合适的水泥品种。①现浇楼板、梁、柱;②采用蒸汽养护预制构件;③紧急抢修的军事工程或防洪工程;④大型设备基础;⑤有硫酸盐腐蚀的地下工程;⑥轧钢车间的高温窑炉基础;⑦有耐磨要求的混凝土;⑧严寒地区受到反复冻融的混凝土;⑨道路工程;⑩修补旧建筑物的裂缝;⑪处于干燥环境下施工的混凝土工程;⑫大体积混凝土工程。

任务 2:某工地建筑材料仓库存有三种白色胶凝材料,即磨细的生石灰、建筑石膏和白水泥,因失去标签,问可用什么简易方法识别?

任务3:你现在的岗位是一名材料员,通用水泥验收的内容包括哪几个方面？其中水泥的验收是如何进行的？水泥在保管和运输过程中应该注意哪些问题？

_____

_____

_____

_____

四、任务评价

1.完成以上任务评价的填写

班级：   姓名：

考核项目		分数				教师评价得分
		差	中	良	优	
自学能力		8	10	11	13	
言谈举止	工作过程安排是否合理规范	8	10	15	20	
	陈述是否清晰完整	8	10	11	12	
	是否正确领会运用已学知识来解决实际问题	7	10	15	18	
是否积极参与活动		7	10	11	13	
是否具备团队合作精神		7	10	11	12	
成果展示		7	10	11	12	
总计		52	70	85	100	最终得分：
教师签字：				年 月 日		

2.自我评价

(1)完成此次任务过程中存在哪些问题？

_____

_____

_____

(2)请提出相应的解决问题的方法。

_____

_____

_____

_____

五、知识讲解

水泥是加水拌和成塑性浆体,能胶结砂、石等适当材料并能在空气和水中硬化的粉状水硬性胶凝材料。

水泥是一种重要的建筑材料,在基本建设领域,水泥与钢材、木材一起,并列为三大材料,在铁路、公路、建筑、国防、水利等工程中应用极为广泛,常用来制造各种形式的混凝土、混凝土制品和建筑物,也可配制成建筑砂浆。

水泥的品种很多。按其用途和性质可将水泥分为通用水泥、专用水泥和特性水泥三类。

通用水泥大量用于土木建筑工程,常用的有硅酸盐水泥、普通硅酸盐水泥、矿渣硅酸盐水泥、火山灰质硅酸盐水泥、粉煤灰硅酸盐水泥和复合硅酸盐水泥等;专用水泥是有专门用途的水泥,如油井水泥、砌筑水泥、大坝水泥及装饰水泥等;特性水泥指某种性能特别突出的水泥,如快硬硅酸盐水泥、低热矿渣硅酸盐水泥、自应力硫酸铝酸盐水泥、膨胀硫酸铝酸盐水泥、耐火水泥、耐酸水泥、耐硫酸盐水泥等。

水泥按其矿物组成分为硅酸盐水泥、铝酸盐水泥、硫铝酸盐水泥、铁铝酸盐水泥及无熟料水泥等。

本部分重点介绍用途最广、用量最大的硅酸盐类通用水泥。

(一)通用硅酸盐系水泥

一般建筑工程中用途最广、用量最大的是六种硅酸盐类通用水泥,它们都是由硅酸盐水泥熟料、适量石膏和混合材料磨细制成的。根据所掺混合材料及数量的不同,生产出的水泥的名称和性能、用途也有所区别。

1.硅酸盐水泥

凡由硅酸盐水泥熟料、0～5%石灰石或粒化高炉矿渣、适量石膏磨细制成的水硬性胶凝材料,称为硅酸盐水泥。

硅酸盐水泥分为两种类型。不掺加混合材料的为Ⅰ型硅酸盐水泥,代号为P·Ⅰ;在硅酸盐水泥粉磨时掺加不超过水泥质量5%石灰石或粒化高炉矿渣混合材料的为Ⅱ型硅酸盐水泥,代号为P·Ⅱ。

2.普通硅酸盐水泥

凡由硅酸盐水泥熟料、6%～15%混合材料、适量石膏磨细制成的水硬性胶凝材料,称为普通硅酸盐水泥(简称普通水泥),代号为P·O。掺活性混合材料时,最大掺量不得超过水泥质量的15%,其中允许用不超过水泥质量5%的窑灰或不超过水泥质量10%的非活性混合材料来代替。掺非活性混合材料时,最大掺量不得超过水泥质量的10%。

3.矿渣硅酸盐水泥

凡由硅酸盐水泥熟料和粒化高炉矿渣、适量石膏磨细制成的水硬性胶凝材料,称为矿渣硅酸盐水泥,代号为P·S。水泥中粒化高炉矿渣掺加量质量百分比为20%～70%。允许用石灰石、窑灰、粉煤灰和火山灰质混合材料中的一种代替矿渣,代替数量不得超过水泥质量的8%,替代后水泥中粒化高炉矿渣不得少于20%。

4.火山灰质硅酸盐水泥

凡由硅酸盐水泥熟料和火山灰质混合材料、适量石膏磨细制成的水硬性胶凝材料,称为火山灰质硅酸盐水泥(简称火山灰水泥),代号为P·P。水泥中火山灰质混合材料质量百分比为20%～50%。

5.粉煤灰硅酸盐水泥

凡由硅酸盐水泥熟料和粉煤灰、适量石膏磨细制成的水硬性胶凝材料,称为粉煤灰硅酸盐水泥(简称粉煤灰水泥),代号为P·F。水泥中粉煤灰掺量质量百分比为20%~40%。

6.复合硅酸盐水泥

凡由硅酸盐水泥熟料、两种或两种以上规定的混合材料、适量石膏磨细制成的水硬性胶凝材料,称为复合硅酸盐水泥(简称复合水泥),代号为P·C。水泥中混合材料的总掺量应大于15%,但不超过50%。所掺的混合材料,可以是粒化高炉矿渣、火山灰质材料、粉煤灰,也可以是粒化精炼铬铁渣、粒化增钙液态渣及化铁炉渣等新开辟的活性混合材料。

通用硅酸盐水泥的组分见表2-6。

表2-6 通用硅酸盐水泥的组分

品种	代号	组分(质量分数,%)				
		熟料＋石膏	粒化高炉矿渣	火山灰质混合材料	粉煤灰	石灰石
硅酸盐水泥	P·Ⅰ	100	—	—	—	—
	P·Ⅱ	≥95	≤5	—	—	—
		≥95	—	—	—	≤5
普通硅酸盐水泥	P·O	≥80且<95	>5且≤20ᵃ			—
矿渣硅酸盐水泥	P·S·A	≥50且<80	>20且≤50ᵇ	—	—	—
	P·S·B	≥30且<50	>50且≤70ᵇ	—	—	—
火山灰质硅酸盐水泥	P·P	≥60且<80	—	>20且≤40ᶜ	—	—
粉煤灰硅酸盐水泥	P·F	≥60且<80	—	—	>20且≤40ᵈ	—
复合硅酸盐水泥	P·C	≥50且<80	>20且≤50ᵉ			

a.本组分材料为符合《通用硅酸盐水泥》标准的活性混合材料,其中允许用不超过水泥质量8%且符合《通用硅酸盐水泥》标准的非活性混合材料或不超过水泥质量5%且符合《通用硅酸盐水泥》标准的窑灰代替。

b.本组分材料为符合GB/T 203或GB/T 18046的活性混合材料,其中允许用不超过水泥质量8%且符合《通用硅酸盐水泥》标准的非活性混合材料或不超过水泥质量5%且符合《通用硅酸盐水泥》标准的窑灰中的任一种材料代替。

c.《通用硅酸盐水泥》组分材料为符合GB/T 2847的活性混合材料。

d.本组分材料为符合GB/T 1596的活性混合材料。

e.本组分材料为由两种(含)以上符合《通用硅酸盐水泥》标准的活性混合材料或符合《通用硅酸盐水泥》标准的非活性混合材料组成,其中允许用不超过水泥质量8%且符合《通用硅酸盐水泥》标准的窑灰代替。掺矿渣时混合材料掺量不得与矿渣硅酸盐水泥重复。

(二)硅酸盐水泥的成分

硅酸盐水泥是由硅酸盐水泥熟料、石膏和适量混合材料所组成。其中硅酸盐水泥熟料是硅酸盐系水泥的主要成分。

1.硅酸盐水泥熟料

硅酸盐水泥熟料是由石灰质原料和黏土质原料及少量其他矿物质的原料成分磨细后,按一定比例配制成的生料,通过高温煅烧而得到的以硅酸盐为主要成分的熟料。其主要矿物质为:

(1)硅酸三钙 $3CaO \cdot SiO_2$,简称为 C_3S;

(2)硅酸二钙 $2CaO \cdot SiO_2$,简称为 C_2S;

(3)铝酸三钙 $3CaO \cdot Al_2O_3$,简称为 C_3A;

(4)铁铝酸四钙 $4CaO \cdot Al_2O_3 \cdot Fe_2O_3$,简称为 C_4AF。

上述简称中 C 代表 CaO,S 代表 SiO_2,A 代表 Al_2O_3,F 代表 Fe_2O_3。以上四种熟料矿物各具特性,对水泥性质有不同影响,详见表 2-7。

表 2-7 四种熟料矿物单独与水作用时的特征

项 目	简 写	含量范围	凝硬速度	水化热	强 度	强度发展	体积收缩
硅酸三钙	C_3S	44%~66%	快	大	最高	快	小
硅酸二钙	C_2S	18%~30%	慢	小	早期低、后期高	慢	最小
铝酸三钙	C_3A	5%~12%	最快	最大	低	最快	最大
铁铝酸四钙	C_4AF	10%~20%	较快	中	中	中	大

由此可见,通过改变矿物成分间的比例,可以使所生产水泥的性质也随之发生改变。如通过提高 C_3S 的含量,可以制成高强水泥;增加 C_2S 和 C_3A 的含量,可制得快硬高强水泥;加大 C_2S 含量,可制得水化热低的大坝水泥等。

2.石膏

由于水泥成分中的 C_3A 水化速度很快,会使水泥发生速凝现象,对施工极为不利。为了调节水泥的凝结时间,以适应施工要求,在水泥生产过程中,需要加入少量的石膏,掺入量必须与水泥中的 C_3A 含量相适应。一般石膏掺量为 3%~5%。掺用的石膏既可以是天然的二水石膏、无水硬石膏,也可以是工业副产品石膏等。

3.混合材料

在水泥生产过程中,为了改善水泥性能、提高产量、增加品种、降低成本而在水泥中加入的矿物材料称为混合材料。掺入水泥中的混合材料通常分为活性混合材料和非活性混合材料。

(1)活性混合材料。

活性混合材料是具有化学活性的混合材料,主要有粒化高炉矿渣、火山灰质材料和粉煤灰等物质。它们在高温下急剧冷却时,所含大量的氧化硅和氧化铝分子尚未规则排列成为非晶体的玻璃体结构,因此具有化学活性,能与石灰发生反应,生成水硬性的胶凝物质。利用这一特性,可将活性混合材料与石灰按一定比例配合,制成具有一定水硬性的无熟料水泥。

粒化高炉矿渣是高炉炼铁的熔融矿渣,经淬冷后形成的松散颗粒。其主要成分是氧化钙、活性氧化硅及活性氧化铝。这些粒状矿渣本身具有一定的水硬性,化学活性高。

火山灰质混合材料是具有火山灰质的天然或人工矿物质材料。天然的火山灰质混合材料是由火山喷发出的高温岩浆急剧冷却而形成的火山灰凝灰岩、粗面凝灰岩、浮石、沸石,还有硅藻土、硅藻石等。人工生产的火山灰质混合材料主要有烧黏土材料,如煅烧的黏土粉、黏土制品碎块等,还有自然煤层下的黏土和煤炭生产排出的煤矸石及自燃后的红矸石等。火山灰中的活性成分具有火山灰性,常用于改善水泥的某些性能。

粉煤灰是从燃煤火力发电厂烟道气体中收集或煤粉燃烧的灰粉,主要成分是氧化硅和氧化铝,也有少量的氧化钙。粉煤灰具有火山灰性,与火山灰的水化原理相似。但为了强调综合利用粉煤灰,将工业废渣化害为利保护环境,故把粉煤灰单独列为一种混合材料。

(2)非活性混合材料。

非活性混合材料是在水泥中不起化学反应或反应微弱、仅起到填充作用的矿物质材料,如磨细的石英砂、石灰石、慢冷矿渣和各种废渣等。水泥中掺入非活性混合材料,主要起到提高水泥产量、降低生产成本和降低水化热的作用。混合材料的分类详见表2-8。

表2-8　混合材料的分类

类 别		材料名称	主要成分	作 用
混合材料	活性混合材料	粒化高炉矿渣	CaO、SiO_2、Al_2O_3 等	改善水泥性能、调节水泥强度、增加水泥品种
		火山灰质材料	火上灰、火山渣、浮石等	
		粉煤灰	SiO_2、Al_2O_3 等	
	非活性混合材料	非活性混合材料	石英砂、石灰石、慢冷矿渣	提高水泥产量、降低成本、减少水化热

4.水泥中的有害成分

水泥中除了上述有用成分外,还有少量有害成分,如游离氧化钙、游离氧化镁、过量的三氧化硫以及氧化钠和氧化钾等。这些物质虽然量少,但会对水泥的安定性、耐久性产生不良影响。

影响最大的是游离氧化钙,它虽与配料无关,但与炉温控制有关。若炉温控制不好,导致游离氧化钙的含量超过1%,就会使水泥的安定性不良,严重影响水泥的质量,因此必须对游离氧化钙作专门的检查。

(三)硅酸盐水泥的凝结与硬化

水泥中加入适量的水,调成可塑性的水泥浆,经过一段时间后,由于水泥与水发生了一系列化学物理变化,会逐渐变稠而失去可塑性,但尚不具有强度,这一过程称为"凝结"。随后水泥明显地产生强度并继续发展,逐渐变成坚硬的石状物(即水泥石),这一过程称为"硬化"。

水泥硬化的过程就是水泥石强度发展的过程。影响水泥硬化的因素有水泥的矿物组成、石膏掺用量、水泥的磨细程度和水灰比等。其中水泥矿物成分的含量对水泥的水化和硬化速度影响最大；石膏的掺入可调节水泥的凝结速度，但用量过多会影响水泥的安定性；水泥的颗粒越细，总表面积越大，与水的接触面越大，水化速度越快，凝结硬化速度也快；水灰比越大，浆料越稀，凝结速度越慢，多余的水分留在水泥石中形成缝隙，降低水泥石强度。

此外，施工养护的温度和湿度以及龄期的长短对水泥的硬化也有一定的影响。一般情况下，温度高，水泥水化快，凝结硬化就快；湿度大，水泥能充分水化，强度能正常发展。反之亦然。在正常情况下，龄期越长，水泥水化的程度越深，水泥石的强度便随龄期而增强。

(四)硅酸盐系水泥的技术性质和标准

1.密度与堆积密度

水泥的密度取决于其组成成分的密度。不同水泥由于其成分不同，所生产的水泥密度也不尽相同。硅酸盐水泥熟料的密度较大，而混合材料的密度较小。硅酸盐水泥与普通水泥成分基本相同，密度为 $3.0\sim3.15g/cm^3$，堆积密度为 $1200\sim1600kg/m^3$。矿渣水泥、火山灰水泥和粉煤灰水泥由于掺入混合材料较多，密度较硅酸盐水泥略小，为 $2.8\sim3.1g/cm^3$，堆积密度为 $1000\sim1400kg/m^3$，堆积密度与水泥的紧密程度有关。

2.细度

细度是指水泥颗粒的粗细程度。水泥颗粒的粗细程度对水泥性质影响很大。颗粒越细，与水接触的面积越大，水化速度越快且越完全，早期强度和后期强度较高，但是成本也较高。

3.凝结时间

水泥的凝结时间是指水泥浆体从开始加水到失去塑性，即从可塑性发展到固体状态所需的时间，分为初凝时间和终凝时间。

初凝时间是从水泥加水拌合起，至水泥浆体开始失去塑性所需的时间。

终凝时间是从水泥加水拌合起，至水泥浆体完全失去塑性并开始产生强度所需的时间。

《通用硅酸盐水泥》国家标准(GB 175—2007)规定，硅酸盐水泥凝结时间，初凝时间不得早于 45min，终凝时间不得迟于 6.5h，而其他硅酸盐系水泥终凝时间不得迟于 10h。

4.体积安定性

水泥的体积安定性是指水泥在凝结硬化过程中体积变化的均匀性。安定性不良的水泥会使其制品产生膨胀性裂缝，降低建筑物的质量，甚至引起严重的工程事故。因此，体积安定性是水泥的重要性质，安定性不合格的水泥必须作废品处理。

引起水泥体积安定性不良的原因是熟料中含有过多的游离氧化钙或游离氧化镁，以及掺入石膏过量所致。由于游离氧化钙和氧化镁在水泥已经硬化后才进行水化，产生膨胀，引起不均匀的体积变化，致使水泥石形成裂纹甚至开裂。

水泥的安定性用沸煮法检验。沸煮法能使游离氧化钙在高温、高湿中加速熟化膨胀，以显示其危害程度。游离氧化镁的水化速度较游离氧化钙缓慢，必须使用蒸压法才能检验出其危害。石膏的危害作用须经长期浸在常温的水中才能发现。国家标准中规定，六种通用硅酸盐类水泥的氧化钙含量不得大于 5%，水泥中三氧化硫的含量不得超过 3.5%，以保证水泥质量。

5.标准稠度用水量

在按国家标准检验水泥的凝结时间和体积安定性时，规定用"标准稠度"的水泥净浆。水泥"标准稠度"用水量采用水泥标准稠度仪测定。硅酸盐系水泥的标准稠度用水量一般为21%～28%。

6.水化热

水化热是水泥水化、凝结与硬化过程中释放出的热量。水化热的大小取决于水泥熟料的矿物成分，还与水泥细度、水泥中的混合材料等因素有关。不同矿物的放热量及放热速度不相同。C_3S 和 C_3A 放热量大且快，C_2S 放热量小且慢，活性混合材料的放热量也较小。硅酸盐水泥和普通水泥由于 C_3S 和 C_3A 含量高，水化热很大，而掺入混合材料较多的矿渣水泥、火山灰水泥和粉煤灰水泥，由于 C_3S 和 C_3A 含量低，水化热就小。水泥越细，水化反应越快，水化热也越大。

水化热有利有弊。对于一般的结构，水化热有利于水泥的凝结硬化，尤其有利于冬季施工。但是对于大型基础、桥墩桥台、大坝等大体积混凝土，由于水化热积聚在内部不易散发，形成的内外温差过大，引起的温差应力可使混凝土产生裂缝。因此，大体积的混凝土工程中不宜采用硅酸盐水泥和普通水泥，而应选用水化热低的掺入较多混合材料的中热或低热水泥。

通用硅酸盐水泥化学指标应符合表 2-9 的要求。

表 2-9　通用硅酸盐水泥化学指标的要求

品种	代号	不溶物 (质量分数,%)	烧失量 (质量分数,%)	三氧化硫 (质量分数,%)	氧化镁 (质量分数,%)	氯离子 (质量分数,%)
硅酸盐水泥	P·Ⅰ	≤0.75	≤0.30	≤3.5	≤5.0ᵃ	≤0.06ᶜ
	P·Ⅱ	≤0.50	≤0.35			
普通硅酸盐水泥	P·O		≤0.50			
矿渣硅酸盐水泥	P·S·A	—	—	≤4.0	≤6.0ᵇ	
	P·S·B	—	—			
火山灰质硅酸盐水泥	P·P	—	—	≤3.5	≤6.0ᵇ	
粉煤灰硅酸盐水泥	P·F	—	—			
复合硅酸盐水泥	P·C					

a.如果水泥压蒸试验合格,则水泥中氧化镁的含量(质量分数)允许放宽至 6.0%;
b.如果水泥中氧化镁的含量(质量分数)大于 6.0%时,需进行水泥压蒸安定性试验并合格;
c.当有更低要求时,该指标由买卖双方确定。

7.强度

强度是水泥的一项重要技术指标。强度的高低取决于水泥熟料的矿物组成、细度和石膏的掺用量等。水泥的养护、成型条件及龄期也会影响其强度的发展。

水泥强度等级是按规定龄期的抗压强度和抗折强度来划分的。各强度等级水泥的各龄期强度不得低于表 2-10 所列数值。其中"R"表示 3d 强度较高的"早强型"水泥。

表 2-10　硅酸盐系水泥各强度等级的强度标准

水泥品种	强度等级	抗压强度（MPa）		抗折强度（MPa）	
		3d	28d	3d	28d
普通硅酸盐水泥 （GB 175—2007）	42.5	≥17.0	≥42.5	≥3.5	≥6.5
	42.5R	≥22.0		≥4.0	
	52.5	≥23.0	≥52.5	≥4.0	≥7.0
	52.5 R	≥27.0		≥5.0	
硅酸盐水泥 （GB 175—2007）	42.5	≥17.0	≥42.5	≥3.5	≥6.5
	42.5R	≥22.0		≥4.0	
	52.5	≥23.0	≥52.5	≥4.0	≥7.0
	52.5R	≥27.0		≥5.0	
	62.5	≥28.0	≥62.5	≥5.0	≥7.0
	62.5R	≥32.0		≥5.5	
矿渣硅酸盐水泥 火山灰硅酸盐水泥 粉煤灰硅酸盐水泥 复合硅酸盐水泥 （GB 175—2007）	32.5	≥10.0	≥32.5	≥2.5	≥5.5
	32.5 R	≥15.0		≥3.5	
	42.5	≥15.0	≥42.5	≥3.5	≥6.5
	42.5 R	≥19.0		≥4.0	
	52.5	≥21.0	≥52.5	≥4.0	≥7.0

（五）硅酸盐水泥的应用和储存保管

1. 硅酸盐水泥的应用

硅酸盐水泥强度较高，常用于重要结构的高强度混凝土和预应力混凝土工程。其水泥凝结硬化较快，耐冻性好，适宜早期强度要求高、凝结快、冬季施工及严寒地区遭受反复冻融的工程。

普通硅酸盐水泥由于只掺入少量的混合材料，其特性与硅酸盐水泥基本相同。但其成本较硅酸盐水泥低，是土木工程中应用面最广、使用量最大的水泥品种。

矿渣硅酸盐水泥、火山灰质硅酸盐水泥和粉煤灰硅酸盐水泥由于掺入了较多的化学性能基本相同的活性混合材料，它们的性能相近，与硅酸盐水泥和普通硅酸盐水泥相比，具有一些相反的特性，在应用范围方面各有所长，可以相互补充，以适应各种不同工程的需要。这三种水泥普遍早期强度低，后期强度发展快，水化热低，抗腐蚀性强，但抗冻性差。

六种硅酸盐系水泥的主要特性、适用范围详见表 2-11，通用水泥的选用见表 2-12。

表 2-11 硅酸盐系水泥的主要特性、适用范围

项目	硅酸盐水泥	普通硅酸盐水泥	矿渣硅酸盐水泥	火山灰质硅酸盐水泥	粉煤灰硅酸盐水泥	复合硅酸盐水泥
特性	硬化快、早期强度高、水化热大、防冻性较好、耐热性和耐腐蚀性较差	早期强度较高、水化热较高、抗冻性较好、耐热性、耐腐蚀性较差	硬化慢、早期强度低、后期强度增长快、水化热低、抗冻性差、易硬化、耐热性好	抗渗性较好、耐热性不及矿渣性水泥、其他同矿渣水泥	干缩性较好、抗裂性较好、其他同矿渣水泥	干缩性较大、早期强度低、抗冻性较好，其他同矿渣水泥
适用范围	重要工程、高强度混凝土、要求快硬高强的工程、大型预应力结构	一般土建工程的混凝土、钢筋混凝土、预应力混凝土、有早强要求、冬季施工或受冻融作用的工程、建筑砂浆	一般的混凝土、钢筋混凝土工程、大体积混凝土工程、受水流冲刷或化学腐蚀的工程、蒸汽养护的构件、建筑砂浆			
			耐热工程	抗渗工程	抗裂工程	抗腐蚀、抗裂工程
不适应范围	大体积混凝土工程、受水流冲刷或化学腐蚀的工程	早强要求高的工程、受冻融作用的工程、有抗碳化要求的工程				
		抗渗要求高的工程	干燥环境、耐磨的工程	抗渗要求高的工程	抗渗要求高的工程	

表 2-12 通用水泥的选用

要求	混凝土工程特点及所处环境条件	优先选用	可以选用	不宜选用
普通混凝土	在一般气候中的混凝土	普通水泥	矿渣水泥、火山灰水泥、粉煤灰水泥、复合水泥	
	在干燥环境中的混凝土	普通水泥	矿渣水泥	火山灰水泥、粉煤灰水泥
	在高湿度环境中或长期处于水中的混凝土	矿渣水泥、火山灰水泥、粉煤灰水泥、复合水泥	普通水泥	
	厚大体积的混凝土	矿渣水泥、火山灰水泥、粉煤灰水泥、复合水泥	普通水泥	硅酸盐水泥

续表 2 – 12

要求	混凝土工程特点及所处环境条件	优先选用	可以选用	不宜选用
有特殊要求的混凝土	要求快硬、高强度的混凝土	硅酸盐水泥	普通水泥	矿渣水泥、火山灰水泥、粉煤灰水泥、复合水泥
	严寒地区的露天混凝土、寒冷地区处于水位升降范围内的混凝土	普通水泥	矿渣水泥	火山灰水泥、粉煤灰水泥
	严寒地区处于水位升降范围内的混凝土	普通水泥		矿渣水泥、火山灰水泥、粉煤灰水泥、复合水泥

2. 水泥的储运和保管

水泥的储运和保管应遵循防水防潮、分类堆放、及时使用、先存先用的原则。水泥在运输和储存时要注意防水防潮，运输和堆放应防雨淋，仓库内应防潮，堆放应离地、离墙等。

不同品种、不同批号、不同强度等级、不同进场日期的水泥应分类堆放并留有通道，堆垛高度不宜超过 2m，严禁混杂错乱堆放。

水泥应及时使用，先进先发，存放期（自出厂日期算起）不得超过 3 个月。水泥极易受潮变质，一般储存 3 个月后，强度会降低 10% ~ 20%。

水泥受潮后就会发生结块现象，水泥的强度也会因此有不同程度的降低。水泥受潮的程度有轻重之分。受潮较轻的水泥，结成松散颗粒，一经搅拌即可分散，不影响使用。水泥受潮严重时，结成的块粒不易打碎。对于受潮水泥可按表 2 – 13 进行鉴别处理和使用。

表 2 – 13　水泥受潮程度鉴别与处理

水泥检查情况	受潮程度判断	处理方法
水泥毫无结块、结粒情况	水泥尚未受潮	按原强度使用
水泥有结合成小颗粒的状况，但用手捏成粉末状，并无捏不散的粒状	水泥已经开始受潮，但强度损失不大，约损失一个强度等级	将水泥压成粉末状或增加搅拌时间，用于强度要求比原来小 15% ~ 20% 的部位
水泥已有部分硬块，或外部结为硬块，内部尚有粉末状	表明水泥受潮程度已很严重，强度损失已达一半以上	用筛子筛除硬块，压碎松快，可用于受力很小的部位，或用于强度比要求低 50% 的混凝土工程中
结块坚硬如石，看不出尚有粉末	表明水泥颗粒状表面已经全部水化，不再具有活性	可用机械方法将其粉碎，掺入新水泥中使用，或用于强度要求不高处

(六)其他品种水泥

1. 快硬水泥

快硬硅酸盐水泥简称快硬水泥,是一种早期强度增进较快的水泥,适用于紧急抢修的工程、冬季施工工程。

(1)快硬硅酸盐水泥。

凡以硅酸盐水泥熟料和适量石膏磨细制成的,以 3d 抗压强度表示标号的水硬性胶凝材料,称为快硬硅酸盐水泥(简称快硬水泥)。

快硬硅酸盐水泥分为 325、375 和 425 三个标号。各标号、各龄期强度均不得低于表 2-14 所列数值。快硬水泥的细度,用 0.080mm 方孔筛筛余不得超过 10%。凝结时间为:初凝不得早于 45min,终凝不得迟于 10h。安定性用沸煮法检验必须合格。

表 2-14　快硬硅酸盐水泥各标号、各龄期的强度(GB 199—1990)

水泥标号	抗压强度(MPa)不小于			抗折强度(MPa)不小于		
	1d	3d	28d	1d	3d	28d
325	15.0	32.5	52.5	3.0	5.0	7.2
375	17.0	37.5	57.5	1.0	6.0	7.6
425	19.0	42.5	62.5	4.5	6.4	8.0

(2)快凝快硬硅酸盐水泥。

凡以适当成分的生料烧至部分熔融,所得以硅酸三钙、氟铝酸钙为主的熟料,加入适量的硬石膏、粒化高炉矿渣、无水硫酸钠,经过磨细制成的一种凝结快、小时强度增长快的水硬性胶凝材料,称为快凝快硬硅酸盐水泥(简称双快水泥)。

快凝快硬硅酸盐水泥的标号是按 4h 强度而定的,分为双快-150、双快-200 两个标号。各标号、各龄期强度均不得低于表 2-15 所列数值。双快水泥的细度,要求比表面积不得低于 4500cm^2/g。凝结时间为:初凝不得早于 10min,终凝不得迟于 60min。安定性用沸煮法检验必须合格。

双快水泥具有超快硬性能,主要用于机场、路面、桥梁、隧道和涵洞等紧急抢修工程,以及冬季施工、堵漏等工程。

表 2-15　快凝快硬硅酸盐水泥各标号、各龄期的强度(JC/T 314—96)

水泥标号	抗压强度(MPa)不小于			抗折强度(MPa)不小于		
	4h	1d	28d	4h	1d	28d
双快-150	150	190	325	26	35	55
双快-200	200	250	425	34	46	64

2. 白色硅酸盐水泥

由白色硅酸盐水泥熟料加入适量石膏,磨细制成的水硬性胶凝材料称为白色硅酸盐水泥(简称白水泥)。白色硅酸盐水泥由硅酸钙、氧化铁含量少的熟料、石膏、石灰石和窑灰等物质组成。

白水泥按 28d 抗压强度划分为 325、425、525 和 625 四个标号。各标号、各龄期的强度见

表 2－16。白水泥按其白度分为特级、一级、二级、三级，各等级的白度不得低于表 2－17 所列数值。产品等级分为优等品、一等品和合格品三类，详见表 2－18。白水泥的细度，用 0.080 mm 方孔筛筛余不得超过 10%。凝结时间为：初凝不得早于 45min，终凝不得迟于 12h。安定性用沸煮法检验必须合格。

表 2－16　白水泥各标号、各龄期的强度(GB/T 2015－91)

水泥标号	抗压强度(MPa)不小于		抗折强度(MPa)不小于	
	3d	28d	3d	28d
325	12.0	32.5	3.0	6.0
425	17.0	42.5	3.5	6.5
525	22.0	52.5	4.0	7.0

表 2－17　白水泥白度等级标准(GB/T 2015—91)

等　级	特　级	一　级	二　级	三　级
白度(%)	86	84	80	75

表 2－18　白水泥产品等级(GB/T 2015—91)

白水泥等级	白度等级	标　　号
优等品	特级	625
		525
一等品	一级	525
		425
	二级	525
		425
合格品	二级	325
	三级	425
		325

白水泥在施工过程或熟料磨细时掺入彩色颜料可得到各种彩色水泥。所掺颜料应为抗碱性高、分散性好、与白水泥不发生不良反应的无机颜料。

白水泥和彩色水泥由于其色彩的原因，主要用于内外装饰，可配成白色或彩色灰浆、砂浆或制成各种颜色的石料。

3.道路硅酸盐水泥

道路硅酸盐水泥熟料是以适当成分的生料烧至部分熔融，所得以硅酸钙为主要成分和较多量的铁铝酸钙的硅酸盐水泥熟料。

由道路硅酸盐水泥熟料、0～10%活性混合材料和适量石膏磨细制成的水硬性胶凝材料，称为道路硅酸盐水泥(简称道路水泥)。

道路水泥按 28d 抗压强度分 425、525、625 三个标号。道路水泥的细度,用 0.080mm 方孔筛筛余不得超过 10%。凝结时间为:初凝不得早于 1h,终凝不得迟于 10h。安定性用沸煮法检验必须合格。28d 干缩率不得大于 0.10%。耐磨性以磨损量表示,不得大于 3.60 kg/m²。道路水泥主要用于道路路面的铺设和对耐磨、抗干缩等性能要求较高的工程。见表2-19。

表 2-19　道路水泥各标号、各龄期的强度(GB 13693—05)

水泥标号	抗压强度(MPa)不小于		抗压强度(MPa)不小于	
	3d	28d	3d	28d
325	16.0	32.5	3.5	6.5
425	21.0	42.5	4.0	7.0
525	26.0	52.5	5.0	7.5

4.铝酸盐水泥

凡以铝酸钙为主,氧化铝含量约 50% 的熟料磨制的水硬性胶凝材料,称为铝酸盐水泥。

铝酸盐水泥的强度等级系用 GB 201—2001 规定的强度检验方法测得的 3d 抗压强度表示,分为 42.5、52.5、62.5 和 72.5 四个强度等级。铝酸盐水泥的细度,用 0.080mm 方孔筛筛余不得超过 10%。凝结时间为:初凝不得早于 40min,终凝不得迟于 10h。

铝酸盐水泥的主要用途是配制不定形耐火材料、配制石膏矾土膨胀水泥及自应力水泥等特殊用途的水泥,抢建、抢修、抗硫酸盐侵蚀和冬季施工等特殊需要的工程。见表 2-20。

表 2-20　铝盐酸盐水泥各龄期的强度(GB 201—2001)

强度等级	抗压强度(MPa)不小于		抗压强度(MPa)不小于	
	1d	3d	1d	3d
42.5	36.0	42.5	4.0	4.5
52.5	46.0	52.5	5.0	5.5
62.5	56.0	62.5	6.0	6.5
72.5	66.0	72.5	7.0	7.5

注:28d 的强度应该制定,其实测值不得低于同等级的 3d 指标。

铝酸盐水泥用于土建工程上的注意事项:在施工过程中一般不得与硅酸盐水泥、石灰等能析出氢氧化钙的胶凝物质混合,使用前拌和设备等必须冲洗干净;不得用于接触大碱性溶液的工程;铝酸盐水泥水化热集中于早期释放,从硬化开始应立即浇水养护;一般不宜浇筑大体积混凝土;铝酸盐水泥混凝土后期强度下降较大,应按最低稳定强度值设计;铝酸盐水泥混凝土最低稳定强度值以试体脱模后放入 50℃±2℃ 水中养护,取龄期为 7d 和 14d 强度值之低者来确定;采用强度等级为 52.5 以上的水泥、小于 0.40 的水灰比和 400kg/m³ 以上的水泥用量时,即可配出最低稳定强度 20.0MPa 以上的混凝土;若用蒸汽养护加速混凝土硬化时,养护温度应不高于 50℃;用于钢筋混凝土时,钢筋保护层的厚度不得小于 3cm。未经试验,不得加入任何外加物;不得与未硬化的硅酸盐水泥混凝土接触使用;可以与具有脱模强度的硅酸盐水泥混凝土接触使用,但接着处不应长期处于潮湿状态。

5.砌筑水泥

凡由活性混合材料或具有水硬性的工业废料为主要原料,加入少量硅酸盐水泥熟料和石膏,经磨细制成的水硬性胶凝材料称为砌筑水泥。

按 GB/ T 3183—03 规定,砌筑水泥分为 12.5、22.5 两个强度等级。砌筑水泥的细度,用0.080mm 方孔筛筛余不得超过 10%。凝结时间为:初凝不得早于 45min,终凝不得迟于 12h。安定性用沸煮法检验必须合格。砌筑水泥适用于工业与民用建筑的砌筑砂浆和内墙抹面砂浆;不得用于钢筋混凝土;作其他用途时,必须通过试验。

任务三 建筑砂浆

一、任务描述

1.熟悉砂浆的组成材料及对材料质量要求;
2.掌握砌筑砂浆的技术性质;
3.了解抹面砂浆、防水砂浆的用途。

二、学习目标

通过本任务的学习,你应当:
1.能读懂砌筑砂浆的技术指标;
2.能对砌筑砂浆进行配合比设计;
3.能对砂浆进行正常的验收与保管。

三、任务实施

(一)任务导入,学习准备

引导问题 1:对砂浆硬化后的技术性质有哪些要求?
_____
_____
_____

引导问题 2:以什么指标评定合格砂浆?
_____
_____
_____

引导问题 3:砂浆的强度等级是如何确定的? 共分哪几个等级?
_____
_____
_____

引导问题4：什么叫砂浆的稠度？怎样选择适宜的稠度？

_____

_____

_____

_____

（二）任务实施

任务1：某砌筑工程，用强度等级为 M10 的混合砂浆砌筑，砂浆稠度值为 70～90mm。所用原材料为：42.5 级普通硅酸盐水泥；含水率为 2％、堆积密度为 1450kg/m³ 的中砂；稠度为 115mm 的石灰膏；施工水平优良。请计算该混合砂浆的配合比。

_____

_____

_____

任务2：要求设计用于砌筑墙砖的水泥石灰混合砂浆配合比。设计强度等级为 M7.5，稠度为 70～90mm，原材料主要参数：32.5 矿渣水泥；中砂，堆积密度为 1400kg/m³；含水率为 1.5％；石灰膏，稠度为 120mm；施工水平一般。

_____

_____

_____

四、任务评价

1.完成以上任务评价的填写

班级： 　　　　　　姓名：

考核项目		分数				教师评价得分
		差	中	良	优	
自学能力		8	10	11	13	
言谈举止	工作过程安排是否合理规范	8	10	15	20	
	陈述是否清晰完整	8	10	11	12	
	是否正确领会运用已学知识来解决实际问题	7	10	15	18	
是否积极参与活动		7	10	11	13	
是否具备团队合作精神		7	10	11	12	
成果展示		7	10	11	12	
总计		52	70	85	100	
教师签字：			年 月 日			最终得分：

2. 自我评价

(1)完成此次任务过程中存在哪些问题?

_____

_____

_____

(2)请提出相应的解决问题的方法。

_____

_____

_____

_____

五、知识讲解

建筑砂浆是由胶凝材料、水和细集料按适当比例配制而成的建筑工程材料,在工程中起到黏结、衬垫、传递应力、防护和装饰作用。砂浆在建筑工程中用途很广,用量也大。按其用途可将砂浆分为砌筑砂浆、抹面砂浆、装饰砂浆、防水砂浆、耐酸砂浆以及保温砂浆等。

按胶凝材料的不同,砂浆又分为水泥砂浆、石灰砂浆和混合砂浆。混合砂浆有水泥石灰砂浆、水泥黏土砂浆和石灰黏土砂浆等。

砂浆与混凝土在组成上有相似之处,不同点在于不含粗集料。所以有关混凝土的基本规律,原则上也适用于砂浆。但是砂浆为薄层铺筑,主要起黏结作用,属于非承重材料,多铺设于多孔吸水的砖或砌块地面,因而砂浆在施工过程中区别于混凝土拌和物,具有其自身的特点。

(一)砌筑砂浆

砌筑砂浆用于砌筑砖、石等各种砌块。砌筑砂浆在砖石结构中起到胶结作用,把块体材料胶结成整体结构,起到黏结砌块、构筑砌体、传递荷载的作用,是砌体的重要组成部分。

砌筑砂浆由胶凝材料、细集料、掺合料、外加剂和水组成。砌筑砂浆要求具有良好的和易性。和易性好的砌筑砂浆可以比较容易在砖石表面铺成均匀连续的薄层,且与地面紧密地黏结。和易性可根据其流动性和保水性来综合评定。

1. 砌筑砂浆的组成材料

为保证建筑砂浆的质量,砂浆中的各组成材料均应满足一定的技术要求。

(1)水泥。水泥是砌筑砂浆的主要胶凝材料。常用的水泥品种有普通水泥、矿渣水泥、火水泥、粉煤灰水泥。选用水泥的强度一般为砂浆强度的 $4\sim5$ 倍,但水泥砂浆采用的水泥强度等级不宜大于 32.5,水泥混合砂浆采用的水泥强度等级不宜大于 42.5,如果水泥的强度等级过高,可适量掺入掺加料。为了使砂浆更为好用,常往砂浆里掺入一些有机塑化物——微沫剂可以替代石灰膏,有效改善砂浆的和易性。微沫剂是一种憎水性的表面活性剂,掺入砂浆中,它会吸附在水泥颗粒的表面形成一层皂膜,降低水的表面张力,经强力搅拌后,形成无数微小气泡,增加了水泥的分散性,使水泥颗粒和沙粒之间的摩擦阻力变小,而且气泡本身易变形,使砂浆流动性增大,和易性变好,并可以简化工序,减轻环境污染。所以,近年来,微沫砂浆在工程上得到了广泛应用。

(2)掺合料。为了改善砂浆的和易性和节约水泥用量,可在水泥砂浆中加入适量掺合料,配制成混合砂浆。为保证砂浆的质量,掺合料应符合以下要求:

①生石灰需熟化制成石灰膏,然后再掺入砂浆中搅拌均匀。消石灰粉不能直接用于砌筑砂浆中。

②生石灰熟化成石灰膏时,应用孔径不大于 3mm×3mm 的网过滤,熟化时间不得少于 7d;磨细生石灰粉的熟化时间不得少于 2d。沉淀池中贮存的石灰膏,应采取防止干燥、冻结和污染措施。严禁使用脱水硬化的石灰膏。

③采用黏土或粉质黏土膏时,宜用搅拌机加水搅拌,通过孔径不大于 3mm×3mm 的网过筛。

④制作电石膏的电石渣应用孔径不大于 3mm×3mm 的网过滤,检验时应加热至 70℃并保持 20min,没有乙炔气味后,方可使用。

⑤石灰膏、黏土和电石膏适配时,沉入度应控制在 120mm±5mm 之间。

(3)砂。砂子是砂浆中的骨料,要求坚固清洁,级配适宜,最大粒径通常应控制在砂浆厚度的 1/5～1/4,使用前必须过筛。砂子中的含泥量应有所控制,水泥砂浆、混合砂浆的强度等级 ≥5M 时,含泥量应≤5%;强度等级 <5M 时,含泥量应≤10%。若使用细砂配制砂浆时,砂子的含泥量应经试验来确定。

(4)水。拌制砂浆应使用饮用水,未经试验鉴定的非洁净水、生活污水、工业废水均不能拌制砂浆及养护砂浆。

(5)外加剂。砌筑砂浆中掺入的砂浆外加剂,应具有法定检测机构出具的该产品砌体强度型式检验报告,并经砂浆性能试验合格后,方可使用。

2. 砌筑砂浆的技术性质

为保证工程质量,新拌砂浆应具有良好的和易性,硬化后的砂浆应具有需要的强度和与底面的黏结力及较小的变形性和规定的耐久性。

(1)新拌砂浆的和易性。

新拌砂浆的和易性是指新拌砂浆便于施工并保证质量的综合性质。通常可以从流动性和保水性两方面综合评定。

①流动性。流动性是指砂浆在自重或外力作用下产生流动的性质。流动性用稠度测定仪测定,以沉入度(cm)表示。沉入度越大,说明流动性越高。砂浆流动性的选择应根据施工方法及砌体材料的吸水程度和施工环境的温湿度等条件来决定。水泥砂浆宜用于砌筑潮湿环境以及强度要求较高的砌体;水泥石灰砂浆宜用于砌筑干燥环境中的砌体;多层房屋的墙一般采用强度等级为 M5 的水泥石灰砂浆;砖柱、砖拱、钢筋砖过梁等一般采用强度等级为 M5～M10 的水泥砂浆;砖基础一般采用不低于 M5 的水泥砂浆;低层房屋或平房可采用石灰砂浆;简易房屋可采用石灰黏土砂浆。流动性选择可参考表 2-21。

表 2 - 21　砌体流动性选择

砌体种类	建筑砂浆稠度(mm)	砌体种类	建筑砂浆稠度(mm)
烧结普通砖砌体	70～90	烧结多孔砖平拱式过梁	50～70
石砌体	30～50	空心墙,筒拱	
轻骨料混凝土小型空心砌块砌体	60～90	普通混凝土小型空心砌块砌体	
烧结多孔砖、空心砖砌体	60～80	加气混凝土砌块砌体	

②保水性。砂浆保水性是指砂浆能保存水分的能力。保水性不好的砂浆,在运输和放置过程中,容易泌水离析,失去流动性,不易铺成均匀的薄层或水分易被砖块很快地吸走,影响水泥正常硬化,降低了砂浆与砖面的黏结力,导致砌体质量下降。砌筑砂浆分层应控制在 30mm 以内,分层大于 30mm 的,砂浆容易产生泌水。分层或水分流现象不便于施工操作;但分层度过小,砂浆过于干稠,也会影响操作和工程质量。砂浆的保水性要求也随基底材料的种类(多孔的或密实的)、施工条件和气候条件而变。提高砂浆的保水性常采取掺入适量的有机塑化剂或微沫剂的方法,不应采取提高水泥用量的途径解决。

(2)抗压强度与砂浆强度等级。

砂浆的强度等级是以边长为 70.7mm 的立方体试体,按标准条件养护至 28d 的抗压强度的平均值,并考虑具有 95% 强度保证率而确定的。砂浆的强度等级共有 6 个等级。砌筑砂浆的实际强度与所砌筑材料的吸水性有关,又可分为砌石砂浆和砌砖砂浆两种。砂浆立方体抗压强度计算公式为:

$$f_{m,cu} = \frac{F}{A}$$

式中:$f_{m,cu}$ ——砂浆立方体抗压强度(MPa);

　　　F——立方体破坏压力(N);

　　　A——试件承压面积(mm²)。

砂浆立方体试件抗压强度应精确至 0.1MPa。

(3)黏结力与耐久性。

砌筑砂浆必须有足够的黏结力,以便将砖、石黏结成一个坚固的整体。砂浆黏结力与砂浆强度有关。砂浆强度等级越高,黏结力越大。砂浆的黏结力与砖石表面的粗糙程度、清洁程度和潮湿状况等有关。为提高砂浆与砖、石之间的黏结力,保证砌体质量,砌筑前要对砖、石浇水湿润,使其含水率控制在 10%～15% 范围内。

(4)砂浆的变形性。

砂浆在承受荷载、温度变化或湿度变化时,均会产生变形。如果变形过大或不均匀,则会降低砌体的质量,引起沉陷或裂缝。轻集料配制的砂浆,其收缩变形要比普通砂浆大。

①抗冻性。在某些使用环境下,要求砂浆具有一定的抗冻性。设计高强度等级砂浆时(大于 M2.5),需进行冻融试验,测定其质量损失率与强度损失率两项指标。

质量损失率不大于 5%,强度损失率不大于 25%,砂浆等级在 M2.5 及 M2.5 以下者,一般不耐冻。

②抗渗性。砂浆的抗渗性是指砂浆抵抗压力水渗透的能力。它主要与密实度及内部孔隙的大小和构造有关。砂浆内部互相连通的孔以及成型时产生的蜂窝、孔洞都会造成砂浆渗水。见表 2 - 22。

表 2-22　砂浆流动性选用参考表（沉入度，cm）

砌筑砂浆			抹灰砂浆		
砌体种类	干热环境多孔吸水材料	湿冷环境密实材料	抹灰层	机械抹灰	手工抹灰
砖砌体	8～10	6～8	准备层	8～9	11～12
普通毛石砌体	6～7	4～5	底层	7～8	7～8
振捣毛石砌体	2～3	1～2	面层	7～8	9～10
炉渣混凝土砌块	7～9	5～7	石膏浆面层	—	9～12

3. 砌筑砂浆的选用

根据砂浆的使用环境和强度等级指标要求，砌筑砂浆可以选用水泥砂浆、石灰砂浆、水泥混合砂浆。

（1）水泥砂浆：适用于潮湿环境、水中以及要求砂浆强度等级大于 M5 级的工程。

（2）石灰砂浆：适用于地上、强度要求不高的低层或临时建筑工程中。

（3）水泥混合砂浆：适用于砂浆等级强度小于 M5 级的工程。这种砂浆的强度和耐久性介于水泥砂浆和石灰砂浆之间。

（二）抹灰砂浆

抹灰砂浆又称为抹面砂浆，是涂抹在建筑物或建筑构件表面的砂浆的统称。它以大面积薄层涂抹于建筑物或建筑物表面，既可对构件提供保护，增加建筑物和结构的耐久性，又使其表面平整、光洁美观。

对于抹灰砂浆，要求它具有更好的和易性和黏结力，面层抹灰还要求平滑、光洁。因此，它所用的胶凝材料比砌筑砂浆多。抹灰砂浆种类的选择，主要根据所使用的部位、环境和要求的性能来决定。为了保证抹灰层表面平整，避免开裂剥落，抹灰砂浆有两层或三层做法，各层作用不同，对砂浆的要求也有所不同。底层主要起到黏结作用，中层主要起到找平作用，面层主要起到装饰作用。常用抹灰砂浆的品种和配合比见表 2-23。

表 2-23　常用抹灰砂浆的品种和配合比

品种	配合比（体积比）		应　用
水泥砂浆	水泥：砂	1：1	清水墙勾缝、混凝土地面压光
	水泥：砂	1：2.5	潮湿的内外墙面、地面、楼面的水泥砂浆面层
	水泥：砂	1：3	砖或混凝土墙面的水泥砂浆底层
混合砂浆	水泥：石灰膏：砂	1：0.5：4	加气混凝土表面砂浆抹面的底层
	水泥：石灰膏：砂	1：1：6	加气混凝土表面的砂浆抹面的中层
	水泥：石灰膏：砂	1：3：9	混凝土墙、梁、柱、顶棚的砂浆底层和中层
石灰砂浆	石灰膏：砂	1：3	干燥砖墙或混凝土墙的内墙面石灰砂浆抹面的底层
纸筋灰	100kg 石灰膏加 3.8kg 纸筋		内墙、吊顶石灰砂浆面层
麻刀灰	100kg 石灰膏加 1.5kg 麻刀		板条、苇墙抹灰的底层

(三)装饰砂浆

装饰砂浆是涂抹在建筑物内外墙表面、具有美观装饰效果的抹面砂浆。装饰砂浆的底层和中层抹面砂浆基本相同,主要是装饰砂浆的面层,因此要选具有一定颜色的胶凝材料和集料并采用某种特殊的操作工艺,使其表面呈现出各种不同的色彩、线条与花纹等装饰效果。

装饰砂浆所用胶凝材料有普通水泥、矿渣水泥、火山灰水泥和白水泥、彩色水泥,或在水泥中掺加耐碱矿物颜料配成彩色水泥等。集料常采用花岗石、大理石等带颜色的细石碴或玻璃等。

(四)防水砂浆

防水砂浆是具有不透水性的砂浆。水工工程和地下工程,如水池、水塔、地下室、隧道、涵洞等结构物的抹面砂浆,应采用具有一定强度、黏结力和防水防潮性能的防水砂浆。

防水砂浆依靠特定的施工工艺或在普通水泥中掺入防水剂、高分子材料等以提高砂浆的密实度或改善砂浆的抗裂性,从而使硬化后的砂浆层具有防水、抗渗性能。根据做法的不同,可将防水砂浆分为普通防水砂浆、防水剂防水砂浆和聚合物防水砂浆三种。

(五)其他砂浆

绝热吸声砂浆是以水泥、石灰膏、石膏等胶凝材料与膨胀珍珠岩、膨胀蛭石等轻质多孔集料按一定比例配制成的砂浆,具有质轻、保温隔热性能好、吸声性能强等优点。

耐酸砂浆是用水玻璃与氟硅酸钠拌制成的耐酸砂浆,有时掺入石英岩、花岗岩铸石等粉状细集料,水玻璃硬化后具有很好的耐酸性能。耐酸砂浆多用于作衬砌材料、耐酸地面和耐酸容器的内壁防护层等。

放射线砂浆是在水泥中掺入重晶粉、重晶石、砂配制成的有防 X 射线能力的砂浆。放射线砂浆主要用于有防放射线要求的防护工程。

膨胀砂浆是在水泥中掺入膨胀剂或使用膨胀水泥配制的膨胀砂浆。膨胀砂浆可用于修补工程及大板装配工程中填充缝隙,达到黏结密封的作用。

任务四　混凝土

一、任务描述

1. 了解普通混凝土的特点;
2. 熟悉普通混凝土拌合物的性质;掌握砌筑砂浆的技术性质;
3. 熟悉硬化混凝土的力学性质、耐久性能及其影响因素;
4. 了解其他品种混凝土的应用。

二、学习目标

通过本任务的学习,你应当:
1. 能读懂普通混凝土的技术指标;
2. 针对不同的工程特点,能正确选用合适的混凝土。

三、任务实施

(一)任务导入,学习准备

引导问题 1:什么是普通混凝土?混凝土为什么能在工程中得到广泛应用?

_____

_____

_____

引导问题 2:混凝土的各组成材料在混凝土硬化前后各起什么作用?

_____

_____

_____

引导问题 3:集料中的有害杂质有哪些?各有何危害?

_____

_____

_____

引导问题 4:什么是针、片状颗粒?有什么危害?

_____

_____

_____

引导问题 5:什么是混凝土拌合物的和易性?和易性测试的方法主要有哪些?

_____

_____

_____

引导问题 6:影响混凝土强度的主要因素有哪些?

_____

_____

_____

引导问题 7:常用的混凝土外加剂有哪些?它们分别有哪些作用?

_____

_____

_____

(二)任务实施

任务 1：某砂做筛分试验,两次秤取各筛筛余质量如表 2-24 所示,试计算各号筛的分计筛余率、累计筛余率和细度模数,并评定该砂的颗粒级配和粗细程度。

表 2-24 各筛筛余质量

筛孔尺寸(mm)		9.5	4.75	2.36	1.18	0.6	0.3	0.15	筛底
筛余质量(g)	1	0	8	82	70	98	124	106	14
	2	0	10	80	73	95	120	106	18

任务 2：某混凝土经试配调整后,各种材料的用量分别为：水泥 3.1kg,砂 6.24kg,碎石 12.84kg,水 1.86kg,并测得拌合物的表观密度为 2450kg/m³。试求 1m³ 混凝土中各种材料的实际用量。

四、任务评价

1.完成以上任务评价的填写

班级： 姓名：

考核项目		分数				教师评价得分
		差	中	良	优	
自学能力		8	10	11	13	
言谈举止	工作过程安排是否合理规范	8	10	15	20	
	陈述是否清晰完整	8	10	11	12	
	是否正确领会运用已学知识来解决实际问题	7	10	15	18	
是否积极参与活动		7	10	11	13	
是否具备团队合作精神		7	10	11	12	
成果展示		7	10	11	12	
总计		52	70	85	100	
教师签字：				年 月 日		最终得分：

2.自我评价

(1)完成此次任务过程中存在哪些问题?

_____

_____

_____

(2)请提出相应的解决问题的方法。

_____

_____

_____

_____

五、知识讲解

混凝土是由胶凝材料、水、粗细集料按一定比例配合,拌制成混合物,经一定时间硬化后形成的人造石材。根据胶凝材料的不同,混凝土可分为水泥混凝土、沥青混凝土、石灰混凝土、聚合物混凝土等。通常建筑上普遍使用的是以水泥为胶凝材料的混凝土,即水泥混凝土。

按照容重的不同可将混凝土分为三大类,即容重大于 $2700kg/m^3$ 的特重混凝土、容重介于 $1950\sim2700kg/m^3$ 的普通混凝土和容重小于 $1950kg/m^3$ 的轻混凝土,其中普通混凝土使用量最大。

混凝土作为一种重要的建筑工程材料,由于其价格低、具有较高的抗压强度和较好的耐久性、与钢筋混凝土能牢固黏结形成钢筋混凝土等诸多优点,广泛应用于铁道工程、工业与民用建筑、水利及交通等工程中。

(一)普通混凝土

由水泥、砂、石子和水按适当的比例配合搅拌,浇筑成型,经过硬化而成的混凝土称为普通混凝土。混凝土是一种人造石材,工程上常以"砼"字表示。

混凝土中,砂石的总含量约占混凝土体积的 $65\%\sim75\%$,其余为水泥浆。由水泥和水组成的水泥浆包裹在砂石的表面,并填满砂石的空隙,作为砂石间的润滑剂,使水泥砂浆的拌和物具有流动性,并通过水泥浆硬化,将砂石胶结成一个整体。混凝土结构示意图如图2-3所示。

1.普通混凝土的组成材料

普通混凝土主要是由水泥、细集料(砂)、粗集料(石子)和水所组成。为了保证混凝土的质量,对所用材料应进行合理选择,各组成材料必须满足一定的技术性质要求。

(1)水泥。

水泥是混凝土的胶结材料,是决定混凝土获得强度的保证,也是影响混凝土耐久性和经济效果的主要因素,在配制混凝土时应根据工程特点和所处环境,正确选择水泥的品种和强度等级。水泥品种的选择可参见表2-11通用水泥的选用。

水泥强度等级的选择应充分利用水泥的活性,水泥强度等级的高低应与混凝土的强度相适

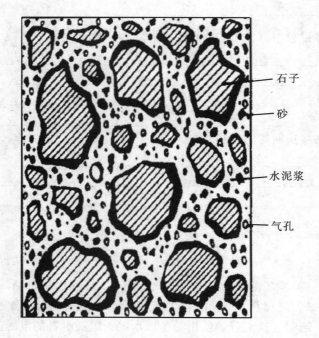

石子

砂

水泥浆

气孔

图 2-3　混凝土结构示意图

应。根据生产实践经验，对于 C30 以下的混凝土，水泥强度的标准值取混凝土强度的 1.5～2.2 倍为宜；对于 C30 及以上的混凝土，水泥强度的标准值宜为混凝土强度的 1.0～1.5 倍。

如掺用了高效能外加剂，其强度等级比值必须通过实验加以确定。如果采用高强度等级水泥配制低强度混凝土，则水泥用量较少就可达到混凝土要求的强度，但是不能够满足混凝土施工的和易性和密实度要求，影响混凝土的耐久性；如因受条件所限必须采用高强度等级水泥配制低强度混凝土时，可在高强度水泥中掺入一定量的混合材料，以保证其和易性和耐久性要求。

采用低强度等级水泥配制高强度混凝土，为满足强度要求必然增加水泥用量，导致配制出的混凝土水化热及变形增大，不但成本加大而且会因水灰比过小而影响混凝土拌和物的流动性，造成施工困难，增大混凝土硬化后的干缩，不能确保混凝土的质量。

（2）细集料。

一般规定，粒径在 4.75mm 以下的集料称为细集料，通称为砂。混凝土的细集料按产源分为天然砂或人工砂。天然砂是由自然风化、水流搬运和分选、堆积形成的岩石颗粒，分河砂、海砂和山砂。人工砂是经除土处理的机制砂、混合砂的统称。机制砂是由机械破碎、筛分制成的，颗粒不大于 4.75mm 的岩石颗粒，但不包括软质岩、风化岩的颗粒。混合砂是由机制砂和天然砂混合制成的砂。机制砂表面粗糙，富有棱角，与水泥石胶结较好，但山砂含泥量和有机杂质较多，机制砂中细粉和片状颗粒较多，与天然砂相比成本较高。海砂表面圆滑洁净，但常混有贝壳碎片，含盐分较多，所含的氯盐对钢筋起锈蚀作用。河砂颗粒介于山砂和海砂之间，比较洁净，分布广泛，一般工程上大多采用河砂。如施工工地附近没有河砂和山砂，则常采用白云岩、石灰岩、花岗岩和玄武岩等岩石，通过爆破、机械破碎制成机制砂。

砂的密度为 2.5～2.7g/cm³，松散堆积密度不小于 1400kg/cm³，表观密度不小于 2500kg/cm³，空隙率不大于 44%。砂的松散体积随着砂的含水量变化而变化，当含水率为

4%～7%时，砂的体积最大。如采用体积比配料或用体积验收砂时，应充分考虑砂的含水量因素。

①砂的质量要求。

砂按其技术要求分为Ⅰ类、Ⅱ类和Ⅲ类。Ⅰ类砂宜用于强度等级大于C60的混凝土；Ⅱ类砂宜用于强度等级为C30～C60及有抗冻、抗渗或其他要求的混凝土；Ⅲ类砂宜用于强度等级小于C30的混凝土和建筑砂浆。

砂中不应混有草根、树叶、树枝、塑料、煤块、炉渣等杂质。砂中含有云母、硫酸盐及硫化物、有机物、黏土、淤泥和轻物质等杂质，会对混凝土产生不良影响。如云母呈薄片状，表面光滑，与水泥石黏结不牢，会降低混凝土强度；硫酸盐及硫化物和有机物质对水泥石有腐蚀作用；黏土、淤泥等黏附在砂的表面，会妨碍水泥与砂的黏结。这些杂质除影响混凝土的强度外，还会降低混凝土的抗渗性和抗冻性，增大混凝土的收缩。轻物质还会降低混凝土的强度和耐久性，因此对砂中的杂质含量必须加以限制。砂中含泥量、泥块含量及有害物质含量标准见表2-25。

表 2-25　砂中含泥量、泥块含量及有害物质含量标准（GB/T 14684—2011）

项目	Ⅰ类砂	Ⅱ类砂	Ⅲ类砂
含泥量（按质量计）（%）	≤1.0	≤3.0	≤5.0
泥块含量（按质量计）（%）	0	≤1.0	≤2.0
云母（按质量计）（%）	≤1.0	≤2.0	≤2.0
轻物质（按质量计）（%）	≤1.0	≤1.0	≤1.0
有机物（比色法）	合格	合格	合格
硫化物及硫酸（SO_3 质量计）（%）	≤0.5	≤0.5	≤0.5
氯化物（按氯离子质量计）（%）	≤0.01	≤0.02	≤0.06
贝壳（按质量计）（%）	≤3.0	≤5.0	≤8.0

为减少有害物质对混凝土质量的影响，必须采取网筛过滤的方法，去除掺在砂中较大的杂质，还可用清水或石灰水（有机物多时采用）加以冲洗，冲洗后重做试验，经试验合格的砂方可使用。

②砂的级配。

为了保证施工质量，制成均匀密实的混凝土，拌制混凝土时，必须用足够的水泥浆将砂石颗粒包裹起来，以便在砂石颗粒之间起到润滑和黏结的作用。此外，砂粒之间的空隙也必须用一部分水泥浆加以填充，才能保证硬化后的混凝土坚固密实。水泥浆的用量与砂子的总表面积、砂子的空隙率有关。为了节约水泥，在砂用量一定的情况下，最好采用空隙率较小而总表面积也较小的砂子。砂子的空隙率大小与其颗粒级配有关，而总表面积的大小则与其颗粒的粗细程度有关。

砂子的颗粒级配是指不同粒径的砂子按一定比例相互搭配。砂子的粗细程度指不同粒径的砂子混合在一起的平均粗细度。根据砂子的粗细程度，砂子分为粗砂、中砂、细砂。

砂子的粗细程度必须结合级配来考虑。混凝土用砂应同时考虑颗粒级配和粗细程度两个因素，宜采用级配良好的中砂或粗砂。砂子中含有较多的粗砂，并以适量的中砂和细砂填充其间空隙，可达到空隙率和表面积均较小的目的。这样配制的混凝土不但节省水泥用量，还可以提高混凝土的密实度和强度。

砂的级配情况和粗细程度是以筛分析的方法测定的。筛分析法是用一套孔径为 9.50 mm、4.75mm、2.35mm、1.18mm、0.60mm、0.30mm 和 0.15mm 的标准方孔筛，将 500g 干砂由粗到细依次过筛，称得余留在各筛上砂的质量叫做"分析筛余量"，各分析筛质量占砂样总质量的百分率称为"分析筛余百分率"，分别用 a_1、a_2、a_3、a_4、a_5、a_6 表示，各筛上及所有孔径大于该筛百分率之和称为"累计筛分百分率"，分别用 A_1、A_2、A_3、A_4、A_5 和 A_6 表示，它们之间的关系见表 2-26。

表 2-26　累计筛余与分析筛余的关系

筛号	筛孔尺寸(mm)	分析筛余(%)	累计筛余(%)
1	4.75	a_1	$A_1 = a_1$
2	2.35	a_2	$A_2 = a_1 + a_2$
3	1.18	a_3	$A_3 = a_1 + a_2 + a_3$
4	0.60	a_4	$A_4 = a_1 + a_2 + a_3 + a_4$
5	0.30	a_5	$A_5 = a_1 + a_2 + a_3 + a_4 + a_5$
6	0.15	a_6	$A_6 = a_1 + a_2 + a_3 + a_4 + a_5 + a_6$

砂的粗细程度以细度模数表示。根据累计筛余百分数计算细度模数(M_x)，其计算公式为：

$$M_x = \frac{(A_2 + A_3 + A_4 + A_5 + A_6) - 5A_1}{100 - A_1}$$

细度模数越大，表示砂子越粗。按细度模数值的不同，将砂分为三种规格：M_x 在 3.7～3.1 之间的为粗砂，M_x 在 3.0～2.3 之间的为中砂，M_x 在 2.2～1.6 之间的为细砂。

混凝土用砂分一、二和三共三个级配区，各区砂的颗粒级配应符合表 2-27 的规定标准。混凝土用砂的实际颗粒级配应处于表内所属的级配区内，表明砂子的级配良好。但表中所列的累计筛余百分率，除 4.75mm 和 0.60mm 筛档外，允许略超出，但超出总量应小于 5%。

一区人工砂中 0.15 mm 筛孔的筛余可以放宽到 100～85，二区人工砂中 0.15 mm 筛孔的筛余可以放宽到 100～80，三区人工砂中 0.15 mm 筛孔的筛余可以放宽到 100～75。

普通混凝土用砂的颗粒级配处在三个级配区之一的上下界之内方为合格。如果砂的级配不好，则应进行调整。如某砂颗粒过多，则可以按一定比例掺入较细的砂子加以调整，使之符合要求。级配合格的砂，其细度模数在粗砂或中砂范围内为好。见表 2-27。

表 2-27　砂的颗粒级配标准(GB/T 14684—2001)

累计筛余 百分比(%)　　级配区 筛孔尺寸	一	二	三
4.75mm	10～0	10～0	10～0
2.35mm	35～5	25～0	15～0

累计筛余 百分比(%) 筛孔尺寸	一	二	三
1.18mm	65～35	50～10	25～0
0.60mm	85～71	70～41	40～16
0.30mm	95～80	92～70	85～55
0.15mm	100～90	100～90	100～90

（3）粗集料。

粒径大于 4.75mm 的岩石颗粒称为粗集料，通称为石子。常用的粗集料有天然卵石和人工碎石两种。卵石是由天然岩石经风化、水流搬运和分选、堆积而形成的。卵石按产地的不同分山卵石、河卵石和海卵石。河卵石和海卵石较洁净，表面光滑；山卵石表面粗糙，与水泥浆的胶结力较强，但含黏土等杂质较多，使用前必须加以冲洗，因此以河卵石最为常用。

卵石表面圆滑，空隙率和总表面积均较小，所拌制的水泥浆需用量较少，和易性较好，但与水泥浆的胶结力不如碎石。

碎石由坚硬的天然岩石或卵石经机械破碎、筛分而成，一般比天然卵石干净，表面粗糙，颗粒富有棱角，空隙率和总表面积均较大。用碎石拌制的混凝土，所需水泥浆较多，但与水泥浆黏结力强，施工时较卵石不易浇灌和捣实。

选用何种石子，必须根据就地取材的原则，综合考虑其成本、运输条件及其他经济指标等因素予以确定。拌制较高强度混凝土时，宜采用碎石或碎卵石。

①石子的物理性质。

石子的表观密度大于 2500kg/m³，松散堆积密度大于 1350kg/m³，碎石的空隙率约为 45%，卵石的空隙率约为 35%～45%。

②石子的质量要求。

石子按其技术要求分为Ⅰ类、Ⅱ类和Ⅲ类。Ⅰ类石子宜用于强度等级大于 C60 的混凝土；Ⅱ类石子宜用于强度等级为 C30～C60 及有抗冻、抗渗或其他要求的混凝土；Ⅲ类石子宜用于强度等级小于 C30 的混凝土和建筑砂浆。

A. 有害物质含量。

石子中不宜混有草根、树叶、树枝、塑料、煤块、炉渣等杂质，且含泥量、黏土块和其他有害物质的含量应符合表 2 - 28 的要求，杂物需经筛选去除。如所含有害物质含量超标，应用水冲洗后方能使用。此外，粗集料中严禁混入煅烧的白云石或石灰石块。

B. 针片状颗粒含量。

石子颗粒以接近球形为好。石子中常含有针状颗粒和片状颗粒，它们会阻碍混凝土拌和物的流动，在混凝土受力时又容易折断，影响混凝土的质量。因此，混凝土用石子中的针状、片状颗粒的含量应符合表 2 - 28 要求。

表 2 - 28　石子中针、片状颗粒和有害物质的含量(GB/T 14685—2011)

项目	Ⅰ类	Ⅱ类	Ⅲ类
含泥量(按质量计)(%)	≤0.5	≤1.0	≤1.5
泥块含量(按质量计)%()	0	≤0.5	≤0.7
针片状颗粒含量(按质量计)(%)	≤5	≤10	≤15
有机物含量(比色法)	合格	合格	合格
硫化物及硫酸盐含量(按 SO_2,质量计)(%)	≤0.5	≤1.0	≤1.0

C. 最大粒径和颗粒级配。

最大粒径指石子粒级的上限。使用最大粒径较大的石子拌制混凝土时,由于石子的总表面积较小,水泥浆包裹层较厚,有利于润滑和黏结。在允许条件下,石子的最大粒径宜选大一些。受构件尺寸和钢筋疏密程度等因素的限制,石子的粒径不能选得太大。根据《混凝土质量控制标准》(GB 50164—92)规定,混凝土用石子的最大粒径不得超过构件板厚的 1/3 或结构截面最小尺寸的 1/4,也不得大于钢筋间最小净距的 3/4,且不得超过 100mm。对于建筑用的混凝土实心板,石子的最大粒径不得超过 40mm。

石子的颗粒级配原理及要求与砂子基本相同,各粒级的比例要适当,目的是使集料的空隙率尽可能达到最小。所不同的是,按石子和卵石的粒径尺寸分为单粒粒级和连续粒级。

连续粒级是颗粒尺寸由大到小连续分级,每一级集料都占适当的比例。采取连续级配集料拌制的混凝土和易性好,不易发生分层离析现象,且施工方便,因此被工程广泛采用。单粒粒级是人为地剔除石子中的某些中间粒级,造成颗粒级配的间断,大颗粒间的空隙由比它小很多的小颗粒填充,这样虽然可以减小空隙率,但使用间断级配石子拌制的混凝土拌和物容易产生离析,且施工困难,因此较少被采用。

石子的颗粒级配用筛分析法测定,用一套标准筛进行筛分。混凝土用碎石和卵石的颗粒粒级应符合表 2-29 的要求。一般的混凝土工程大多使用表内连续粒径的石子。表内的单粒粒级石子,可以用于配置有特殊要求的石子,也可以与连续粒级石子混合使用,以改善其级配状况,或组成较大粒径的连续粒径。单粒粒级石子级配不好,不宜使用单一的单粒粒级石子拌制混凝土。

表 2 - 29　碎石和卵石的颗粒级配范围(GB/T 14685—2011)

累计筛余(%) 方筛孔尺寸(mm) 公称粒径		4.75	9.5	16.0	19.0	26.5	31.5	37.5	53.0	63.0	75.0	90.0
连续粒级	5~10	95~100	80~100	0~15	0							
	5~16	95~100	85~100	30~60	0~10	0						
	5~20	95~100	90~100	40~80		0~10	0					
	5~25	95~100	90~100		30~70		0~5	0				
	5~31.5	95~100	90~100	70~90		15~45		0~5	0			
	5~40		95~100	70~90		30~65			0~5	0		

累计筛余（%）\ 方筛孔尺寸（mm）\ 公称粒径		4.75	9.5	16.0	19.0	26.5	31.5	37.5	53.0	63.0	75.0	90.0
单粒粒级	10～20	95～100	85～90		0～15	0						
	16～31.5	95～100		85～100			0～10	0				
	20～40		95～100		80～100			0～10	0			
	31.5～63			95～100			75～100	45～75		0～10		
	40～80				95～100			70～100		30～60	0～10	0

D. 强度及其坚固性。

石子的强度直接影响混凝土的强度，因此混凝土中的石子必须具有足够的强度。石子的强度有以下两种表示方法：岩石抗压强度和压碎指标。在选择石场或对石子强度有严格要求时，采用抗压强度。工程施工中可采用压碎指标进行质量控制。

混凝土用石子应同时满足坚固性要求，以确保混凝土的耐久性。混凝土用石子的坚固性按硫酸钠溶液法检验，碎石和卵石经 5 次循环后，其质量损失应符合表 2-30 所列要求。

表 2-30　碎石和卵石的坚固性和压碎指标（GB/T 14685 —2011）

项目	Ⅰ类	Ⅱ	Ⅲ类
质量损失（%）	≤5	≤8	≤12
碎石压碎指标（%）	≤10	≤20	≤30
卵石压碎指标（%）	≤12	≤14	≤16

（4）拌和水。

混凝土用拌和水和养护水均应使用清洁水。清洁水的质量要求是水中不含有影响水泥正常凝结与硬化的有害杂质或油脂、糖类等，不允许使用污水、酸性水、含硫酸盐量超过总水量 1% 的水等。海水可用于拌制素混凝土，但不可用于拌制和养护钢筋混凝土、预应力混凝土和有饰面要求的混凝土。

混凝土用水中所含物质不应对混凝土的和易性、凝结、强度、耐久性和钢筋产生不利影响。混凝土用水所含物质的含量应符合表 2-31 的要求。

表 2-31　拌和水物质含量标准（TB 10210—2006）

项目	预应力混凝土	钢筋混凝土	素混凝土
PH 值	>4	>4	>4
不溶物（mg/L）	<2000	<2000	<5000
可溶物（mg/L）	<2000	<5000	<10000
氯化物（mg/L）	<5000*	<1200	<3700
硫酸盐（mg/L）	<600	<2700	<2700
硫化物（mg/L）	<100		

注：* 使用钢丝或经热处理钢筋的预应力混凝土，使氯化物含量不得超过 350mg/L。

2.普通混凝土的主要技术性质

(1)混凝土的和易性。

经加水拌和、浇筑成型、凝结以前的混凝土称为混凝土拌和物。混凝土拌和物的和易性是指新拌的混凝土在保证质地均匀、各组分不离析的条件下，适合于施工操作要求的综合性能。

和易性包含流动性、黏聚性和保水性三方面含义。

流动性是指混凝土拌和物在自重或机械振动作用下能产生流动并均匀密实地充满模板的性能。流动性的大小反映拌和物的稀稠程度。最直观的表现就是拌和物越稀，流动性越大。

黏聚性是指混凝土拌和物在施工过程中，各组成材料之间有一定的黏聚力，不致产生分层离析的性能。

保水性是指混凝土拌和物在施工过程中，具有一定的保水能力，不致产生严重的泌水现象。发生泌水的混凝土，由于水分上浮泌出，在混凝土内形成容易渗水的空隙和通道，在混凝土表面形成疏松的表层，上浮的水分还会聚积在石子或钢筋的下方形成较大空隙，从而削弱水泥浆与石子、钢筋间的黏结力，影响混凝土的质量。

由此可见，混凝土拌和物的和易性是一个既关系到施工又影响获得均匀密实混凝土的一个重要性质。

①和易性的评定。

混凝土拌和物的和易性是用测定拌和物的流动性，同时观察黏聚性和保水性，三方加以综合评定而得出的。

混凝土拌和物的稠度是以坍落度或维勃稠度表示的，坍落度适用于塑性和流动性混凝土拌和物，维勃稠度适用于硬性混凝土拌和物。

A.坍落度。

坍落度的测定是将混凝土拌和物按规定方法分三层装入标准的坍落度筒内，每层均匀插捣25次，装满刮平后，竖立向上将筒提起放至近旁，混凝土拌和物试样因自身重力作用产生坍落，用尺子量出筒顶与坍落后拌和物锥体最高点的高差，即为坍落度，用 T（mm）表示，如图2-4所示。

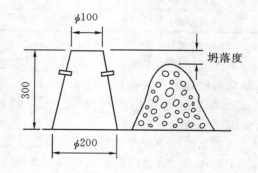

图2-4 坍落度测定

坍落度的大小即表示拌和物的流动性大小。根据拌和物坍落度的大小，可将混凝土分为低塑性混凝土、塑性混凝土、流动性混凝土和大流动性混凝土四级，分级标准和允许偏差见表2-32。

观察拌和物的黏聚性、保水性和含砂情况的方法是，将测完坍落度的拌和物锥体用捣棒轻轻敲击拌和物的一侧，若锥体逐渐下沉，则表明拌和物的黏聚性良好；若锥体散塌、部分崩裂或出现离析现象，则黏聚性不好。在坍落度筒提起后无稀浆或仅有少量稀浆自底部析出，则保水性良好；若有较多的稀浆自底部析出，锥体上部的拌和物也因失浆而集料外露，则表明其保水性不好。

表 2-32　混凝土按坍落度分级标准和允许偏差（GB 50162—1992）

级　别	名　　称	坍落度（mm）	允许偏差（mm）
T_1	低塑性混凝土	10~40	±10
T_2	塑性混凝土	50~90	±20
T_3	流动性混凝土	100~150	±30
T_4	大流动性混凝土	>160	±30

和易性好的混凝土拌和物应该是黏聚性、保水性和流动性三项都符合施工要求。根据有关标准和要求，混凝土浇筑时坍落度的大小应根据不同构件的尺寸、钢筋疏密程度和采取的捣固方法的不同按规定选用，以确保混凝土拌和物能均匀密实地充满模板。如果坍落度选择过小，将不易于捣实，会增加施工难度，不易保证施工质量；反之，如果坍落度选择过大，就需增加水泥浆用量，不但加大成本，还易出现分层泌水，影响混凝土质量。混凝土坍落度的选择参见表 2-33。

表 2-33　混凝土塌落度的选择（mm）

TB 10210—2001		GB 50204—92	
无配筋或配筋稀疏的混凝土结构	30~50	基础或地面等的垫层、无配筋的大体积结构或配筋稀疏的结构	10~30
普通配筋率的钢筋混凝土结构	50~70	板、梁和大型、中型截面柱子等	30~50
配筋密列的钢筋混凝土结构	70~90	配筋密列的结构	50~70
配筋密实不便捣实的混凝土结构	100~140	配筋符密的结构	70~90

注：（1）本表适用于机械振捣。采用人工捣实时，表中数值应酌情增大 20~30mm。
　　（2）连续浇筑较高的墩台或其他高大结构时，坍落度宜随浇筑高度的上升而适当分段递减。

　　B. 维勃稠度。

对于坍落度小于 10mm 的干硬性混凝土的流动性，需要用维勃稠度表达，其测定方法如图 2-5 所示。在标准的振动台上放置坍落度筒，按测坍落度的方法装入拌和物，提起坍落度筒，由于拌和物较为干稠，需要借助振动才能下坍。启动振动台，测出从启动到振平所需时间，即为维勃稠度，也称工作度，用 V(s) 表示。

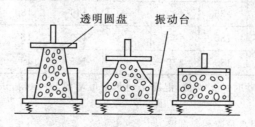

图 2-5　维勃稠度测定

根据拌和物维勃稠度大小的不同，可将混凝土分为半干硬性混凝土、干硬性混凝土、特干硬性混凝土、超干硬性混凝土四个等级，各级分类指标及允许偏差见表 2-34。

表 2-34　混凝土按维勃稠度分级及允许偏差（GB 50164—92）

级　别	名　称	维勃稠度(s)	允许偏差(s)
V_0	超干硬性混凝土	＞31	±6
V_1	特干硬性混凝土	21～30	±6
V_2	干硬性混凝土	11～20	±4
V_3	半干硬性混凝土	5～10	±3

②影响和易性的因素。

A. 水灰比。水灰比是在混凝土拌和物中的用水量与水泥量之比，表示水泥浆的稀稠度。

水灰比越大，水泥浆越稀，表明拌和物的流动性较大，但水灰比过大时，黏聚性和保水性变差；如果水灰比较小，水泥浆较稠，拌和物的流动性较小，黏聚性和保水性好，但水灰比过小时，施工浇捣成型比较困难。根据施工积累的经验，水灰比一般宜选择在 0.4～0.7 这个合理范围内，以便使混凝土拌和物既便于施工，又能保证浇筑成型的质量。应该强调的是，水灰比是根据混凝土强度确定的，一旦根据强度选定了水灰比，在施工过程中就不能随便改变，以确保混凝土的质量。

B. 拌和用水量。在相同水灰比的情况下，单位体积混凝土拌和物中拌和用水量多，则水泥浆也多，拌和物的流动性就大，但水泥浆过多，就容易出现流浆现象，使拌和物的黏聚性变差，且水泥用量过多也会加大成本，因此，应以达到施工要求为宜。

在配制混凝土时，按粗集料品种、规格及施工要求的坍落度值选择 $1m^3$ 混凝土的用水量，一般可凭经验或查表 2-35 确定。

表 2-35　塑性混凝土和干性混凝土的用水量(kg/m³)(JGJ 55—2000)

拌合物的稠度		卵石最大粒径(mm)				碎石最大粒径(mm)			
项目	指标	10	20	31.5	40	16	20	31.5	40
坍落度(mm)	10～30	190	170	160	150	200	185	175	165
	35～50	200	180	170	160	210	195	185	175
	55～70	210	190	180	170	220	205	195	185
	75～90	215	195	185	175	230	215	205	195
维勃稠度(s)	16～20	175	160	—	145	180	170	—	155
	11～15	180	165	—	150	185	175	—	160
	5～10	185	170	—	155	190	180	—	165

注：(1) 本表用水量是采用中砂时的平均值，混凝土用水量可增加 5～10kg/m³；采用粗砂时，则可减少 5～10kg/m³；

(2) 掺用各种外加剂时，用水量应相应调整。

C. 集料的粒级和级配。卵石表面光滑，流动阻力小，所拌制的混凝土流动性就较大。碎石表面粗糙，流动阻力大，拌和物的流动性就较小。使用级配良好的砂石时，由于所需浆量少，余浆包裹厚，拌和物的流动性就较大。

D. 砂率。砂率表示的是在混凝土中砂的质量占总质量的百分率。在水泥浆量一定的情况下，若砂率过大，则集料的总表面积也过大，使水泥浆包裹层过薄，导致拌和物流动性小；若砂率过小，砂浆量不足，就不能在粗集料周围形成足够的砂浆层而起不到润滑作用，也将降低拌和物的流动性，而且由于砂浆量过小，对水泥浆的吸附不足，将影响拌和物的黏聚性和保水性。

因此，砂率不能过大，也不能过小，最好的砂率应该是使砂浆的数量能填满石子的空隙并稍有多余，以便将石子拨开。因此，在水泥浆一定的情况下，混凝土拌和物能获得最大的流动性，则该砂率为合理砂率。

表 2-36 列出了经验砂率值，对于实际工程，应通过试验找出合理砂率。

表 2-36　常用混凝土的砂率(%)(JGJ 55—2000)

水灰比 (W/C)	卵石最大粒径(mm)			碎石最大粒径(mm)			
	10	20	40	16	20	31.5	40
0.40	26~32	25~31	24~30	30~35	29~34	28~33	27~32
0.50	30~35	29~34	28~33	33~38	32~37	31~36	30~35
0.60	33~38	32~37	31~32	36~41	35~40	34~39	33~38
0.70	36~41	35~40	34~39	39~44	38~43	37~42	36~41

注:(1)表中数值是中砂的选用砂率,对于细砂或粗砂,可相应地减少或增大砂率;

(2)本表砂率适用于坍落度为 10~60mm 的混凝土,坍落度大于 60mm 或小于 10mm 时,应相应的增大或减小砂率;

(3)只用一个单粒级粗集料配制混凝土时,砂率可适当增大;

(4)掺用各种外加剂或掺合料时,其合理砂率应经试验或参照其他有关规定选用;

(5)对薄壁构件砂率取偏大值。

E.外加剂。在混凝土拌和物中加入少量的外加剂,如减水剂、引气剂,可以在不增加水泥浆的情况下增大拌和物的流动性。

F.水泥品种。不同的水泥品种,其需水量不同,所拌制混凝土的流动性也不同。使用硅酸盐水泥和普通硅酸盐水泥拌制的混凝土的坍落度基本相同;使用粉煤灰水泥时,拌和物的流动性较大,保水性较好;使用矿渣水泥或火山灰水泥时,则坍落度较小,泌水性较大。因此,应根据不同的施工要求,合理选择水泥品种。

G.施工方法。用机械搅拌和捣实时,水泥浆在振动中变稀,可使混凝土拌和物的流动性加大。

H.温度和时间。混凝土拌和物的和易性也受温度的影响。一般情况下,施工温度较高,水泥吸水速度加快,水分蒸发较多,拌和物的流动性会很快变小。此外,拌制好的混凝土在长距离的运输或放置时间较长时,其流动性也会降低。因此,必须充分考虑这些因素的影响,以满足施工技术要求。

③改善和易性的办法和措施。

综合以上因素,为确保混凝土拌和物具有良好的和易性,可采取以下方法和措施加以解决:采取级配良好的集料;合理选择砂率;在水灰比不变的情况下,调整水泥浆量,可以小幅度调整拌和物的流动性;掺入减水剂,可大幅度增大拌和物的流动性。

(2)混凝土的强度。

混凝土的强度包括抗压强度、抗拉强度、抗弯强度和抗剪强度等。通常用混凝土强度来作为评定和控制混凝土的质量，或评定原材料、配合比和养护条件等影响程度的指标。

立方体抗压强度最容易测定，其他强度与立方体强度之间有一定的相互关系可以换算，因此选用立方体抗压强度作为混凝土强度设计和施工质量控制的基本标准。

①混凝土的立方体抗压强度和强度等级。

用标准方法将混凝土制成150mm边长的立方体试块，在标准条件下养护28d，所测得的抗压强度的代表值称为混凝土的立方体抗压强度，简称混凝土的抗压强度，用 f_{cu} 表示。

混凝土的强度等级是按混凝土抗压强度的标准值 $f_{cu,k}$ 划分的。强度标准值是指在正常情况下材料可能出现的最小强度值。混凝土抗压强度标准值 $f_{cu,k}$ 采用具有95%以上保证率的立方体抗压强度值，即在混凝土立方体抗压强度测定值的总体分布中，低于该值的百分率不超过5%。

混凝土的强度等级采用符号 C 和立方体抗压强度标准值（以 N/mm² 即 MPa 计）表示，划分为 C15、C20、C25、C30、C35、C40、C45、C50、C55、C60、C65、C70、C75、C80 共十四个等级。

混凝土抗压强度 f_{cu} 的计算公式为：

$$f_{cu} = \frac{F}{A}$$

式中：F——破坏荷载（N）；

A——受压面积（mm²）；

f_{cu}——混凝土立方体试件抗压强度（MPa）。

C10 表示混凝土立方体抗压强度标准值 $f_{cu} = 10$MPa。

②混凝土的其他强度。

除了以上的抗压强度外，混凝土还有轴心抗压强度和抗拉强度。轴心抗压强度 f_c 小于同样混凝土的立方体抗压强度 f_{cu}，其关系为 $f_c \approx 0.76 f_{cu}$。

混凝土在受拉时，变形很小就会开裂，并很快发生脆断。混凝土的抗拉强度很低，一般只有其立方体抗压强度的 1/10～1/20，因此，一般混凝土构筑物的破坏大多是因抗拉、抗折强度不足引起的，在结构中不能依靠混凝土的抗拉强度，它只能作为确定混凝土抗裂能力的指标。

经大量试验比较，混凝土的抗拉强度 f_t 与立方体抗压强度的关系为 $f_t \approx 0.26 f_{cu}^{2/3}$。

③影响混凝土强度的主要因素。

A. 水泥强度和水灰比。水泥强度和水灰比是影响混凝土强度最主要的因素。混凝土的强度是由水泥浆凝结硬化而产生的。在其他条件相同的情况下，水泥的强度等级越高，所制成的混凝土强度也越高。在一定范围内，水灰比越小，混凝土的强度就越高。

大量试验表明，在原材料一定的情况下，混凝土 28d 立方体抗压强度与水泥强度、水灰比三者之间存在以下强度公式（保罗米公式）：

$$f_{cu} = A \cdot f_{ce} \left(\frac{C}{W} - B \right)$$

式中：f_{cu}——混凝土 28d 立方体抗压强度（MPa）；

f_{ce}——水泥 28d 的实际抗压强度（MPa）；

$\dfrac{C}{W}$——灰水比（水灰比的倒数）；

A，B——经验系数，其值与石子和水泥的品种有关，由试验取得。

该公式仅适用于塑性混凝土和低流动性混凝土。A、B 系数在原料相同、工艺措施相同的情况下可视为常数。我国塑性混凝土不同地区的经验系数见表 2-37。

表 2-37 经验系数 A、B 值

地 区	碎石				卵石			
	普通水泥		矿渣水泥		普通水泥		矿渣水泥	
	A	B	A	B	A	B	A	B
全 国	0.525	0.569	0.503	0.518	0.444	0.459	0.501	0.666
华东区	0.661	0.882	0.602	0.845	0.534	0.690	0.504	0.698
东北区	0.440	0.364	0.535	0.683	0.578	0.848	0.549	0.897
中南区	0.571	0.752	0.574	0.740	—	—	—	—
华北区	—	—	—	—	0.456	0.537	0.537	0.742
西北区	—	—	—	—	0.482	0.598	0.567	0.748
西南区	—	—	—	—	0.518	0.852	0.535	0.947

如无试验值，也可采用下列值：

对于碎石混凝土，可取 $A=0.48$，$B=0.52$；

对于卵石混凝土，可取 $A=0.50$，$B=0.61$。

由配合比设计确定的水灰比，施工中不得随意变动。拌制混凝土时要严格控制用水量，如因不慎多加了水，混凝土的强度会达不到预期要求。如因水灰比过小，拌和物过于干稠而使施工困难，可适量掺入外加剂。

B.集料表面性质和施工质量。由前面可知，在相同的条件下，碎石拌混凝土强度比卵石拌混凝土强度稍高。采用机械搅拌和机械振捣的混凝土比人工搅拌、振捣的混凝土更具有良好的均匀性和密实性，从而提高强度。

C.养护条件和龄期。混凝土的强度是在一定温度和湿度条件下通过水泥水化逐步发展的。在 4℃～40℃范围内，温度越高，水泥水化速度越快。混凝土初期养护温度越高，其后期强度增进率越低。温度降低，水泥水化速度减慢，混凝土强度发展也减慢，当温度降低到冰点以下时，混凝土强度不但停止发展，而且会由于空隙内水分结冰而引起膨胀，导致混凝土内部结构的破坏，使已获得的强度受到损失。所以，在冬季施工时要特别注意混凝土保温养护，以免混凝土早期受冻破坏。

为使混凝土正常硬化，必须在混凝土成型后的一段时间内，保持周围环境具有一定的温度和湿度。一般要求在混凝土浇筑后 12h 内进行覆盖，待具有一定强度时浇水养护。在正常养护条件下，混凝土的强度随龄期的增长而逐渐提高。混凝土强度在 3～7d 内发展速度快，28d 可达设计强度等级，以后增长缓慢，甚至延续数十年。

养护湿度对混凝土强度的影响见图 2-6。

④提高或促进混凝土强度发展的措施。

根据施工和工程结构的要求，常需要提高混凝土的强度。为达到此目标，通常采取选用高强度等级水泥、低水灰比的混凝土拌和物这两条有效途径。此外，施工过程中广泛使用机械搅拌和机械振捣方法、运用蒸汽养护和蒸压养护也是保证混凝土成型密实的好办法。

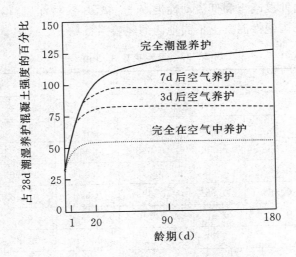

图 2-6 养护湿度对混凝土强度的影响

（3）混凝土的变形性能。

混凝土在硬化和使用过程中，由于受内部化学作用和外界温湿度变化及荷载作用会产生各种变形。这些变形不但直接影响混凝土构件的几何尺寸，严重的还将影响到混凝土的使用寿命。按变形形成原因的不同，可将变形分为收缩变形、温度变形、弹性变形和徐变四大类。

在实际工程中，徐变格外引人注意。徐变虽是不可恢复的，但是它可消除钢筋混凝土内的应力集中，使应力产生重分配。对于大体积混凝土，徐变虽能消除一部分温度应力，但也会使钢筋的预应力受到损失。

（4）混凝土的耐久性。

混凝土的耐久性是指混凝土长期在外界作用下具有经久耐用的性能。强度和耐久性虽然是混凝土的两大基本性能，但是对长期处于水下、海洋的工程，耐久性显然比强度更显突出。

耐久性主要包括抗渗性、抗冻性、抗侵蚀性、碳化和碱—集料反应等。

为了保证混凝土的耐久性，必须根据工程所处的环境要求，正确选择所用水泥的品种和强度等级。此外，严格控制水灰比大小，严格控制水泥用量，在混凝土中掺入引气剂，选用级配良好的集料，加强施工中的过程管理等，也是提高混凝土耐久性的积极有效措施。

3.普通混凝土外加剂

混凝土外加剂是指加入混凝土拌和物中、掺量不超过水泥质量 5%、能对混凝土起到改善性能作用的物质。混凝土外加剂可起到提高混凝土强度、改善各项混凝土性能以及节约水泥用量等作用。

混凝土外加剂种类很多。目前世界上外加剂的品种已不下 400 种，但是按其主要功能可分为四类：

①改善混凝土拌和物流动性的外加剂，如各种减水剂、引气剂和泵送剂等；

②调节混凝土凝结时间、硬化性能的外加剂，如缓凝剂、早强剂和速凝剂等；

③改善混凝土耐久性的外加剂，如引气剂、防水剂和阻锈剂等；

④改善混凝土其他性能的外加剂，如膨胀剂、防冻剂、着色剂和加气剂等。

限于篇幅,本书仅介绍常用的几种外加剂。

(1)减水剂。

减水剂是在混凝土坍落度基本相同的条件下,能减少拌和用水量的外加剂。它是一种表面活性物质,加入混凝土中后被吸附在水泥颗粒表面,形成吸附薄膜,能阻碍水泥颗粒相互黏连,增加水泥浆的流动性和改善拌和物的和易性,故也称水泥分散剂、液化剂或塑化剂。

混凝土拌和物中加入减水剂后,可在达到预期技术指标的前提下,收到可观的经济效果。在保持混凝土拌和物和易性及水泥用量不变的情况下,可减少水量10%～15%,使混凝土强度和耐久性得到大幅度提高;在原配合比不变的情况下,可使拌和物坍落度增大100～200mm;在保持混凝土强度等级不变的前提下,一般可节约水泥用量10%～15%。

目前,我国常用的减水剂按其效能的不同可分为普通型、高效型、早强型、缓凝型和引气型等,按其化学成分分为木质素系、萘系、树脂系、糖蜜系和腐殖酸等几类。此外,目前国内外正在研究使用复合外加剂,将减水剂和其他外加剂复合使用,可以取得更好的效果。各类型混凝土减水剂的质量标准见表2-38。

表 2-38　混凝土减水剂质量标准(GB 8076—2008)

项 目		普通型	高效性	早强型	缓凝高效型	缓凝型	引气型
减水率(%)		≥8	≥12	≥8	≥12	≥8	≥10
泌水率(%)		≤95	≤90	≤95	≤100	≤100	
含气量(%)		≤3.0	≤3.0	≤3.0	≤4.5	≤5.5	>3.0
凝结时间之差(min)	初凝	−90～+120	−90～+120	−90～+90	>+90	>+90	+90～+120
	终凝	−90～+120	−90～+120	−90～+90	—	—	+90～+120
抗压强度比(%)	1d	—	≥140	≥140			
	3d	≥115	≥130	≥130	≥125	≥100	≥115
	7d	≥115	≥125	≥115	≥125	≥100	≥110
	28d	≥110	≥120	≥105	≥120	≥110	≥100
收缩率比(%)	28d	≤135	≤135	≤135	≤135	≤135	≤135

注:(1)表中所列数据为一等品的性能指标;

(2)表中所列的"差"和"比"为试验混凝土与基准混凝土的差值或比例;

(3)"凝结时间之差"的数据中,"−"表示提前,"+"表示缓延。

(2)早强剂。

早强剂是一种能加速混凝土早期强度发展的外加剂。早强剂多在需要早强的、冬季施工或抢修抢建工程中使用。目前使用的早强剂有三类,即氯化物系(氯化钙、氯化钠)、硫酸盐系(硫酸钠、硫代硫酸钠)和有机物系(三乙醇胺、三异丙醇胺、甲酸盐),但更多的是它们的复合早强剂。常用早强剂的掺量及其增强效果见表2-39。

表 2 - 39 常用早强剂增强效果

水泥品种	外加剂配方	掺量(%)(水泥质量)	强度增长率(%)		
			3d	7d	28d
普通硅酸盐水泥	氯化钙	0.5～1	130	115	100
	氯化钙＋三乙醇胺	0.5＋0.05	153～159	—	104～116
	氯化钙＋三乙醇胺＋亚硝酸钠	0.5＋0.05＋1	175	—	116
矿渣硅酸盐水泥	氯化钙	0.5～1	140	125	110
	氯化钠	0.5～1	134		110
	氯化铁	1.5	130		100～125
	三乙醇胺	0.05	105～128	105～116	102～108
	硫酸钠	2	143	132	104
	氯化钠＋三乙醇胺	0.5＋0.05	143～180	—	130～135
	氯化铁＋三乙醇胺	0.5＋0.05	140～167	—	108～140
	硫酸钠＋三乙醇胺	2＋0.05	167	147	118
	氯化钠＋三乙醇胺＋亚硝酸钠	0.5＋0.05＋1	157	—	139
	硫酸铵＋三乙醇胺＋亚硝酸钠	2＋0.5＋1	164	149	120
	硫酸钠＋三乙醇胺＋氯化钠	2＋0.5＋1	168	156	134
	硫酸钠＋氯化钠	2＋0.5	168	152	123
	早强减水剂 UNF - 4	2	237	187	144

(3)引气剂。

引气剂是能在混凝土搅拌过程中产生许多微小气泡的外加剂。它是一种憎水性表面活化剂,溶解于水。将其加入混凝土内,可改善混凝土的和易性,减少拌和用水量,增加混合物的黏性,改善泌水性,提高混凝土的抗渗性,但是大量气泡的存在会引起混凝土强度的降低。引气剂掺用量甚微,一般为水泥质量的 0.005%～0.012%,能使混凝土的含气量为混凝土体积的 3%～5%。引气剂适用于有抗渗、抗冻要求的混凝土、地下混凝土和防水混凝土。

(4)速凝剂。

速凝剂是指能使混凝土迅速凝结硬化的外加剂。速凝剂与水泥加水拌和后,立即与水泥中的石膏发生反应,使水泥中的石膏变成硫酸钠,失去其缓凝作用,导致水泥浆迅速凝固。

速凝剂主要用于喷射混凝土,在铁路隧道、引水涵洞、地下工程、喷锚支护和修补工程中广泛应用。

(5)缓凝剂。

缓凝剂是指能延长混凝土凝结时间的外加剂,它具有缓凝、减水、增强和降低水化热等多种功能。在混凝土施工中,为了防止由于气温较高、运距较远造成混凝土拌和物过早凝结而影响施工操作和工程质量,在大体积混凝土中为延长放热时间,对分层施工的混凝土为防止留下施工缝，以及泵送混凝土、滑模施工的混凝土等，均须加入缓凝剂。

各种外加剂的主要作用和成分见表 2 – 40。

表 2 – 40　混凝土外加剂的品种、作用及主要成分

外加剂品种	主要作用	主要成分
早强剂	提早拆模、缩短养护期使混凝土不受冰冻或其他因素的破坏、提前完成建筑物的建设与修补、部分或完全抵消低温对强度发展的影响、提前开始表面抹平、减少末班侧压力、在水压下堵漏效果好	可溶性无机盐、可溶性有机物
速凝剂	喷射混凝土、堵漏或其他特殊用途	铁盐、氟化物、氯化铝、氯酸钠和碳酸钾
引气剂	引气、提高混凝土抗渗性和黏浆性、减少离析与泌水、提高抗冻性和耐久性	木材树脂盐、合成洗涤剂、木质素磺酸盐、蛋白质的盐、脂肪酸和树脂酸及其盐
减水剂合调凝剂	减水、缓凝、早强、缓凝减水、早强减水、高效减水、高效缓凝减水	木质素磺酸盐及其改性或衍生物、羟基羟酸及其盐类和盐类的改性或衍生物
高效减水剂	高效减水、提高流动性或二者结合	萘硝酸盐甲醛缩合物、多环芳香烃硝酸盐甲醛缩合物、三氯氰胺硝酸盐甲醛缩合物等
加气剂	在新拌混凝土浇筑或浇筑后水泥浆凝结前产生气泡，减少混凝土沉陷和泌水，使混凝土更接近浇筑时的体积	过氯化氢、金属铝粉、吸附空气的某些活性炭
凝浆外加料	站结油井、在油井中远距离泵送	缓凝剂、凝胶、黏土、凝胶淀粉和甲醛纤维素膨润土、增稠剂
膨胀剂	减小混凝土干燥收缩	细铁粉与氯化促进剂、石灰系、硫铝酸盐系
黏结剂	增加混凝土黏结性	合成乳胶、天然橡胶胶乳
泵送剂	提高可泵性，增加水的黏度，防止泌水、高桥、堵塞	合成或天然水溶性聚合物，增加水的黏度；有机絮凝剂及水泥外掺料等

4. 普通混凝土配合比设计

混凝土配合比是指混凝土中水泥、水、砂和石子四种主要组成材料用量之间的比例关系。

配合比常用的表示方法有两种：一种是以每 $1m^3$ 混凝土中各种材料的用量（kg）表示，即以每 $1m^3$ 混凝土所用水泥质量 C、水质量 W、砂子质量 S、石子质量 G 表示；另一种是以水泥质量为 1，表示出各种材料用量之间的比例关系，即 $1/X/Y$，以及 W/C。X 表示细集料相对水泥的质量，Y 表示粗集料相对水泥的质量，水灰比 W/C 表示水与水泥的相对质量。如果采用外加剂，则外加剂的用量以水泥质量百分比表示。这两种表示方法，前者主要用于计算工程中各种材料的需用量，后者便于确定拌制混凝土时的称料数量。

（1）混凝土配合比设计的基本要求。

　　混凝土配合比设计的基本要求是使拌制出的混凝土保证达到结构设计中所要求的强度，符合施工对混凝土和易性的要求，同时也要符合合理使用材料、节约水泥等经济原则，必要时还应满足混凝土抗冻性、抗渗性等特殊要求。

　　(2)混凝土配合比的设计过程。

　　①配制强度的确定。

　　当设计要求的混凝土强度等级确定后，根据《混凝土结构工程施工及验收规范》(GB 50204—92)的规定：

$$f_{cu,o} \geqslant f_{cu,k} + 1.645\sigma$$

式中：$f_{cu,o}$——混凝土的配制强度(MPa)；

　　　　$f_{cu,k}$——设计的混凝土立方体抗压强度标准值(MPa)；

　　　　σ——混凝土强度标准差(MPa)。

　　当混凝土强度等级为 C20、C25 级，其强度标准差值低于 2.5 MPa 时，计算配制强度用的标准差应取 2.5MPa；当强度等级等于或大于 C30 级，其强度标准差计算值低于 3.0MPa时，计算配制强度用的标准差应取 3.0MPa，也可通过表 2-41 查出。

表 2-41　标准差 σ 值的选用

		混凝土强度等级	≈C20	C20～C40	≥C40
TB 10210—2001	σ(MP$_a$)	预制混凝土构件厂	≤3.0	≤3.5	≤4.0
		现场集中搅拌混凝土施工单位	≤3.5	≤4.0	≤4.5
GB 50204—11		混凝土强度等级	≤C20	C20～C35	≥C35
		σ(MP$_a$)	4.0	5.0	6.0

　　②确定水灰比。

　　根据所要求的混凝土配制强度 $f_{cu,o}$ 和水泥的实际强度 f_{ce} 及粗集料种类，用混凝土强度公式计算水灰比：

　　采用碎石时，$0.48f_{ce}(C/W - 0.52) = f_{cu,o}$

　　采用卵石时，$0.50f_{ce}(C/W - 0.61) = f_{cu,o}$

式中：f_{ce}——水泥的实际强度，即实测强度值。

　　③确定用水量 W_0。

　　每 1m³ 混凝土的用水量应根据下列方法选取：塑性混凝土和干性混凝土的用水量，当水灰比在 0.4～0.8 之间时，应根据集料的品种、粒径及施工要求混凝土拌和物的稠度按表2-35选取，超过该水灰比范围的应通过试验确定；流动性大的混凝土的用水量，以坍落度 90 mm 时的混凝土用水量为基础，坍落度每增大 20 mm，用水量增加 5 kg，可计算出未掺外加剂时的用水量。

　　掺外加剂时的混凝土用水量，当外加剂的减水率为 β 时，需将未掺外加剂时的混凝土用水量乘以 $(1-\beta)$。外加剂的减水率 $\beta(\%)$ 应经试验确定。

　　④确定水泥用量 C_0。

　　由已选定的用水量或水灰比便可计算水泥用量，计算公式为：

$$C_0 = W_0 \times (C/W)$$

⑤选取合理的砂率值 S_p。

合理的砂率值应使砂浆的数量能填满石子的空隙,并稍有多余,以将石子拨开。混凝土的砂率应按如下方法选定:

坍落度不小于 10mm 且不大于 60mm 的混凝土,可根据集料的品种、粒径和混凝土的水灰比,按表 2-37 选用;坍落度小于 10mm 或大于 60mm 及掺用外加剂的混凝土,其砂率应经试验确定。坍落度不小于 100mm 的混凝土的砂率,应在表 2-37 的基础上,按坍落度每增大 20mm 砂率增大 1% 的幅度予以相应调整。

⑥计算粗、细集料用量 S_0、G_0。

在混凝土中除水泥浆外,其余的体积或质量均应为砂、石所占有和填充,因此有体积法和质量法两种计算方法。

A. 体积法。假设混凝土组成材料绝对体积总和等于混凝土的体积,假定混凝土的体积为 $1m^3$,则可以得到下列方程式:

$$\frac{W_0}{\rho_水} + \frac{C_0}{\rho_{水泥}} + \frac{S_0}{\rho_石} + \frac{G_0}{\rho_砂} = 1$$

式中:$\rho_水$、$\rho_{水泥}$、$\rho_石$、$\rho_砂$ 分别为各种材料的密度;S_0 和 G_0 分别代表砂和石的质量。

$$S_p = \frac{S_0}{S_0 + G_0}$$

以上两方程联立,即可求出砂和石的质量。

B. 质量法。认为混凝土的质量是各组成物质质量之和。经捣实的混凝土拌和物的湿体积密度 ρ_{0H} 一般在 $2360 \sim 2450 kg/m^3$ 之间,因此根据经验先假定 ρ_{0H} 已知,可得到以下方程:

$$W_0 + C_0 + S_0 + G_0 = \rho_{0H}$$
$$S_0 = S_P(S_0 + G_0)$$

ρ_{0H} 的值可按下列数值估计:

$$C7.5 \sim C15 \quad \rho_{0H} = 2360 \ kg/m^3$$
$$C20 \sim C35 \quad \rho_{0H} = 2400 \ kg/m^3$$
$$C40 \sim C60 \quad \rho_{0H} = 2450 \ kg/m^3$$

⑦归纳初步配合比。

将以上计算进行归纳,并计算出质量比,便可得到混凝土的初步配合比,见表 2-42。

表 2-42　混凝土的配合比

每 $1m^3$ 混凝土用料量(kg)	水泥	砂	石	水
	C_0	S_0	G_0	W_0
质量比	1	S_0/C_0	G_0/C_0	W_0/C_0

⑧试拌和修正。

根据设计配合比在试验室内试拌,或根据施工配合比在现场试拌,以检验设计的正确性,以此对计算数据进行修正。

(二)其他混凝土

1. 多孔混凝土

多孔混凝土是内部均匀分布着大量微小气泡、没有集料的混凝土。根据生产工艺的不同,多孔混凝土分为加气混凝土和泡沫混凝土两种。加气混凝土是由含钙材料、含硅材料和发气剂为基本原料,经磨细、配料、搅拌、浇筑、发泡、凝结、切割、压蒸养护而成的硅酸盐混凝土。它具有保温隔热、吸声、耐火等多种功能和易于加工、施工方便等优点,适用于墙体砌块、配筋隔墙板、配筋屋面板、屋面保温块、管道保温瓦等。

泡沫混凝土是由水泥净浆、部分掺合料,加入泡沫剂经机械搅拌发泡浇筑成型,蒸汽或压蒸养护而成的轻质多孔材料。泡沫混凝土的体积密度为 $300\sim800kg/m^3$,抗压强度为 $0.3\sim5.0MPa$,导热系数小,抗冻性、耐蚀性较好,易于加工。它可根据需要制成砌块、墙板、管瓦等,用于非承重墙体、屋面保温块、管道保温瓦等。

2. 防水混凝土

防水混凝土又称抗渗混凝土,是一种通过各种方法提高自身抗渗性能,以达到防水目的的混凝土,主要用于地下建筑和水工结构物,如隧道、涵洞、地下工程、储水输水构筑物及其他有防水要求的结构物。

3. 轻质混凝土

凡体积密度小于 $1950kg/m^3$ 的混凝土称为轻质混凝土,主要有轻集料混凝土、多孔混凝土和大孔混凝土等。质轻、多功能的混凝土是新型建筑材料,广泛用于建筑工程,有利于减轻结构质量,改善保温隔热和吸声性能。

4. 高性能混凝土(HPC)

高性能混凝土是强度在 C80~C120 之间、高耐久性的混凝土,具有高流态、高强度、高耐久性和体积稳定的特点。它具有不小于 180mm 坍落度的大流动性,且其坍落度能保持在 90 min 内基本不下降,以适应泵送施工的需要,保持所要求的工作性能。高性能混凝土在原材料选择、配制工艺、施工方法方面都有特别要求。

5. 抗渗混凝土

抗渗混凝土又称防水混凝土,是指抗渗等级等于或大于 P6 级的混凝土。即它能抵抗 0.6MPa 的静水压力作用而不致发生透水现象。它常用于地下基础工程、屋面防水工程及水工工程等。提高混凝土抗渗性的一般方法是:合理选择原材料、提高混凝土的密实度及改善混凝土的内部结构等。

抗渗混凝土一般可分为普通抗渗混凝土、外加剂抗渗混凝土和膨胀水泥抗渗混凝土三大类。

①普通抗渗混凝土。普通抗渗混凝土是以调整配合比的方法,来提高混凝土自身密实度和抗渗性的一种混凝土。普通抗渗混凝土与普通混凝土的区别是:普通混凝土是以所需的强度进行配制,而普通抗渗混凝土是以工程所需的抗渗要求进行配制的,其中石子的骨架作用减弱,水泥浆在满足填充、黏结作用外,还要求能在粗骨料周围形成一定的厚度、良好的砂浆包裹

层,以提高混凝土的抗渗性。

②外加剂抗渗混凝土。外加剂抗渗混凝土是在混凝土中掺入适当品种的外加剂,改善混凝土的内部结构,隔断或堵塞混凝土中的各种空隙、裂缝及渗入通道,以达到提高抗渗性的一种混凝土。

③膨胀水泥抗渗混凝土。膨胀水泥抗渗混凝土是采用膨胀水泥配制而成的混凝土。因为膨胀水泥在水化过程中能形成大量的钙矾石,会产生一定的体积膨化,在有约束的条件下,能使混凝土的毛细孔减少,总空隙率降低,从而改善混凝土的孔隙结构,提高混凝土的抗渗性。

抗渗混凝土所用原材料应符合下列要求:

①抗渗混凝土宜掺入矿物掺料剂;

②粗骨料宜采用连续级配,其最大粒径不宜大于 40mm,其含泥量不得大于 1%,泥块含量不得超过 0.5%;

③细骨料的含泥量不得大于 3%,泥块含量不得大于 1%;

④外加剂宜采用防水剂、膨胀剂、引气剂、减水剂或引气减水剂。

6. 泵送混凝土

泵送混凝土,是指混凝土拌合物的坍落度不低于 100mm,并用泵送施工的混凝土。泵送混凝土必须是有较好的可泵性,即拌合物具有顺利通过管道、摩擦阻力小、不离析、不堵塞和黏聚性好的性能。

泵送混凝土能一次连续完成水平运输和垂直运输,效率高,节约劳动力。比较适用于狭窄的施工现场、大体积混凝土结构及高层建筑等。

配制泵送混凝土所用原材料应符合以下要求:

①泵送混凝土应选用硅酸盐水泥、普通硅酸盐水泥、矿渣硅酸盐水泥和粉煤灰硅酸盐水泥,不宜采用火山灰质硅酸盐水泥;

②泵送混凝土宜采用中砂,其通过 0.315mm 筛孔的颗粒含量不应少于 15%;

③泵送混凝土应掺用泵送剂或减水剂,并宜掺用粉煤灰或其他活性矿物掺加料,其质量应符合国家现行有关标准的规定。

泵送混凝土试配时要求的坍落度应符合下式:

$$T_t = T_p + \Delta T$$

式中:T_t——试配时要求的坍落度值;

T_p——入泵时要求的坍落度值;

ΔT——试验测得在预计时间内的坍落度经时损失值。

7. 高强混凝土

高强混凝土,是指强度等级为 C60 及其以上的混凝土。实践证明:在高层和超高层建筑、大跨度桥梁及高速公路等工程中使用高强度混凝土具有显著的技术经济效益。

高强混凝土与普通混凝土相比,具有以下特点:

①高强混凝土密实性好,强度高,抗冻性、抗硫酸盐腐蚀性、抗碳化能力均高于普通混凝土。

②高强混凝土早期强度高,脆性大,且抗压强度越高,脆性也越大。

③高强混凝土水泥用量偏高,其收缩徐变较普通混凝土稍大,但加入掺加料及减水剂后收

缩徐变可低于普通混凝土。

配制高强度混凝土所用原材料应符合下列要求：

①应选用质量稳定、强度等级不低于42.5级的硅酸盐水泥或普通硅酸盐水泥。

②对强度等级为C60的混凝土，其粗骨料的最大粒径不应大于31.5mm，对强度等级为C70的混凝土，其粗骨料的最大粒径不应大于25mm；针片状颗粒含量不宜大于5.0%，含泥量不应大于0.5%，泥块含量不宜大于0.2%；其他质量指标应符合现行行业标准《普通混凝土用碎石或卵石质量标准及检验方法》(JGJ 53)的规定。

③细骨料的细度模数宜大于2，含泥量不应大于2.0%，泥块含量不应大于0.5%。其他质量指标应符合现行行业标准《普通混凝土用砂质量标准及检验方法》(JGJ 52)的规定。

④配制高强混凝土时应掺用高效减水剂或缓凝高效减水剂。

⑤配制高强混凝土时应掺用活性较好的矿物掺合料，且宜复合使用矿物掺合料。

8. 大体积混凝土

大体积混凝土，是指混凝土结构物实体最小尺寸等于或大于1m，或预计会因水泥水化热引起混凝土内外温差过大而导致裂缝的混凝土。常应用于大型水坝、桥墩、高层建筑的基础等工程中。

配制大体积混凝土所用原材料应符合下列要求：

①水泥应选用水化热低和凝结时间长的水泥，如低热矿渣硅酸盐水泥、中热硅酸盐水泥、矿渣硅酸盐水泥、粉煤灰硅酸盐水泥、火山灰质硅酸盐水泥等。当采用硅酸盐水泥或普通水泥时，应采取相应措施延缓水化热的释放。

②粗骨料宜采用连续级配，细骨粉宜采用中砂。

③应掺用缓凝剂、减水剂和减少水泥水热化的掺加料。

④在保证混凝土强度及坍落度要求的前提下，应提高掺加料及骨粉的含量，以降低每立方米混凝土的水泥用量。

大体积混凝土配合比设计除应遵守普通混凝土配合比的设计规程外，并宜在配合比确定后进行水化热的盐酸或测定。

9. 抗冻混凝土

抗冻混凝土，是指抗冻等级等于或大于F50级的混凝土。

抗冻混凝土所用原材料应符合下列要求：

①抗冻混凝土宜采用减水剂，对抗冻等级F100及以上的混凝土应掺引水剂，掺用后混凝土的含气量应符合以下要求：粗骨料最大粒径40mm最小含气量4.5%、粗骨料最大粒径20mm最小含气量5.0%、粗骨料最大粒径10mm最小含气量5.5%。

②应选用硅酸盐水泥或普通硅酸盐水泥，不宜使用火山灰质硅酸盐水泥。

③抗冻等级F100及以上的混凝土所用的粗骨料和细骨料均应进行坚固性试验。

④宜选取连续级配的粗骨料，其含泥量不得大于1.0%，泥块含量不得大于0.5%。

⑤细骨料含泥量不得大于3.0%。泥块含量不得大于1.0%。

综上所述，普通混凝土主要技术性质见表2-43，外加剂的种类、作用及应用见表2-44，特殊用途混凝土的种类、概念及应用见表2-45。

表 2-43 普通混凝土主要技术性质

技术性质			测定方法	影响因素	提高措施
混凝土拌合物和易性	流动性		坍落度法、维勃稠度法	内因:组成材料的性质、水泥浆用量和稠度、砂率 外因:温度和时间、外加剂	1.保持用水量及水泥用量不变,选用需水量小的水泥 2.保持水灰比不变,同时增加用水量及水泥用量 3.采用较粗且级配良好的砂、石 4.采用合理砂率
	保水性		直观经验		
	黏聚性		直观经验		
混凝土硬化后的性质	抗压强度	立方体抗压强度	用标准方法 150mm×150mm×150mm 的立方体试件,在标准条件下养护 28d 测得的抗压强度	内因:水泥强度等级、水灰比、骨料性质 外因:施工条件、养护条件、龄期、外加剂、掺加料	1.采用高强度等级水泥 2.采用低水灰比的干硬性混凝土 3.采用级配良好的骨料及合理的砂率 4.改进施工工艺 5.加强养护 6.掺入混凝土外加剂、掺加料
		轴心抗压强度	用 150mm×150mm×300mm 的棱柱体作为标准试件,在标准条件下养护 28d 测得的抗压强度		
		强度等级	根据立方体抗压强度标准值划分,C15、C20、C25、C30、C35、C40、C45、C50、C55、C60、C65、C70、C75、C80,共 14 个强度等级		
	耐久性		抗渗性、抗冻性、抗侵蚀性、抗碳化、抗碱骨料反应	组成材料的性质、外界环境、施工条件	1.合理选择水泥品种及砂石骨料 2.适当控制水灰比及水泥用量 3.加强振捣及养护 4.掺入减水剂或引气剂

表 2-44　外加剂的种类、作用及应用

种类	作用	应用
减水剂	增加混凝土拌合物的流动性,提高混凝土的强度和耐久性,节约水泥	适用于所有混凝土工程
引气剂	改善混凝土拌合物的和易性,提高混凝土的耐久性,降低混凝土的强度	适用于抗冻、抗渗、抗硫酸盐、泌水严重的混凝土
缓凝剂	延缓混凝土凝结的时间,提高混凝土强度,降低水化热	适用于大体积混凝土,炎热气候条件下施工的混凝土,长时间停放或长距离运输的混凝土
防冻剂	降低混凝土的冰点,在一定时间内使混凝土获得预期强度	适用于负温条件下施工的工程

表 2-45　特殊用途混凝土的种类、概念及应用

种类	概念	应用
抗渗混凝土	指抗渗等级等于或大于 P6 级的混凝土,即能抗 0.6MPa 的静水压力作用而不致发生透水现象	地下积水工程、屋面防水工程及水工工程等
抗冻混凝土	指抗冻等级等于或大于 F50 级的混凝土	长期处于潮湿和严寒环境中的混凝土结构
泵送混凝土	指混凝土拌合物的坍落度不低于 100mm 并用泵送施工的混凝土	比较适用于狭窄的施工现场,大体积混凝土结构及高层建筑等
高强混凝土	指强度等级为 C60 及其以上的混凝土	高层、超高层建筑、大跨度桥梁、高速公路
大体积混凝土	指混凝土结构实体最小尺寸等于或大于 1m,或预计会因水泥水化热引起混凝土内外温差过大而导致裂缝的混凝土	大型水坝、桥墩、高层建筑的基础工程

任务五　砌体材料

一、任务描述

1.掌握烧结普通砖的技术性质;

2.了解烧结多孔砖与空心砖技术性质及应用特点;

3.掌握常用砌块的性能特点及其应用;

4.了解墙体板材的种类、性能特点及应用;

5.熟悉石材的分类、特点。

二、学习目标

通过本任务的学习,你应当:

能根据工程需要合理选择砌墙砖、砌块和板材的种类。

三、任务实施

(一)任务导入,学习准备

引导问题 1: 烧结普通砖的强度等级是如何划分的？分别有哪几级？

_____

_____

_____

引导问题 2: 烧结普通砖的技术性质有哪几个方面？分别是什么？

_____

_____

_____

引导问题 3: 蒸压加气混凝土砌块有哪些特性？

_____

_____

_____

引导问题 4: 常用的墙用板材有哪几种？

_____

_____

_____

引导问题 5: 石材应如何进行防护？

_____

_____

_____

_____

(二)任务实施

任务 1: 某工程用蒸压加气混凝土砌块砌筑外墙,该蒸压加气混凝土砌块出釜一周后即砌筑,工程完工一个月后墙体出现裂纹,请分析原因。

_____

_____

任务2:在施工过程中,工人师傅为何不把未烧透的欠火砖用于地下? 请说明原因。

_____

_____

_____

任务3:现在烧结多孔砖和空心砖应用非常广泛,逐渐替代了实心砖,原因是什么? 相比实心砖,烧结多孔砖和空心砖有何技术经济意义?

_____

_____

_____

四、任务评价

1.完成以上任务评价的填写

班级: 姓名:

考核项目		分数				教师评价得分
		差	中	良	优	
自学能力		8	10	11	13	
言谈举止	工作过程安排是否合理规范	8	10	15	20	
	陈述是否清晰完整	8	10	11	12	
	是否正确领会运用已学知识来解决实际问题	7	10	15	18	
是否积极参与活动		7	10	11	13	
是否具备团队合作精神		7	10	11	12	
成果展示		7	10	11	12	
总计		52	70	85	100	
教师签字:				年 月 日		最终得分:

2.自我评价

(1)完成此次任务过程中存在哪些问题?

_____

_____

_____

(2)请提出相应的解决问题的方法。

_____

_____

_____

_____

五、知识讲解

(一)砖

砌体结构是历史悠久、使用量最大而又普遍的结构型式。其中墙体、柱子、基础以及拱壳结构多数采用砌筑方法;部分墙体采用板材拼接方法。砌体由块体材料通过砂浆结成规定尺寸的建筑结构或构件,使其具有传力、分隔、围护及封闭功能。砌筑用块体材料包括砖、石块以及板材。

墙体,特别是砖砌筑墙体,与建筑物的自重、面积系数、施工速度、工程造价、使用功能等关系密切。

建筑用的人造小型块材,分烧结砖(主要指黏土砖)和非烧结砖(灰砂砖、粉煤灰砖等),俗称砖头。黏土砖以黏土(包括页岩、煤矸石等粉料)为主要原料,经泥料处理、成型、干燥和焙烧而成。中国在春秋战国时期陆续创制了方形和长形砖,秦汉时期制砖的技术和生产规模、质量和花式品种都有显著发展,世称"秦砖汉瓦"。普通砖(实心黏土砖)的标准规格为 240mm×115mm×53mm(长×宽×厚);多孔黏土砖根据各地区的情况有所不同,如 KP1 型多孔黏土砖,其外形尺寸为 240mm×115mm×90mm,外墙厚度一般为 240mm 或 370mm。按抗压强度(N/mm²)的大小分为 MU30、MU25、MU20、MU15、MU10 这五个强度等级。黏土砖就地取材,价格便宜,经久耐用,还有防火、隔热、隔声、吸潮等优点,在土木建筑工程中使用广泛。废碎砖块还可作混凝土的集料。为改进普通黏土砖块小、自重大、耗土多的缺点,正向轻质、高强度、空心、大块的方向发展。灰砂砖以适当比例的石灰和石英砂、砂或细砂岩,经磨细、加水拌和、半干法压制成型并经蒸压养护而成。粉煤灰砖以粉煤灰为主要原料,掺入煤矸石粉或黏土等胶结材料,经配料、成型、干燥和焙烧而成,可充分利用工业废渣,节约燃料。

(1)砖选用时应考虑的主要技术指标。

砖的强度等级分为:MU30、MU25、MU20、MU15、MU10 五级(单位:1MPa＝1kN/m²)。

当砖用做建筑主体材料时,其放射性核素限量应符合 GB 6566—2010《建筑材料放射性核素限量》的规定。建筑主体材料中天然放射性核素镭-226、钍-232、钾-40 的放射性比活度同时满足 $I_{Ra} \leqslant 1.0$ 和 $I_r \leqslant 1.0$。对空心率大于 25% 的建筑主体材料,其天然放射性核素镭-226、钍-232、钾-40 的放射性比活度同时满足 $I_{Ra} \leqslant 1.0$ 和 $I_r \leqslant 1.3$。

"黏土制品不得用于各直辖市、沿海地区的大中城市和人均占有耕地面积不足 0.8 亩的省的大中城市的新建工程"(《建设事业"十一五"推广应用和限制禁止使用技术公告(第一批)》),并应严格遵守各地区关于禁止生产和使用黏土制品的各项政策。

(2)特点。

砖是砌筑用的人造小型块材。外形多为直角六面体,也有各种异形的。其长度不超过365mm,宽度不超过 240mm,高度不超过 115mm。

(3)分类。

①按材质分:黏土砖、页岩砖、煤矸石砖、粉煤灰砖、灰砂砖、混凝土砖等。

②按孔洞率分:实心砖(无孔洞或孔洞小于25%的砖)、多孔砖(孔洞率等于或大于25%,孔的尺寸小而数量多的砖,常用于承重部位,强度等级较高)、空心砖(孔洞率等于或大于40%,孔的尺寸大而数量少的砖,常用于非承重部位,强度等级偏低)。

③按生产工艺分:烧结砖(经焙烧而成的砖)、蒸压砖、蒸养砖。

④按烧结与否分为:免烧砖(水泥砖)和烧结砖(红砖)。

1.烧结普通砖

烧结普通砖属于陶制品,是以黏土、页岩、煤矸石、粉煤灰为主要原材料,经焙烧而成的尺寸为 240mm×115mm×53mm 的矩形直角六面体材料(见图2-7)。

图2-7 烧结普通砖

(1)制砖原料、工艺。

烧结普通砖的原料都是黏土质的。

生产工艺过程为:原料开采→配料调制→制坯→干燥→焙烧→成品。

焙烧温度,因原料不同而异。烧结的气氛不同,会生成红砖和青砖。红砖是在氧化气氛中保温、冷却的,因铁的氧化物是 Fe_2O_3,所以砖是淡红色的。青砖是先在氧化气氛中达到焙烧火度后,封闭火门,隔绝空气流入,并配合从窑顶引水入窑,产生大量水蒸气,转变为缺氧环境,使砖在还原气氛中保温、冷却,铁的氧化物是 Fe_2O_3 或 FeO,砖呈青灰色。青砖的耐久性较高,但生产效率低,燃料消耗多,故很少生产。

内燃烧砖,即将劣质煤或含热值的工业灰渣(如煤矸石、炉渣、烟道灰等)破碎后混入泥料中制坯,进行坯体的内部燃烧,焙烧过程中不用或少用外部投煤。这项工艺将有助于节约商品煤,提高焙烧速度。"内燃砖"强度有所提高,特别是抗折强度比"外燃转"增长较多。

(2)主要技术性质。

根据《烧结普通砖》(GB/T 5101—2003)规定,烧结普通砖的技术要求包括尺寸偏差、外观质量、强度等级、泛霜、石灰爆裂、抗风化性能等。强度和抗风化性能合格的砖,根据尺寸偏差、外观质量、泛霜和石灰爆裂等分为优等品(A)、一等品(B)和合格品(C)三个质量等级。优等品用于清水墙和墙体装饰;一等品、合格品用于混水墙。中等泛霜的砖不能用于潮湿部位。各等级砖的具体技术要求如下:

①尺寸允许偏差。

烧结普通砖外形为直角六面体,其标准尺寸为 240mm×115mm×53mm。考虑砌筑灰缝厚度 10mm,则 4 块砖长、8 块砖宽、16 块砖高均为 1m,1m³ 砖砌体需要用砖 512 块。

尺寸偏差应符合表 2-46 的规定。

表 2-46 烧结普通砖尺寸允许偏差

公称尺寸（mm）	优等品		一等品		合格品	
	样本平均偏差（mm）	样本极差≤	样本平均偏差（mm）	样本极差≤	样本平均偏差（mm）	样本极差≤
240	±2.0	8	±2.5	8	±3.0	8
115	±1.5	6	±2.0	6	±2.5	7
53	±1.5	4	±1.6	5	±2.0	6

②外观质量。

烧结普通砖的优等品颜色应基本一致,一等品和合格品颜色无要求。其他外观质量应符合表 2-47 的规定。

表 2-47 烧结普通砖的外观质量

项目		优等品	一等品	合格品
两条面高度差	≯	2	3	5
弯曲	≯	2	3	5
杂质突出高度	≯	2	3	5
缺棱掉角的三个破坏尺寸不得同时	＞	15	20	30
裂纹长度:	≯			
1.大面上宽度方向及其延伸至条面的长度		70	70	110
2.大面上长度方向及其延伸至顶面的长度或条顶面				
上水平裂纹的长度		100	100	150
完整面不得少于		一条面和一顶面	一条面和一顶面	—
颜色		基本一致		—

③强度等级。

烧结普通砖按抗压强度分为 MU30、MU25、MU20、MU15、MU10 五个强度等级,各强度等级的砖应符合表 2-48 的规定。

表 2-48 烧结普通砖的强度等级

强度等级	抗压强度平均	变异系数 $\delta \leqslant 0.21$	变异系数 $\delta > 0.21$
		强度标准值 $f_k \geqslant$	单块最小抗压强度值 $f_{min} \geqslant$
MU30	30.0	22.0	25.0
MU25	25.0	18.0	22.0
MU20	20.0	14.0	16.0
MU15	15.0	10.0	12.0
MU10	10.0	6.5	7.5

④泛霜。

泛霜是砖使用过程中的一种盐析现象。砖内过量的可熔盐受潮吸水而溶解,随水分蒸发迁移至砖表面,在过饱和状态下结晶析出,形成白色粉状附着物,影响建筑物的美观。如果熔盐为硫酸盐,当水分蒸发呈晶体析出时,产生膨胀,使砖面及砂浆剥落。标准规定:优等品无泛霜,一等品不允许出现中等泛霜,合格品不允许出现严重泛霜。

⑤石灰爆裂。

石灰爆裂是指砖坯中夹杂有石灰块,砖吸水后,由于石灰逐渐熟化而膨胀产生的爆裂现象。这种现象影响砖的质量,并降低砌体强度。标准规定:优等砖不允许出现最大破坏尺寸大于 2mm 的爆裂区域;一等品砖不允许出现最大破坏尺寸大于 15mm 的爆裂区域,在 2~10mm 间的爆裂区域,每组砖样不得多于 15 处;合格品砖不允许出现最大破坏尺寸大于 15mm 的爆裂区域,每组砖样不得多于 15 处,其中大于 10mm 的不得多于 7 处。

⑥抗风化性能。

抗风化性能是指烧结普通砖在长期受到风、雨、冻融等作用下,抵抗破坏的能力。抗风化性能属于烧结普通砖的耐久性,是一项重要的综合性能,通常以其抗冻性、吸水率及饱和系数等指标来判别。

自然条件不同,对烧结普通砖的风化作用的程度也不同,我国的黑龙江省、吉林省、辽宁省、内蒙古自治区、新疆维吾尔自治区、宁夏回族自治区、甘肃省、青海省、陕西省、山西省、河北省、北京市、天津市属于严重风化区,其他地区属于非严重风化区。严重风化区中的前五个省区用砖进行冻融试验,即经 15 次冻融试验后每块砖样不允许出现裂纹、分层、掉皮、缺棱、掉角等冻坏现象,质量损失不得大于 2%。严重风化区的其他省区及非严重风化区用砖,可不做抗冻性试验,但 5h 沸煮吸水率及饱和系数必须满足表 2 - 49 的规定。

表 2 - 49　烧结普通砖的抗风化性能

项目	严重风化区				非严重风化区			
	5h 沸煮吸水率(%)≤		饱和系数≤		5h 沸煮吸水率(%)≤		饱和系数≤	
转种类	平均值	单块最大值	平均值	单块最大值	平均值	单块最大值	平均值	单块最大值
黏土砖	21	23	0.85	0.87	23	25	0.88	0.90
粉煤灰砖	23	25			30	32		
页岩砖	16	18	0.74	0.77	18	20	0.78	0.80
煤矸石砖	19	21			21	23		

(3)墙体改革。

用黏土制作烧结普通砖,存在着以下问题:

①大量挖农田;

②高耗能;

③墙体密度大;

④砖尺寸小,砌筑劳动强度大,工效低。

因此,墙体改革应该限制黏土砖的生产与使用,合理利用非耗地的地方资源(如页岩)和工业灰渣(如粉煤灰等),推广非黏土砖、混凝土小型砌块以及硅酸盐板,推广轻质、高强、多功能、大尺寸的其他新型墙体材料,如石膏板、钢丝网水泥芯板、复合轻板等。

(4)烧结普通砖的应用。

烧结普通砖具有强度较高,耐久性和绝热性能均较好的特点,因而主要用于砌筑建筑物的内墙、外墙、柱、拱、烟囱、沟道及其他构筑物,其中的青砖主要用于仿古建筑或古建筑维修。

2.烧结多孔砖、烧结空心砖

烧结多孔砖、烧结空心砖是烧结空心制品的主要品种,又是烧结普通砖的换代产品,属于新型墙体材料。这两种空心制品的特点如下:

①密度小,绝热性提高;

②节土:可节土 15%~35%;

③节煤:可节煤 10%~20%;

④施工工效:提高 20%~50%,节约砂浆 15%~60%;

⑤使建筑物减轻自重,改善墙体保温性能,提高使用面积系数。

(1)烧结多孔砖。

根据《烧结多孔砖》(GB 13544—2000)规定,其主要技术要求如下:

①形状与规格尺寸。

烧结多孔砖的空洞小而孔数多,孔洞方向与受压方向一致。其规格和孔洞尺寸的规定见图 2-8、表 2-50。

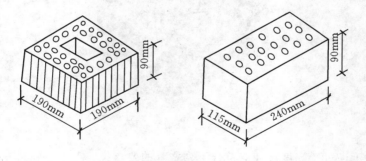

图 2-8 烧结多孔砖

表 2-50 烧结多孔砖砖型及孔径的规定(单位:mm)

代号	长	宽	高	圆孔直径	非圆孔内切圆直径	手抓孔	矩形条孔
M	190	190	90	≤22	≤15	(30~40)*(75~85)	孔长≤50,孔长≥3 倍孔宽
P	240	115	90				

②强度与质量等级。

烧结多孔砖按抗压强度分为 MU30、MU25、MU20、MU15、MU10 五个强度等级,见表 2-51;强度和抗风化性能合格的砖,根据尺寸偏差、外观质量、孔型及空洞排列、泛霜、石灰爆裂等分为优等品(A)、一等品(B)和合格品(C)三个质量等级。

表 2-51 烧结多孔砖强度指标

产品等级	强度等级	抗压强度（MPa）		抗折荷重（kN）	
		平均值≮	单块最小值≮	平均值≮	单块最小值≮
优等品	30	30.0	22.0	13.5	9.0
	25	25.0	18.0	11.5	7.5
	20	20.0	14.0	9.5	6.0
一等品	15	15.0	10.0	7.5	4.5
	10	10.0	6.0	5.5	3.0
合格品	7.5	7.5	4.5	4.5	2.5

（2）烧结空心砖。

根据《烧结空心砖和空心砌块》(GB 13545—92)规定，其主要技术要求如下：

①形状与规格尺寸。

烧结空心砖的外形为直角六面体。在与砂浆的接触面上应设有增加结合力的深度 1mm 以上的凹槽（见图 2-9）。

图 2-9 烧结空心砖

空心砖的长度、宽度、高度尺寸应符合下列之一的要求：

长度：290mm、240mm、190 mm；

宽度：240mm、190 mm、180 mm、175 mm、140 mm、115 mm；

厚：90 mm。

砖的壁厚应不小于 10mm，肋厚应不小于 7mm；孔洞多为矩形条孔或其他形状，且平行于大面和条面，孔洞及其排数见表 2-52。

表 2-52 烧结空心砖孔洞及其结构要求

等级	孔洞排数		孔洞率（%）	壁厚（mm）	肋厚（mm）
	宽度方向	高度方向			
优等品	≥	≥			
一等品	≥	—	≥35	≥10	≥7
合格品	—	—			

②强度及密度等级。

烧结空心砖根据抗压强度分为 MU10.0、MU7.5、MU5.0、MU3.0 四个强度等级,同时又按其体积密度分为 800、900、1000、1100 四个密度等级。各产品等级对应强度等级及具体指标要求见表 2-53,各密度级别具体指标见表 2-54。

表 2-53 烧结空心砖强度等级

强度等级	抗压强度（MPa）		
	抗压强度平均值 $\bar{f} \geqslant$	变异系数 $\delta \leqslant 0.21$	变异系数 $\delta > 0.21$
		强度标准值 $f_n \geqslant$	单块最小抗压强度值 $f_{min} \geqslant$
MU10.0	10.0	7.0	8.0
MU7.5	7.5	5.0	5.8
MU5.0	5.0	3.5	4.0
MU3.5	3.5	2.5	2.8

表 2-54 烧结空心砖密度等级

密度级	800	900	1000	1100
5 块体积密度平均值（kg/m³）	≤800	801～900	901～1000	1001～1100

(3)烧结多孔砖和空心砖的应用。

烧结多孔砖因其强度较高,保温性能优于普通砖,一般用于砌筑六层以下建筑物的承重墙;烧结空心砖主要用于填充墙和隔断墙非承重结构部位。烧结多孔砖和烧结空心砖在运输、装卸过程中,应避免碰撞,严禁倾斜和抛掷。堆放时应按品种、规格、强度等级分别堆放整齐,不得混杂;砖的堆置高度不宜超过 2m。

(二)砌块

砌块是一种比砌墙砖形体大的新型墙体材料,砌块与砖的主要区别是,砌块的长度大于 365mm 或宽度大于 240mm 或高度大于 115mm。它可用于砌筑或铺砌,在土木建筑工程中应用十分广泛。砌块按有无孔洞分为实心砌块与空心砌块;按原材料不同分为普通混凝土砌块、普通混凝土小型空心砌块、加气混凝土砌块、轻骨料混凝土砌块等。

1. 普通混凝土砌块

混凝土砌块泛指各类混凝土加工成的比砖尺寸大的块状建筑制品(见图 2-10)。混凝土砌块,特别是小型砌块,已是当今世界流行的建筑材料,也是我国迄今增长最快、产量最多、应用最广的新型墙体材料品种。历经 100 多年的发展过程,混凝土小型砌块的生产与应用技术已比较成熟。

(1)混凝土砌块的分类。

①按用途分:结构型砌块(承重型砌块、非承重型砌块);构造型砌块;功能型砌块。

图 2-10 普通混凝土砌块

②按用料密度分:普通混凝土砌块(大于 1700)、轻混凝土砌块(小于 1700)。

③按孔洞设置状况分:空心砌块、密实砌块、多孔砌块、泡沫砌块。

④按砌块规格分:小型砌块、中型砌块、大型砌块。

(2)混凝土砌块的技术经济优势。

①不毁田;

②减少能耗;

③利用工业灰砂或地方资源;

④建厂投资少,见效快,劳动生产率高,产品价格极具竞争力;

⑤品种多,用途广,综合性能好;

⑥砌块代砖建房好处多。

2.普通混凝土小型空心砌块

普通混凝土小型空心砌块是由通用水泥、砂和最大粒径为 10mm 的石子或石屑配制的塑性混凝土,在金属模箱内振动成型,经脱模养护而成的墙用承重空心块材(见图 2-11)。

图 2-11　普通混凝土小型空心砌块

混凝土小型空心砌块适用于建造地震设计烈度为 8 度及 8 度以下地区的各种建筑墙体,包括高层与大跨度的建筑,也可以用于围墙、挡土墙、桥梁、花坛等市政设施,应用范围十分广泛。

3.轻集料混凝土小型空心砌块

轻集料混凝土小型空心砌块是由水泥、轻集料、砂等混凝土拌合物,经砌块成型、养护制成的一种轻质墙体材料(见图 2-12)。

图 2-12　轻集料混凝土小型空心砌块

轻集料混凝土小型空心砌块因具有轻质、高强、保温隔热性能好、抗震性能好等特点,在各种建筑的墙体中得到广泛应用,特别是在绝热要求较高的围护结构上使用。

4. 蒸压加气混凝土砌块

蒸压加气混凝土砌块是用钙质材料(如水泥、石灰)和硅质材料(如砂子、粉煤灰、矿渣)的配料中加入铝粉作为加气剂,经加水搅拌、浇注成型、发气膨胀、预养切割,再经高压蒸气养护而成的多孔硅酸盐砌块(见图 2-13)。

图 2-13 蒸压加气混凝土砌块

它具有体积密度小、保温及耐火性能好、抗震性能强、易于加工、施工方便等特点,适用于低层建筑的承重墙,多层建筑的间隔墙和高层框架结构的填充墙,也可用于复合墙板和屋面结构中。在无可靠的防护措施时,不得用于处于风中或高湿度和有侵蚀介质的环境中,也不得用于建筑物的基础和温度长期高于 80℃的建筑部位。

(三)墙用板材

我国目前可用于墙体的板材品种很多,有承重用的预制混凝土大板,质量较轻的石膏板和加气硅酸盐板,各种植物纤维板及轻质多功能复合板材等。

1. 轻钢龙骨石膏板隔墙

轻钢龙骨石膏板隔墙具有施工简便、轻、薄、坚固、阻燃、保温、隔声等特点。龙骨分竖向的主龙骨和横向的副龙骨,常用厚度有 65mm、75mm 等,两边用自攻钉(就是木螺钉)固定石膏板在主龙骨上(见图 2-14)。龙骨间可以填充岩棉等保温隔音材料。一般这种墙多用在公共场所的隔墙。其唯一的缺点就是不能在墙上钉钉子。一般吊顶主要用 9.5mm 厚以内的石膏板,12mm、15mm 厚或者更厚的石膏板用于建筑内部非承重隔墙。

图 2-14 轻钢龙骨石膏板吊顶

2. 纤维水泥平板

建筑用纤维水泥平板系由纤维和水泥为主要材料,经制浆、成坯、养护等工序制成的板材

（见图 2-15）。产品有多种类型。按所用的纤维品种分，有石棉水泥板、混合纤维水泥板与无棉纤维水泥板三类；按产品所用水泥的品种分，有普通水泥板与低碱度水泥板两类；按产品的密度分，有高密度板（即加压板）、中密度板（即非加压板）与轻板（板中含有轻质集料）三类。

各类纤维水泥板均具有防水、防潮、防蛀、防霉与可加工性好等特性，其中表现密度不小于 $1.7\text{g}/\text{cm}^3$，吸水率不大于 20% 的加压板，因强度高、抗渗性和抗冻性好、干缩率低，故经表面涂覆处理后可用作外墙面板。非加压板与轻板则主要用于隔墙和吊顶。

图 2-15 纤维水泥平板

3. 钢丝网架水泥夹芯板

钢丝网架水泥夹芯板是由三维公司焊接钢丝网架，内填泡沫塑料板或半硬质岩棉板构成的网架芯板，表面经施工现场喷抹水泥砂浆后形成的复合墙板（见图 2-16）。

图 2-16 钢丝网架水泥夹芯板

钢丝网架水泥夹芯板按芯材分有两类：一类是轻质泡沫塑料（脲醛氨酯、聚苯乙烯泡沫塑料）；另一类是玻璃棉和岩棉。按结构形式分有两种：一种集合式，先将两层钢丝网用"W"钢丝焊接起来，在空隙中插入芯材；另一种整体式，先将芯板置于两层钢丝网之间，再用连接钢丝穿透芯材将两层钢丝网焊接起来，形成稳定的三维桁架结构。

4. 双层钢网细陶粒混凝土空心隔板墙板

双层钢网细陶粒混凝土空心隔板墙板是以细陶粒为轻质硬骨料，以快硬水泥为凝胶材料，内配置双层镀锌低碳冷拔钢丝网片,采用成组立模成型,大功率振动平台集中振动,单元式蒸养窑低温蒸汽养护而成。它的标准规格尺寸有 3 种:(2000~3500)mm×595mm×60mm、(2000~3500)mm×595mm×90mm、(2000~3500)mm×595mm×120mm,也可根据需求另外加工。60mm 厚标准板圆孔为单排 9 孔,90mm 厚标准板圆孔为单排 7 孔,120mm 厚标准板圆孔为双排 9 孔,共 18 孔。双层钢网细陶粒混凝土空心隔板墙板具有表面光洁平整、密实度高、抗弯强度强、质轻、不燃、耐水、吸水率低、收缩小、不变形、安装穿线方便等特点,现已广泛应用于住宅和公共建筑的内隔墙和分隔墙。

5. 石膏砌块

石膏砌块(见图 2-17),条板质轻,密度 600~900kg/m³;高强,不龟裂,不变形;耐火极限最高可达 4h;隔热能力比混凝土高 5 倍;单层隔声可达 46dB;具有呼吸功能,对室内湿度有良好调节作用;无气味,无污染,不产生任何放射性和有害物质,是绿色环保产品;易施工。

图 2-17 石膏空心砌块

(四)砌筑用石材

砌筑用石材分为毛石、料石两种。

1. 毛石

毛石是在采石场爆破后得到的形状不规则的石块(见图 2-18)。毛石按其表面的平整程度分为乱毛石和平毛石两种。

图 2-18 毛石外墙贴图

乱毛石:其形状不规则。

平毛石:是乱毛石略经加工而成的毛石,其形状较整齐,大致有上、下两个平行面。

毛石主要用于砌筑基础、勒脚、墙身、挡土墙、堤坝等。

2. 料石

料石是指经人工凿琢或机械加工而成的规则六面体块石（见图 2 - 19）。按表面加工的平整程度分为四种：

图 2 - 19　料石

（1）毛料石：表面不经加工或稍加修整的料石。

（2）粗料石：表面加工成凹凸深度不大于 20mm 的料石。

（3）半细料石：表面加工成凹凸深度不大于 10mm 的料石。

（4）细料石：表面加工成凹凸深度不大于 2mm 的料石。

料石常用于砌筑墙身、地坪、踏步、柱、拱和纪念碑等。

3. 石材的选用原则

在土木工程设计和施工中，应根据适用性和经济型原则选用石材。

（1）适用性。

适用性主要考虑石材的技术性能是否满足使用要求。可根据石材在土木工程中的用途和部位，选定其主要技术性质能满足要求的岩石。如承重石材，主要应考虑强度、耐水性、抗冻性等技术性能；饰面用石材，主要考虑表面平态度、光泽度、色彩与环境的协调、尺寸公差、外观缺陷及加工性等技术要求；围护结构用石材，主要考虑其导热性；用在高温、严寒等特殊环境中的石材，还分别考虑其耐久性、耐水性、抗冻性及耐化学侵蚀性等。

（2）经济性。

天然石材表观密度大，不宜长途运输，应综合考虑地方资源，尽可能做到就地取材，降低成本。天然岩石一般质地坚硬，加工费工耗时，成本高。因此，选择石材时必须予以慎重考虑。

4. 石材的防护

天然石材在使用过程中受周围自然环境因素的影响，如水分的渗透，空气中有害气体的侵蚀及光、热或外力的作用等，会发生风化而逐渐破坏。而水是石材发生破坏的主要原因，它能软化石材并加剧其冻害，且能与有害气体结合成酸，使石材发生分解与溶解。大量的水流还能对石材起冲刷与冲击作用，从而加速石材的破坏。因此，使用石材时应特别注意水的影响。

为了减轻与防止石材的风化与破坏,可以采取以下防护措施:

(1)合理选材。

石材的风化与破坏速度,主要决定于石材抗破坏因素的能力,所以,合理选用石材品种,是防止破坏的关键。对于重要的工程,应该选用结构致密、耐风化能力强的石材,而且,其外露的表面应光滑,以便使水分能迅速排掉。

(2)表面处理。

可在石材表面用石蜡或涂料进行处理,使其表面隔绝大气和水分,起到防护作用。

任务六 钢材

一、任务描述

1.掌握建筑钢材的技术性质;

2.了解钢材的冶炼方法及对钢材质量的影响;

3.熟悉化学成分与钢材性能的关系;

4.熟悉常用建筑钢材的标准与选用;

5.熟悉钢材的常用防护措施。

二、学习目标

通过本任务的学习,你应当:

1.能根据工程需要合理选择建筑钢材;

2.能对钢材进行正确的运输、储存和保管。

三、任务实施

(一)任务导入,学习准备

引导问题 1:钢材的重要技术性能指标有哪几个?

_____

_____

引导问题 2:什么是屈强比? 它在建筑设计中有何实际经济意义?

_____

_____

_____

引导问题 3：随含碳量增加，碳素钢的性能有何变化？

_____

_____

_____

引导问题 4：碳素结构钢的牌号如何表示？为什么 Q235 号钢被广泛应用于土木工程中？

_____

_____

_____

引导问题 5：低合金高强度结构钢的主要用途及被广泛采用的原因是什么？

_____

_____

_____

引导问题 6：对热轧钢筋进行冷拉并时效处理的主要目的是什么？

_____

_____

_____

引导问题 7：钢筋混凝土用热轧钢筋有哪几个牌号？其表示的含义是什么？

_____

_____

_____

_____

（二）任务实施

任务：从一批钢筋中抽样，并截取两根钢筋做拉伸试验，测得如下结果：屈服下限荷载分别为 72.4N、72.2N；抗拉强度极限荷载分别为 104.5kN、108.5kN，钢筋公称直径为 16mm，标距为 80mm，拉断时长度分别为 96.0mm 和 94.4mm，请评定其牌号，并说明其利用率及使用中安全的可靠程度。

_____

_____

_____

_____

四、任务评价

1. 完成以上任务评价的填写

班级：　　　　　　　　　　　　　姓名：

考核项目		分数				教师评价得分
		差	中	良	优	
自学能力		8	10	11	13	
言谈举止	工作过程安排是否合理规范	8	10	15	20	
	陈述是否清晰完整	8	10	11	12	
	是否正确领会运用已学知识来解决实际问题	7	10	15	18	
是否积极参与活动		7	10	11	13	
是否具备团队合作精神		7	10	11	12	
成果展示		7	10	11	12	
总计		52	70	85	100	
教师签字：　　　　　　　　　　　　　　　　年　　月　　日						最终得分：

2. 自我评价

(1)完成此次任务过程中存在哪些问题？

_____

_____

_____

(2)请提出相应的解决问题的方法。

_____

_____

_____

_____

五、知识讲解

【案例】

　　最近,某市质量技术监督局在一次与某知名钢铁公司的联合打假行动中,在一家建筑工地查获了20多吨标注为该钢铁公司生产的建筑用钢材,货值8万多元。这批钢材经该钢铁公司质检部门鉴定为假冒产品,并出具了鉴定证明。但该建筑施工单位负责人声称他们并不知道这批钢材是假冒产品,这批钢材是从另一城市的一家建材经销单位购进的,有进货发票可以证明,并出具了进货发票。购买这批钢材是因价格便宜,甚至比在钢铁公司直销部购买每吨还便宜300元。

　　对此案应如何处理？

通常所指的钢铁材料是钢和铸铁的总称，指所有的铁碳合金。在工业用钢中除铁、碳之外，还含有其他元素。这些元素分常存元素、偶存元素、隐存元素和合金元素。常存元素有锰、硅、硫、磷。偶存元素是由于矿石产地不同（有与铁共存的共生矿混入）及以废钢为原料，在冶炼及工艺操作时带入钢中，如铜、钛、钒、稀土元素等。隐存元素是指原子半径较小的非金属元素，如氧、氢等。合金元素是指为改变成分特别添加的元素，如铬、镍、钨、钼、钒等。

碳素钢（简称碳钢）是含碳量大于 0.0218% 而小于 2.11% 的铁碳合金。由于碳钢具有较好的机械性能和工艺性能，并且产量大、价格较低，因此它是机械工程上应用十分广泛的金属材料。但碳钢也有某些不足之处，如淬透性较低、回火抗力较差、屈强比低等。碳钢的强度潜力虽经热处理仍不能充分发挥，为了满足现代工业和科学技术的不断发展，因而发展了合金钢。

合金钢是在碳钢的基础上，添加某些合金元素，用以保证一定的生产和加工工艺以及所要求的组织与性能的铁基合金。合金钢用量虽少，但却非常重要。合金钢有较好的性能，但也有不少缺点。最主要的是由于含有合金元素，其生产和加工工艺比碳钢差，也比较复杂，价格也较昂贵。因此，在应用碳钢能够满足要求时，一般不使用合金钢。

（一）钢铁的基本知识

钢和铁都是铁碳合金，由于含碳量不同，其性能也不同。一般把含碳量 ≥2.11% 的碳合金称为铁，而把含碳量为 0.05%～2.10% 的称为钢。

1.铁

铁又称生铁，是高炉产品，含硅、锰、磷、硫等杂质比钢多，韧性、塑性差，质硬而脆，抗折性差，抗压性好，不易锻、轧，不能焊接，可用于炼钢和铸造。炼铁采用高温化学还原法。铁按其用途分为铸造生铁和炼钢生铁。炼钢生铁占生铁量的 80%。

铁按碳的存在形式又可分为白口（炼钢）铸铁、灰口铸铁、可锻铸铁、球墨铸铁，其中球墨铸铁在机车车辆中用于曲轴、连杆、齿轮、轴瓦等零配件的铸造。铸铁管是普通铸造生铁通过砂型、连续、离心等方法铸成的。

2.钢

钢是指含碳量低于 2.11% 并只含有少量杂质硅、锰、磷、硫的铁碳合金。与铁相比，钢的强度高，韧性及塑性良好，能承受一定冲击和进行焊、铆等工艺加工。钢是在 1500℃～1700℃ 的高温下经过氧化、造渣、去硫、脱氧等步骤进行冶炼的。炼钢方法目前主要有转炉炼钢法、平炉炼钢法、电炉炼钢法三种。其中转炉炼钢法又分为氧气炼钢法和空气炼钢法。采用不同炼钢方法其最终产品含杂质也不同。不同炼钢方法的杂质含量见表 2-55。

表 2-55　不同炼钢方法的杂质含量

炼钢方法	杂质含量（%）		
	S（不大于）	P（不大于）	N
电炉钢	0.030	0.030	0.005～0.016
平炉钢	0.050	0.045	0.001～0.008
真空转炉钢	0.055	0.045	0.01～0.03
氧气转炉钢	0.050	0.045	0.003～0.006

钢的分类方法很多，归纳起来如下：

（1）按冶炼方法分，主要有：转炉冶炼法、平炉冶炼法、电炉冶炼法。

（2）按炉的种类分，主要有：氧气转炉钢、平炉钢、电炉钢。

（3）按脱氧程度分，主要有：沸腾钢、半镇静钢、镇静钢、特殊镇静钢。

（4）按化学成分分类。

①碳素钢。碳素钢又有碳素结构钢和优质碳素结构钢之分。碳素结构钢分为：低碳钢，含碳量小于 0.25%；中碳钢，含碳量 0.25%～0.6%；高碳钢，含碳量大于 0.6%。

②合金钢。合金钢分为：低合金钢，合金元素总含量小于 5%；中合金钢，合金元素总含量 5%～10%；高合金钢，合金元素总含量大于 10%。

（5）按质量分，主要有：①普通钢——含硫量≤0.05%，含磷量≤0.045%；②优质钢——含硫量≤0.035%，含磷量≤0.035%；③高级优质钢——含硫量≤0.025%，含磷量≤0.025%。

（6）按用途分，主要有：结构钢，碳素结构钢，合金结构钢，工具钢，专用钢（如桥梁钢、钢轨钢、弹簧钢等），特殊性能钢（如不锈钢、耐酸钢、耐热钢、磁钢等）。

（二）化学元素对钢材性能的影响

受钢的冶炼方法及设备的限制，冶炼过程中不可能把杂质元素完全除净。通常把硅、锰、磷、硫、氮、氢等称为杂质，因它们的含量和存在形态对钢的性能有重要影响。

锰是脱氧除硫时加入钢中的。它是一种脱氧除硫剂，起固熔强化作用，可提高钢的淬透性。一般锰在钢中含量大于 1% 时钢的塑性和韧性会降低。高锰钢耐磨性好，硬度高。一般冶炼中锰在钢中应控制在钢号成分上限。

硅为有益元素，它能消除氧的有害影响，能显著提高钢的强度、硬度和弹性，但过量增加会对钢的冲压性产生不利影响，降低钢的塑性和韧性。碳钢中每增加 0.01% 硅，热轧钢的抗拉强度提高 8.3MPa 左右，伸长率下降 0.45% 左右。

硫来自矿石和燃料，是有害元素。钢中硫含量应按国家标准严格控制，否则在 1000℃～1200℃ 下压力加工时将产生热脆，可造成轧制钢的分层，在焊接时容易造成焊缝热裂。硫的有利的一面是可以改善钢的切削加工特性。

磷来自炼钢原料，是有害元素。国家标准对钢中磷含量有严格的要求。磷虽可以固熔强化，显著提高钢的强度和硬度，但室温下钢的塑性和韧性急剧下降，并产生冷脆，影响钢的冷压力、加工性能和焊接性能。磷还能改善钢的切削加工性，提高钢的耐磨、耐腐蚀性。

氮是由炉料和空气进入钢中的，既有害又有利。有害的一面是易产生时效，即当钢高温快冷时，α-Fe（铁素体）就会出现氮过饱和，随着时间延长，氮逐渐以 Fe_4N 析出，使钢的强度、硬度提高，而韧性、塑性下降，特别对低碳钢的使用产生极大危害。有利的一面是，当钢中加入铝、钛、钒等强化氮元素时，形成 AlN、TiN 等，能消除时效倾向，既能提高钢的强度和韧性，又能改善钢的表面性能。

氧在钢中是以氧化物存在的，它可使钢的强度、塑性、韧性降低，恶化钢的热加工性和焊接性，影响钢的切削加工和冲压，耐磨性也大大降低。

氢是带水炉料和浇注系统带有水分而进入钢中的，炉气也可将氢带入钢液中。氢的主要危害在两个方面：一是在轧制厚板和锻造大件时会产生椭圆形的白色斑点（白点），造成白点冷裂，这是氢对钢的严重危害；二是溶入钢中的氢造成钢的塑性和韧性降低，引起"氢脆"。为避免"氢脆"现象，可向钢中加铬、钛、钒等元素。氢在钢中的含量一般为 0.005%～0.0025%。

碳钢存在着综合机械性能差、淬透性差、红硬性低、耐磨性及抗氧化性低等缺点，因此人们常利用加入硅、锰、钼、钨、钛、钒等元素来改善钢的特殊性能。钨、钛、钒可细化晶粒，提高强度，提高抗回火性，改善塑性和韧性，提高易切性等。

(三)钢材的性能

钢材的性能包括四个方面：物理、化学、机械、工艺。本节重点介绍钢材的机械性能和工艺性能。

1.机械性能

钢材的机械性能又称为力学性能，也就是钢材在使用中在载荷作用下所显示出来的特性，主要指标有强度（屈服点、抗拉强度等）、塑性（伸长率、断面收缩率）和冲击韧性等。

(1)强度。

强度是指钢材在载荷作用下抵抗永久变形和裂断的性能。根据 GB 1499—88 的规定，试样有 10 倍和 5 倍两种。

①拉伸试验的四个变形阶段。

A. 弹性阶段：拉伸初始阶段，外力较小，变形量与外力成正比，试样产生均匀变形，此阶段为弹性阶段。

B. 屈服阶段：当外力增大到一定值，变形曲线出现平直锯齿状，这时外力几乎没有增加或稍降低，试样发生塑性变形，此阶段为屈服阶段。

C. 强化阶段：屈服阶段之后，随着外力增加，试样塑性变形明显，并重新产生抵抗变形的能力，称为强化阶段。

D. 颈缩阶段：当外力增加到一定程度，试样不再均匀变形，而集中到某一局部区域，这一区域截面积急剧缩小，试样这一部分越来越细，试样总抵抗力相应下降，变形所需外力也逐渐减小，此时称颈缩阶段。

②强度指标。

A. 屈服点。屈服点为钢材产生屈服时的最小应力。σ_s 表示钢材发生稍微塑性变形的抵抗力，它是设计、选材和验收的主要依据。硬钢材以 $\sigma_{0.2}$ 代替 σ_s，$\sigma_{0.2}$ 为条件屈服点。σ_s 的计算公式为：

$$\sigma_s = P_s/F_0$$

式中：σ_s——屈服点（MPa）；

P_s——钢材产生屈服时的最小外力（N）；

F_0——试样原始截面积（m^2）。

B. 抗拉强度。抗拉强度为钢材的又一重要强度指标，是钢材断裂前的最大应力，用 σ_b 表示。σ_b 的计算公式为：

$$\sigma_b = \frac{P_b}{F_0}$$

式中：σ_b——抗拉强度（MPa）；

　　P_b——钢材断裂前承受的最大外力（N）；

　　F_0——试样原始截面积（m^2）。

C.屈强比。它是 σ_b/σ_s 的值。这个比值越小，钢材的可靠性越高。因而屈强比在建筑选材上有很大用处，可以节约材料。

（2）塑性。

钢材塑性是指钢材抵抗外力产生塑性变形而不被破坏的能力，用伸长率（δ）和断面收缩率（Ψ）表示。塑性好的钢材在使用时安全可靠性就好，可以避免突然断裂。Ψ 与试样标距无关，而 δ 与试样标距有关，所以 Ψ 比 δ 更能代表钢材的塑性，但结构钢材的 δ 为一项重要指标。其计算公式为：

$$\delta = (l_1 - l_0)/l_0 \times 100\%$$

式中：l_1——试样拉断后的标距长度（mm）；

　　l_0——试样原始标距长度（mm）。

$$\Psi = (S_0 - S_1)/S_0 \times 100\%$$

式中：S_0——试样原始截面积（mm^2）；

　　S_1——试样拉断断口处的截面积（mm^2）。

（3）冲击韧性。

冲击韧性就是钢材抵抗冲击外力下破坏的能力。冲击外力是一种动载荷，用冲击值 a_K 表示。

$$a_K = A_K/S$$

式中：A_K——冲击功（J）；

　　S——试样缺口处的截面积（m^2）。

a_K 值越大，表示钢材的韧性越好。a_K 值的大小与试验温度、钢材本身的组织结构、化学成分有直接关系。列车的车钩、钢轨的轨头需有大的 a_K 值。

2.工艺性能

工艺性能是钢材在实际生产中通过加工而不生成废品和产生产品缺陷的能力。钢材最重要的工艺性能为焊接性能和冷弯性能。

（1）焊接性能。

钢材的焊接性能可通过化学成分估算，它是一种是否适应焊接工艺和方法的功能。钢材由于在建筑中一般都是通过焊接连接的，因而要求钢材有良好的焊接性能。

（2）冷弯性能。

冷弯性能也是反映钢材塑性的一个重要指标。型材、板材、带材和有焊接性能要求的钢材，出厂材质书必须标明冷弯试验结果。冷弯程度试验有三种，即：

①180°弯曲试验。

②弯心直径 d＝试样厚度 a 倍数试验，如 $d=0.5a$、$d=2a$ 等。

③90°、120°等规定角度试验。

钢材的冷弯试验是通过直径（或厚度）为 a 的试件，采用标准规定的弯心直径 d（$d=na$），弯曲到规定的弯曲角(180°或90°)时,试件的弯曲处不发生裂缝、裂断或起层,即认为冷弯性能合格。钢材弯曲时的弯曲角度愈大,弯心直径愈小,则表示其冷弯性能愈好。

通过冷弯试验更有助于暴露钢材的某些内在缺陷。相对伸长率而言,冷弯是对钢材塑性更严格的检验,它能揭示钢材是否存在内部组织不均匀、内应力和夹杂物等缺陷,冷弯试验对焊接质量也是一种严格的检验,能揭示焊件在受弯表面存在未熔合、微裂纹及夹杂物等缺陷。

(四)钢的牌号

钢的牌号是由国家标准统一规定的。不同的牌号代表着不同的种类、技术性能和工艺性能。在工程设计和施工中都是根据钢的牌号进行选材的。

1. 碳素结构钢

碳素结构钢是最常用的钢种,用于轧钢板、各类型材等。

根据 GB 700—88,碳素结构钢的牌号由四部分组成,第一部分代表屈服点的字母Q,第二部分为屈服点的数值,第三部分为质量等级符号,第四部分为脱氧方法。

如 Q215Bb 表示屈服点为 215 MPa,质量等级为 B 级的半镇静钢。质量等级的划分依据是钢的含 S、P 量。碳素结构钢按钢中硫、磷含量划分质量等级。其中,Q195 和 Q275 不分质量等级;Q215 和 Q255 各分为 A 和 B 两级;Q235 分为 A、B、C、D 四个等级。按冶炼时脱氧程度的不同,碳素结构钢又可分为沸腾钢(F)、半镇静钢(b)、镇静钢(Z)和特殊镇静钢(TZ)。Z、TZ 在表示时可以省略。

碳素结构钢在 GB 700—88 中被分为 Q195、Q215、Q235、Q255、Q275 五个牌号,其具体化学成分、工艺性能、机械性能参见表 2 - 56、表 2 - 57 及表 2 - 58。新标准中取消了乙类钢。碳素结构钢以热轧状态交货。

碳素结构钢是一种普通碳素钢,不含合金元素,通常也称为普碳钢。在各类钢中碳素结构钢的价格最低,具有适当的强度、良好的塑性、韧性、工艺性能和加工性能。这类钢的产量最高,用途很广,多轧制成板材、型材(圆、方、扁、工、槽、角等)、线材和异型材,用于制造厂房、桥梁和船舶等建筑工程结构。这类钢材一般在热轧状态下直接使用。

牌号 Q195、Q215 碳含量低(ω(C)≤0.15%),强度不高、塑性好、焊接性能优良,主要控制化学成分。保证良好的工艺性能,主要用于生产薄板、线材、钢丝等。可用于代替牌号 08、10 优质碳素结构钢制造冲压件、焊接结构件。Q215 还可用作工程结构钢,但用量较少。

牌号 Q235 是最通用的工程结构用钢之一,属于低碳钢(ω(C)≤0.22%),其具有一定的强度,塑性和焊接性能良好。Q235 适用于受力不大,而要求韧性很高的焊接结构,其中 C、D 级钢的综合性能更佳,适用于焊接性能、韧性要求较高的工程结构。生产的品种有棒材、型钢、钢板、钢带、线材、焊管、钢丝等。

上述牌号也可用于受力不大,不需进行热处理的一般机械结构和零件。

牌号 Q255 主要用于铆接、栓接工程结构,但用量较少。牌号 Q275 的强度、硬度较高,耐磨性较好,韧性稍低,一般用于承受中等应力的机械结构,也可用于代替牌号 30、35 优质碳素结构钢,以降低成本。这两个牌号钢的主要生产品种有棒材、型钢、钢板、钢带。

表 2-56 碳素结构钢牌号和化学成分 (GB 700—06)

牌号	等级	化学成分					脱氧方法
		C≤	Mn≤	Si	S	P	
				不大于			
Q195		0.12	0.50	0.30	0.040	0.035	F、Z
Q215	A	0.15	0.12	0.35	0.050	0.045	F、Z
	B				0.045		
Q235	A	0.22	0.30～0.65	0.30	0.050	0.045	F、Z
	B	0.20	0.35～0.70		0.045		
	C	≤0.18	0.35～0.80		0.040	0.040	Z
	D	≤0.17			0.035	0.035	TZ
Q275	A	≤40	0.40～0.70	0.30	0.050	0.045	Z
	B	＞40			0.045		Z
	C		0.50～0.80	0.35	0.050	0.045	Z
	D		—	—	—	—	TZ

表 2-57 碳素结构钢工艺性能 (GB 700—06)

牌号	试样方向	冷弯实验 B=2α	
		钢材厚度或直径(mm)	
		＜60	＞60～100
		弯心直径 d	
Q195	纵	0	—
	横	0.5α	
Q215	纵	0.5α	1.5α
	横	α	2α
Q235	纵	α	2α
	横	1.5α	2.5α
Q275	纵	1.5α	3α
	横	2α	4α

表 2-58　碳素结构钢力学性能(GB 700—06)

牌号	等级	拉力试验													冲击试验	
		δ_5（MP)						δ_b（MP)	δ_5（%）					温度（℃）	A_k（J）（纵向）
		钢材厚度或直径(mm)							钢材厚度或直径(mm)						
		≤16	>16~40	>40~60	>60~100	>100~150	>150~200		≤40	>40~60	>60~100	>100~150	>100~200		
		不小于							不小于						
Q195	—	(195)	(185)	—	—	—	—	315~430	33					—	—
Q215	A	215	205	195	185	175	165	335~450	31	30	29	27	26	—	—
	B													+20	27
Q235	A	235	225	215	205	195	185	375~500	26	25	24	22	21	—	—
	B													+20	27
	C													0	
	D													−20	
Q275	A	275	265	255	245	235	215	490~610	22	21	20	18	17	—	—
	B													+20	27
	C													0	
	D													−20	

2. 优质碳素结构钢

一般把含 S、P≤0.035% 的碳素结构钢称为优质碳素结构钢,简称碳结钢。碳结钢大部分是镇静钢,只有当含碳量<0.25% 的才有沸腾钢。交货时既要求化学成分,又要求机械性能,在使用中大多要回火调质处理。

碳结钢的牌号以含碳量的万分数表示。

通常 08、08F 号钢含碳量少,塑、韧性较好,强度低;10~25 号钢称低碳钢;30~35 号钢为中碳钢;60~85 号钢属高碳钢;40~45 号钢经调质后综合性能好,使用最广泛。

3. 低合金结构钢

钢中合金元素量低于 5% 的合金结构钢为低合金结构钢。其含碳量<0.20%,大多数在 0.1%~0.20% 之间,S、P 的含量要求与碳素结构钢的要求相同。交货时,要同时保证化学成分和机械性能,低合金的塑性、韧性和焊接性都较好。由于加入了合金元素,其综合机械性能也良好。低合金结构钢的力学性能和工艺性能见表 2-59,化学成分见表 2-60。

表 2-59 低合金高强度结构钢的力学性能和工艺性能(GB/T 1591—1994)

牌号	质量等级	σs(MPa) 厚度(直径,边长)(mm)				σb(MPa)		(断后伸长率 δ5(%))		冲击功 Ak(纵向)(J)	180°弯曲试验 d=弯心直径 a=试样厚度(直径) 钢材厚度(直径)(mm)	
		≤16	>16~40	>40~63	>63~80	≤40	>40~63	≤40	>40~63	12~150mm	≤16	>16~100
Q345	A	≥345	≥335	≥325	≥315	470~630		≥20	≥19	—	d=2a	d=3a
	B	≥345	≥335	≥325	≥315			≥20	≥19	≥34(20℃)	d=2a	d=3a
	C	≥345	≥335	≥325	≥315	470~630		≥21	≥20	≥34(0℃)	d=2a	d=3a
	D	≥345	≥335	≥325	≥315			≥21	≥20	≥34(-20℃)	d=2a	d=3a
	E	≥345	≥335	≥325	≥315			≥21	≥20	≥34(-40℃)	d=2a	d=3a
Q390	A	≥390								—	d=2a	d=3a
	B	≥390								≥34(20℃)	d=2a	d=3a
	C	≥390				490~650		≥20	≥19	≥34(0℃)	d=2a	d=3a
	D	≥390								≥34(-20℃)	d=2a	d=3a
	E	≥390								≥34(-40℃)	d=2a	d=3a
Q420	A	≥420								—	d=2a	d=3a
	B	≥420								≥34(20℃)	d=2a	d=3a
	C	≥420				520~680		≥19	≥18	≥34(0℃)	d=2a	d=3a
	D	≥420								≥34(-20℃)	d=2a	d=3a
	E	≥420								≥34(-40℃)	d=2a	d=3a
Q460	C	≥460				550~720		≥17	≥16	≥34(0℃)	d=2a	d=3a
	D	≥460								≥34(-20℃)	d=2a	d=3a
	E	≥460								≥34(-40℃)	d=2a	d=3a
Q500	C	≥500				610~770	600~760	≥17	≥17	≥55(0℃)		
	D	≥500								≥47(-20℃)		
	E	≥500								≥31(-40℃)		
Q550	C	≥550				670~830	620~810	≥16	≥16	≥55(0℃)		
	D	≥550								≥47(-20℃)		
	E	≥550								≥31(-40℃)		

表 2 - 60　低合金高强度结构钢的化学成分

牌号	质量等级	化学成分 $w(\%)$														
		C≤	Mn	Si≤	P≤	S≤	V≤	Nb≤	Ti≤	Al≥	Cr≤	Cu	N	Ni≤	Mo	B
Q345	A	0.20		0.5	0.035	0.035	0.15	0.07	0.20	—	0.30	0.30	0.012	0.5	0.1	
	B	0.20		0.5	0.035	0.035	0.15	0.07	0.20	—	0.30	0.30	0.012	0.5	0.1	
	C	0.20	1.70	0.5	0.03	0.03	0.15	0.07	0.20	0.015	0.30	0.30	0.012	0.5	0.1	—
	D	0.18		0.5	0.030	0.025	0.15	0.07	0.20	0.015	0.30	0.30	0.012	0.5	0.1	
	E	0.18		0.5	0.025	0.02	0.15	0.07	0.20	0.015	0.30	0.30	0.012	0.5	0.1	
Q390	A	0.20		0.5	0.035	0.035	0.20	0.07	0.20	—	0.30	0.30	0.015	0.5	0.1	
	B	0.20		0.5	0.035	0.035	0.20	0.07	0.20	—	0.30	0.30	0.015	0.5	0.1	
	C	0.20	1.70	0.5	0.03	0.03	0.20	0.07	0.20	0.015	0.30	0.30	0.015	0.5	0.1	—
	D	0.20		0.5	0.030	0.025	0.20	0.07	0.20	0.015	0.30	0.30	0.015	0.5	0.1	
	E	0.20		0.5	0.025	0.02	0.20	0.07	0.20	0.015	0.30	0.30	0.015	0.5	0.1	
Q420	A	0.20		0.5	0.035	0.035	0.20	0.07	0.20	—	0.30	0.30	0.015	0.80	0.2	
	B	0.20		0.5	0.035	0.035	0.20	0.07	0.20	—	0.30	0.30	0.015	0.80	0.2	
	C	0.20	1.70	0.5	0.03	0.03	0.20	0.07	0.20	0.015	0.30	0.30	0.015	0.80	0.2	—
	D	0.20		0.5	0.030	0.025	0.20	0.07	0.20	0.015	0.30	0.30	0.015	0.80	0.2	
	E	0.20		0.5	0.025	0.02	0.20	0.07	0.20	0.015	0.30	0.30	0.015	0.80	0.2	
Q460	C	0.20		0.6	0.03	0.03	0.20	0.11	0.20	0.015	0.3	0.55	0.015	0.80	0.2	
	D	0.20	1.80	0.6	0.030	0.025	0.20	0.11	0.20	0.015	0.3	0.55	0.015	0.80	0.2	0.004
	E	0.20		0.6	0.025	0.02	0.20	0.11	0.20	0.015	0.3	0.55	0.015	0.80	0.2	
Q500	C	0.18		0.6	0.03	0.03	0.12	0.11	0.20	0.015	0.6	0.55	0.015	0.80	0.2	
	D	0.18	1.80	0.6	0.030	0.025	0.12	0.11	0.20	0.015	0.6	0.55	0.015	0.80	0.2	0.004
	E	0.18		0.6	0.025	0.02	0.12	0.11	0.20	0.015	0.6	0.55	0.015	0.80	0.2	
Q550	C	0.2		0.6	0.03	0.03	0.12	0.11	0.20	0.015	0.8	0.8	0.015	0.80	0.30	
	D	0.2	2	0.6	0.030	0.025	0.12	0.11	0.20	0.015	0.8	0.8	0.015	0.80	0.30	0.004
	E	0.2		0.6	0.025	0.02	0.12	0.11	0.20	0.015	0.8	0.8	0.015	0.80	0.30	
Q620	C	0.2		0.6	0.03	0.03	0.12	0.11	0.20	0.015	1	0.8	0.015	0.80	0.30	
	D	0.2	2	0.6	0.030	0.025	0.12	0.11	0.20	0.015	1	0.8	0.015	0.80	0.30	0.004
	E	0.2		0.6	0.025	0.02	0.12	0.11	0.20	0.015	1	0.8	0.015	0.80	0.30	
Q690	C	0.2		0.6	0.03	0.03	0.12	0.11	0.20	0.015	1	0.8	0.015	0.80	0.30	
	D	0.2	2	0.6	0.030	0.025	0.12	0.11	0.20	0.015	1	0.8	0.015	0.80	0.30	0.004
	E	0.2		0.6	0.025	0.02	0.12	0.11	0.20	0.015	1	0.8	0.015	0.80	0.30	

（五）我国的钢材编号

为了管理和使用的方便,每一种合金钢都应该有一个简明的编号。世界各国钢的编号方法不一样。钢编号的原则主要有两条:

①根据编号可以大致看出该钢的成分。

②根据编号可大致看出该钢的用途。

我国的钢材编号是采用国际化学元素符号和汉语拼音字母并用的原则。即钢号中的化学元素采用国际化学元素符号表示。如 Si、Mn、Cr、W 等。其中只有稀土元素,由于其含量不多,种类不少,不易一一分析出来,因此用"Re"表示其总含量。而产品名称、用途和浇铸方法等则采用汉语拼音字母表示。具体的编号方法如下:

1.普通碳素结构钢

钢的牌号以"Q＋数字＋字母＋字母"表示。其中,"Q"字是钢材的屈服强度"屈"字的汉语拼音字首,紧跟后面的是屈服强度值,再其后分别是质量等级符号和脱氧方法。例如:Q235AF 即表示屈服强度值为 235MPa 的 A 级沸腾钢。

牌号中规定了 A、B、C、D 四种质量等级,A 级质量最差,D 级质量最好。

按脱氧制度,沸腾钢在钢号后加"F",半镇静钢在钢号后加"b",镇静钢则不加任何字母。

2.优质碳素结构钢与合金结构钢

优质碳素结构钢与合金结构钢编号的方法是相同的,都是以"两位数字＋元素＋数字＋…"的方法表示。钢号的前两位数字表示平均含碳量的万分之几,沸腾钢、半镇静钢以及专门用途的优质碳素结构钢,应在钢号后特别标出。合金元素以化学元素符号表示,合金元素后面的数字则表示该元素的含量,一般以百分之几表示。凡合金元素的平均含量小于 1.5% 时,钢号中一般只标明元素符号而不标明其含量。如果平均含量≥1.5%、≥2.5%、≥3.5%……时,则相应地在元素符号后面标以 2、3、4 等;如为高级优质钢,则在其钢号后加"高"或"A"。钢中的 V、Ti、Al、B、RE 等合金元素,虽然它们的含量很低,但在钢中能起相当重要的作用,故仍应在钢号中标出。如 45 钢表示平均含碳量为 0.45% 的优质碳素结构钢;20CrMnTi 表示平均含碳量为 0.20%,主要合金元素 Cr、Mn 含量均低于 1.5%,并含有微量 Ti 的合金结构钢;60Si2Mn 表示平均含碳量为 0.60%,主要合金元素 Mn 含量低于 1.5%,Si 含量为 1.5%～2.5% 的合金结构钢。

3.碳素工具钢

碳素工具钢的牌号以"T＋数字＋字母"表示。钢号前面的"碳"或"T"表示碳素工具钢,其后的数字表示含碳量的千分之几。如平均含碳量为 0.8% 的碳素工具钢,其钢号为"碳 8"或"T8"。

含锰量较高者,在钢号后标以"锰"或"Mn",如"碳 8 锰"或"T8Mn"。如为高级优质碳素工具钢,则在其钢号后加"高"或"A",如"碳 10 高"或"T10A"。

4.合金工具钢与特殊性能钢

合金工具钢的牌号以"一位数字(或没有数字)＋元素＋数字＋…"表示。其编号方法与合金结构钢大体相同,区别在于含碳量的表示方法,当碳含量≥1.0% 时,则不予标出。如平均含碳量<1.0% 时,则在钢号前以千分之几表示它的平均含碳量,如 9CrSi 钢,表示平均含碳量为

0.90%，主要合金元素为铬、硅，含量都小于 1.5%。又如 Cr12MoV 钢，含碳量为 1.45%～1.70%（大于 1.0%），主要合金元素为 11.5%～12.5% 的铬，0.40%～0.60% 的钼和 0.15%～0.30% 的钒。而对于含铬量低的钢，其含铬量以千分之几表示，并在数字前加"0"，以示区别。如平均 Cr ＝0.6% 的低铬工具钢的钢号为"Cr06"。

在高速钢的钢号中，一般不标出含碳量，只标出合金元素含量平均值的百分之几。如"钨 18 铬 4 钒"（W18Cr4V，简称 18－4－1）、"钨 6 钼 5 铬 4 钒 2"（W6Mo5Cr4V2，简称 6－5－4－2）等。

特殊性能钢的牌号和合金工具钢的表示相同，如不锈钢 2Cr13 表示含碳量为 0.20%，含铬量为 12.5%～13.5%。但也有少数例外，例如耐热钢 20Cr3W3NbN 其编号方法和结构钢相同，但这种情况极少。

5. 专用钢

这类钢是指某些用于专门用途的钢种。它是以其用途名称的汉语拼音第一个字母表明该钢的类型，以数字表明其含碳量；化学元素符号表明钢中含有的合金元素，其后的数字表明合金元素的大致含量。

例如，滚珠轴承钢在编号前标以"G"字，其后为铬（Cr）＋数字，数字表示铬含量平均值的千分之几，如"滚铬 15"（GCr15）。这里应注意牌号中铬元素后面的数字是表示含铬量为 1.5%，其他元素仍按百分之几表示，如 GCr15SiMn 表示含铬为 1.5%，Si、Mn 均小于 1.5% 的滚动轴承钢。

又如易切钢前标以"Y"字，Y40Mn 表示含碳量约 0.4%，含锰量小于 1.5% 的易切钢。还有如 20g 表示含碳量为 0.20% 的锅炉用钢；16MnR 表示含碳量为 1.6%，含锰量小于 1.5% 的容器用钢。

（六）钢材的生产方法

钢材就是通过一定的工艺过程将钢锭或钢坯加工成各种不同形状以供实际需要的型材，其基本生产方法有轧制、挤压、拉拔和锻造。

1. 轧制

大部分钢材都是通过轧制而成的，轧制方法有纵轧、横轧和斜轧。

①纵轧生产的钢材非常多，如工字钢、角钢、槽钢、圆钢、钢板、钢轨等，它是将钢坯通过旋转方向相反的轧辊，进行塑性变形的。两轧辊互相平行，钢材运动方向与轧辊垂直。

②横轧是将钢材运动方向与轧辊轴线平行，两轧辊同向运动。

③斜轧的钢材既向前运动，又绕自身轴线旋转，两轧辊两个中心线成一定角度且旋转同向。

2. 挤压

挤压是把钢坯放入挤压筒内，使钢材从模孔中挤出，得到各种形状成品。

3. 拉拔

拉拔主要生产各种钢丝和线材，它是将钢坯料从小于坯料的模孔中拉出，以便得到成品。

4. 锻造

锻造分自由锻和模锻两种，锻造一般较简便、经济。

（七）工程常用钢材

工程中常用的钢材主要指预应力混凝土和钢筋混凝土中的用材，这里主要介绍钢筋、钢丝和钢绞线，并简要介绍其他型材。

1.钢丝和钢绞线

钢绞线、钢丝在工程中主要用于预应力混凝土的结构中，它们是由盘条经过拉拔等深加工而成的，属金属制品范围。

（1）钢丝。

钢丝的品种繁多，按化学成分可分为碳素钢丝和合金钢丝，按用途可分为工具钢丝、钢丝绳钢丝、轴承钢丝、预应力混凝土结构钢丝等。

①预应力钢丝为预应力混凝土结构钢丝的简称，它是由高碳优质碳钢盘条冷拔后经调制处理等工艺制成的用于混凝土结构的高强度钢丝，其优点在于强度高、松弛率低、抗腐性强和柔韧性好。GB 5223—85 规定，根据交货状态的不同预应力钢丝分为冷拔钢丝、矫直回火钢丝、矫直回火刻痕钢丝三种。

②冷拔低碳钢丝由普通低碳盘条（Q195、Q215、Q235）经冷拔而成，简称黑铁丝。根据GB 50204—92《混凝土结构工程施工及验收规范》的规定，按强度分为甲、乙两个等级，其中甲级用于中小预应力构件。

（2）钢绞线。

钢绞线有镀锌和预应力钢筋混凝土用两种。

预应力钢筋混凝土用钢绞线简称预应力钢绞线，主要用于公路及铁路桥梁、大型建筑、吊车梁等跨度较大的预应力混凝土构件中。它是由 7 根圆形断面高强度钢丝左捻后，再经过回火处理消除内应力而成，主要是作预应力混凝土配筋用。它的优点为质量稳定，强度高，柔性好，成盘无接头供货，在使用中与混凝土的黏结性好，锚固方便。

根据 GB 5224—85，预应力钢绞线有公称直径 9mm、12mm、15mm 三种，强度等级为1470MPa、1570MPa、1670MPa、1770 MPa 四级。

2.钢筋

（1）低碳热轧盘条。

低碳热轧盘条又称线材，直径通常为 5～9mm，它是一种用量很大、用途很广的钢材，除用于钢筋混凝土配筋外，还广泛用于拉丝，是由 Q195、Q215、Q235 等低碳钢轧制而成的。GB/T 701—1997《低碳素钢热轧圆盘条》将其分为 Q195、Q195C、Q215A、Q215B、Q215C、Q235A 和 Q235B 等六个牌号，并对交货状态、外形、重量、允许偏差、技术要求作了详细规定。

（2）钢筋混凝土用热轧圆钢筋。

根据 GB 13013—91 的规定，它为 I 级钢筋，由 Q235 碳钢轧制而成，强度等级为 R235（R 为热轧，数字为屈服强度）。

（3）钢筋混凝土用热轧带肋钢筋。

根据 GB1499—1998《钢筋混凝土用热轧带肋钢筋》的规定，该类钢材牌号由 HRB 和最小屈服点值表示，如 HRB335、HRB400、HRB500。其中 H 表示热轧，R 表示带肋，B 表示钢筋。

（4）冷拉钢筋。

冷拉钢筋是由同等级的热轧钢筋通过在常温下实行强力拉伸而成。根据 GB 50204—92 的规定,冷拉钢筋分为Ⅰ、Ⅱ、Ⅲ、Ⅳ等四个级别。

（5）冷轧扭钢筋。

冷轧扭钢筋是由低碳热轧圆盘条经冷轧和冷扭而成的像麻花状的钢筋。在混凝土中使用可节约 35％左右的钢筋,其性能见表 2-61。

表 2-61　冷轧扭钢筋的力学性能

抗拉强度 σ_b（MPa）	伸长率 Δ_{10}（100％）	冷弯 180°
≥580	≥4.5	弯曲部位表面不得产生裂纹

（6）冷轧带肋钢筋。

冷轧带肋钢筋也是由热轧圆盘条经冷轧或冷拉而成,一般成形后表面具有三面或两面月牙形横肋。它有三个等级,分别为 LL550、LL650、LL800。其中第一个 L 为冷轧,第二个 L 为带肋,数码为抗拉强度,技术性能见表 2-62、2-63。

表 2-62　冷轧带肋钢筋的力学性能和工艺性能

牌号	σ_b（MPa）	伸长率,不小于（％）		弯曲试验 180°	反复弯曲次数	松弛率初始应力应相当于公称抗拉强度的 70％	
		Δ_{10}	Δ_{100}			1000h 不大于（％）	10h,不大于（％）
CRB550	550	8.0	—	$D=3d$	—		
CRB650	650	—	4.0		3	8	5
CRB800	800	—	4.0		3	8	5
CRB970	970	—	4.0		3	8	5
CRB1170	1170	—	4.0		3	8	5

表 2-63　冷轧带肋钢筋反复弯曲试验的弯曲半径

钢筋公称直径（mm）	4	5	6
弯曲半径（mm）	10	15	15

（7）热处理钢筋。

热处理钢筋的母材是低合金热轧螺纹钢筋,热处理方法为淬火和回火调质热处理。根据表面螺纹外形分为纵肋和无纵肋两种,代号为 RB150,RB 表示热处理,数字为抗拉强度（≥1 470MPa）,其性能见表 2-64、2-65、2-66。

表 2 – 64 热轧钢筋力学性能

标准	牌号	屈服强度（Mpa）	抗拉强度（Mpa）	伸长率（%）
GB1499.1—2008	HPB235	≥235	≥370	$\delta_5 \geq 25$
	HPB300	≥300	≥420	$\delta_5 \geq 25$
GB1499.2—2007	HRB335	≥335	≥490	$\delta_5 \geq 16$
	HRB400	≥400	≥570	$\delta_5 \geq 14$
	HRB500	≥500	≥630	$\delta_5 \geq 12$
	HRBF335	≥335	≥490	$\delta_5 \geq 16$
	HRBF400	≥400	≥570	$\delta_5 \geq 14$
	HRBF500	≥500	≥630	$\delta_5 \geq 12$

表 2 – 65 热轧钢筋的工艺性能（GB 1499.1—2008 和 GB1499.2—2007）

牌号	公称直径 d（mm）	弯曲试验 d=弯心直径，a=试样直径
HPB235—HPB300	8～20	180° $d=a$
HRB335 HRBF335	6～25	180° $d=3a$
	28～40	180° $d=4a$
	>40～50	180° $d=5a$
HRB400 HRBF400	6～25	180° $d=4a$
	28～40	180° $d=5a$
	>40～50	180° $d=6a$
HRB500 HRBF500	6～25	180° $d=6a$
	28～40	180° $d=7a$
	>40～50	180° $d=8a$

表 2 – 66 低碳钢热轧圆盘条力学性能与工艺性能（GB/T 701—2008）

用途	牌号	力学性能		弯曲试验 180° d=弯曲试验 a=试样直径
		抗拉强度（MPa）	伸长率 δ_{10}（100%）	
拉丝等用	Q195	≤410	≥30	$d=0$
	Q215	≤435	≥28	$d=0$
	Q235	≤500	≥23	$d=0.5a$
	Q275	≤540	≥21	$d=1.5a$

3.其他钢材

其他钢材主要是指钢板、钢管和型材。在工程施工中,这些材料的使用率也很高。

(1)钢板。

钢板是一种扁平钢材,其宽厚比和表面积都很大。钢板一般按厚度进行分类。厚度≤4mm为薄钢板,厚度＞4mm为厚钢板,其中厚度≤20mm的厚钢板也称中板,厚度为20～60mm的称为厚板,厚度＞60mm的称为特厚板。还有一种独立的品种,它的宽度小而很长,称为钢带。

钢板的规格以厚度×宽度×长度的毫米数表示。

钢板大多为热轧成品,但厚度≤4mm的薄板冷轧板在工程中使用也很广泛。在实际中,为了改善钢板耐蚀性和其他性能,常在薄板的表面涂(镀)覆锌、锡、铅、铝、铬、铝—锡合金有机涂料和塑料等覆层。

(2)钢管。

钢管在工程中常用为脚手架、风水管等。如图2-20所示。钢管常分为无缝钢管和焊接钢管两大类。无缝钢管的加工方法有热轧、冷轧、冷拔、挤压四种;焊管有直缝焊接和螺旋焊接。

(a)空心钢管   (b)异型钢管

图2-20 钢管

无缝钢管以外径×壁厚表示规格;一般焊管规格以公称口径表示,略小于内径;直缝电焊钢管和螺旋缝焊管的规格以外径(mm)×壁厚(mm)表示。

(3)型材。

型材是指圆钢、方钢、六角钢、扁钢、工字钢、槽钢等(见图2-21)。型钢有大、中、小之分,具体规格分类见表2-67。

(a)C型钢   (b)H型钢

(c)几型钢　　　　　　　　(d)角钢

(e)槽钢　　　　　　　　　(f)角钢

（g)工字钢　　　　　　　(h)Z型钢

图 2-21　型材

表 2-67　大、中、小型型钢尺寸(mm)范围

类　　型	工字钢、槽钢（高度 h）	圆钢（直径 d)、方钢（边长 a)、六角钢、八角钢（对边距离 a)、螺纹钢（型号）	扁　钢（宽度）	等边角钢（边宽 b)	不等边角钢（边宽 b)	其　　他
大型型钢	≥180	≥81	≥101	≥150	≥150×10	履带板、钢板等
中型型钢	<180	38～80	60～100	50～140	50×40～149×100	冷弯型钢、农用异型钢等
小型型钢		10～37	≤59	20～49	30×20～59×39	窗框钢、农具钢等

　　型钢的规格表示如下：圆钢以直径表示；方钢以边宽表示；六角钢以对边距离表示；扁钢以厚度×宽度表示；工字钢、槽钢以高×腿宽×腰厚表示；角钢以边宽×边宽×边厚表示。

　　工字钢、槽钢、角钢还可以用号数表示。工字钢、槽钢的号数表示高度的厘米数，如遇不同腿宽和腰厚时，则在号数后加 a、b、c 予以区别；角钢的号数为边宽的厘米数，如遇边厚不同时，则予以区别，因此，角钢在合同中必须写齐边宽、边厚，不能单独用号数表示。

铁路专用钢材是指用于线路上的钢轨、道岔、钢轨联结件、钢梁、轨道附属设备（护轨、防爬支撑等）。

(八)钢材的腐蚀

钢材受腐蚀的原因很多，可根据其与环境介质的作用分为化学腐蚀和电化学腐蚀两类。

1. 化学腐蚀

化学腐蚀亦称干腐蚀，属纯化学腐蚀，是指钢材在常温和高温时发生的氧化或硫化作用。氧化作用的原因是钢铁与氧化性介质接触产生化学反应。氧化性气体有空气、氧、水蒸气、二氧化碳、二氧化硫和氯等，反应后生成疏松氧化物。其反应速度随温度、湿度提高而加速。干湿交替环境下腐蚀更为厉害，在干燥环境下腐蚀速度缓慢。

2. 电化学腐蚀

电化学腐蚀，也称湿腐蚀，是由于电化学现象在钢材表面产生局部电池作用的腐蚀。例如在水溶液中的腐蚀，在大气、土壤中的腐蚀等。

钢材在潮湿的空气中，由于吸附作用，在其表面覆盖一层极薄的水膜，由于表面成分或者受力变形等的不均匀，使邻近的局部产生电极电位的差别，形成了许多微电池。在阳极区，铁被氧化成 Fe^{2+} 离子进入水膜。因为水中溶有来自空气中的氧，在阴极区氧被还原为 OH^- 离子，两者结合成不溶于水的 $Fe(OH)_2$，并进一步氧化成疏松易剥落的红棕色铁锈 $Fe(OH)_3$。在工业大气的条件下，钢材较容易锈蚀。

钢材在大气中的腐蚀，实际上是化学腐蚀和电化学腐蚀同时作用所致，但以电化学腐蚀为主。

(九)钢材的防护

1. 钢材的腐蚀

钢材的腐蚀有材质的原因，也有使用环境和接触介质等原因，因此防腐蚀的方法也有所侧重。目前所采用的防腐蚀方法有如下几种：

(1)合金化。

在碳素钢中加入能提高抗腐蚀能力的合金元素，如铬、镍、锡、钛和铜等，制成不同的合金钢，能有效地提高钢材的抗腐蚀能力。

(2)金属覆盖。

用耐腐蚀性能好的金属，以电镀或喷镀的方法覆盖在钢材的表面，提高钢材的耐腐蚀能力，如镀锌、镀铬、镀铜和镀镍等。

(3)非金属覆盖。

在钢材表面用非金属材料作为保护膜，与环境介质隔离，以避免或减缓腐蚀，如喷涂涂料、搪瓷和塑料等。

钢结构防止腐蚀用得最多的方法是表面涂刷油漆。

常用底漆有红丹防锈底漆、环氧富锌漆和铁红环氧底漆等，底漆要求有比较好的附着力和防锈蚀能力。

常用面漆有灰铅漆、醇酸磁漆和酚醛磁漆等。面漆是为了防止底漆老化，且有较好的外观色彩,因此面漆要求有比较好的耐候性、耐湿性和耐热性,且化学稳定性要好,光敏感性要弱,不易粉化和龟裂。

一般混凝土配筋的防锈措施是:保证混凝土的密实度,保证钢筋保护层的厚度和限制氯盐外加剂的掺量或使用防锈剂等。预应力混凝土用钢筋由于易被腐蚀,故应禁止使用氯盐类外加剂。

(4)混凝土用钢筋的防腐。

正常混凝土中的 pH 值约为 12,这时在钢材表面能形成碱性氧化膜(纯氧化膜),对钢筋起保护作用。若混凝土碳化后,由于碱度降低(中性化)会失去对钢筋的保护作用。此外,混凝土氯离子达到一定浓度时,也会严重破坏表面的纯化膜。

为防止钢筋锈蚀,应保证混凝土的密实度以及钢筋外侧混凝土保护层的厚度,在二氧化碳浓度高的工业区用硅酸盐水泥或普通硅酸盐水泥,限制含氯盐外加剂掺量并使用混凝土钢筋防锈剂。预应力混凝土应禁止使用含氯盐的骨料和外加剂。钢筋涂覆下氧树脂或镀锌也是一种有效的防腐措施。

2.钢材的防火

钢材本身虽然不会起火燃烧但钢材的材性受温度影响很大,但在 250℃ 钢材的冲击韧性下降,超过 300℃,屈服点与极限强度显著下降。在实际火灾下,荷载情况不变,钢结构失去静态平衡稳定性的临界温度为 500℃ 左右,而一般火场温度达到 800℃~1000℃。因此,火灾高温下钢结构很快地会出现塑性变形,产生局部破坏,最终造成钢结构整体倒塌失效。

钢结构建筑必须采取防火措施,以使得建筑具有足够的耐火极限。防止钢结构在火灾中迅速升温到临界温度,防止产生过大变形以至建筑物倒塌,从而为灭火和人员安全疏散赢得宝贵时间,避免或减少火灾带来损失。

(1)防火涂料。

防火涂料按受热的变化分为膨胀性(薄型)和非膨胀型(厚型)两种。

膨胀型防火涂料层的厚度一般为 2~7mm,附着力较强,有一定的装饰效果。由于其内含膨胀组分,遇火后会膨胀增厚 5~10 倍,形成多孔结构,从而起到良好的隔热防火作用,根据准备厚度层可使构件的耐火限度达到 0.5~1.5d。非膨胀型防火涂料的涂层厚度一般为 8~50mm,呈粒状面,密度小,强度低,喷涂后需要用装饰面层隔护,耐火极限可达 0.5~3.0h,为使防火涂料牢固地包裹钢构件,可在防层内埋设钢丝网,并使钢丝网与钢构件表面的净距离保持在 6mm 左右。

(2)不燃性板材。

常用的不燃性板材有石膏板、蛭石板、珍珠岩板、矿棉板、岩棉板等,可通过黏结剂或钢钉、钢箍等固定在钢结构上。

(十)建筑钢材的验收和储存

1.建筑钢材验收的四项基本要求

建筑钢材从钢厂到施工现场经过了商品流通的多道环节,建筑钢材的检验验收是质量管理中必不可少的环节。建筑钢材必须按批进行验收,并达到下列四项要求。

（1）订货和发货资料应与实物一致。

检查发货码单和质量证明书内容是否与建筑钢材标牌标志上的内容相符。对于钢筋混凝土用热轧带助钢筋、冷轧带肋钢筋和预应力用钢材（钢丝、钢棒和钢绞线）必须检查是否有全国工业产品生产许可证，该证由国家质量监督检验检疫总局颁发，证书上带有国徽，一般有效期不超过 5 年。

热轧带肋钢筋生产许可证编号为：XK05－205－×××××。其中，XK 代表许可；05 为冶金行业编号；205 为热轧带肋钢筋产品编号；×××××为某一特定企业生产许可证编号。

冷轧带肋钢筋生产许可编号为：XK05－322－×××××。其中，322 为冷轧带肋钢筋产品编号，其他和热轧带肋钢筋生产许可编号一致。

预应力混凝土用钢材（钢丝、钢棒和钢绞线）产品编号。

（2）检查包装。

除大中型型钢外，不论是钢筋还是型钢，都必须成捆交货，每捆必须用钢带、盘条或铁丝均匀捆扎结实，端面要求平齐，不得有异类钢材混装现象。

每一捆扎件上一般都拴有两个标牌，上面注明生产企业名称或厂标、牌号、规格、炉罐号、生产日期、带肋钢筋生产许可证标志和编号等内容。按照《钢筋混凝土用热轧带肋钢筋》国家标准规定，带肋钢筋生产企业都应在自己生产的热轧带肋钢筋表面轧上明显的牌号标志，并依据轧上厂名（或商标）和直径（mm）数字。钢筋牌号以阿拉伯数字表示，HRR335、HRB400、HRB500 对应的阿拉伯数字分别为 2、3、4。厂名以汉语拼音字头表示。直径（mm）数以阿拉伯数字表示。

（3）对建筑钢材质量证明书内容进行审核。

质量证明书必须字迹清楚，证明书中应注明：供方名称或厂标，需方名称，发货日期，合同号，标准号及水平等级，牌号、炉罐（批）号、交货状态，加工用途，质量，支数或件数、品种名称、规格尺寸（型号）和级别，标准中所规定的各项试验结果（包括参考性指标），技术监督部门等。

若建筑钢材是通过中间供应商购买的，则质量证书复印件上应注明购买时间、供应数量、买受人名称、质量证明书原件存放单位，在建筑钢材质量证明书复印件上必须加盖中间供应商的红色印章，并有送交人的签名。

（4）建立材料台账。

建筑钢材进场后，施工单位应及时建立"建设工程材料采购验收检验使用综合台账"。内容包括：材料名称、规格品种、生产单位、进货日期、送货单编号、实收数量、生产许可证编号、质量证书编号、产品标识（标志）、外观质量情况、材料检验日期、检验报告编号、材料检验结果、工程材料报审表签认日期、使用部位、审核人员签名等。

2. 实物质量的验收

建筑钢材的实物质量主要是看所送检的钢材是否满足规范及相关标准要求；现场所检测的建筑钢材尺寸偏差是否符合产品标准规定；外观缺陷是否在标准规定的范围内；对于建筑钢材的锈蚀现象各方面也应引起足够的重视。

（1）常用钢材必试项目、组批原则及取样数量见表 2－68。

表 2-68 常用钢材试验规定

序号	材料名称及相关标准规范代号	实验项目	组批原则及取样规定
1	碳素结构钢（GB 700—88）	必试:拉伸试验（屈服点、抗拉强度、伸长率）、弯曲试验	同一厂别、同一炉罐号、同一规格、同一交货状态每 60t 为一验收批,不足 60t 也按一批计。每一验收批取一组试件（拉伸、弯曲各一个）
2	钢筋混凝土用热轧带肋钢筋（GB 1499—1998）	必试:拉伸试验（屈服点、抗拉强度、伸长率）、弯曲试验。其他:反向弯曲、化学成分	同一厂别、同一炉罐号、同一规格、同一交货状态每 60t 为一验收批,不足 60t 也按一批计。每一验收批,在任选两根钢筋上切取试件（拉伸、弯曲各两个）
3	钢筋混凝土用热轧光圆钢筋（GB 13013—91）		
4	钢筋混凝土用余热处理钢筋（GB 13014—91）		
5	低碳钢热轧圆盘条（GB/T 701—1997）	必试:拉伸试验（屈服点、抗拉强度、伸长率）、弯曲试验。其他:化学成分	同一厂别、同一炉罐号、同一规格、同一交货状态每 60t 为一验收批,不足 60t 也按一批计。每一验收批,取试件其中拉伸一个、弯曲两个（取自不同盘）
6	冷轧带肋钢筋（GB 13788—2000）	必试:拉伸试验（屈服点、抗拉强度、伸长率）、弯曲试验。其他:松弛率、化学成分	由同一牌号、同一外形、同一生产工艺、同一交货状态每 60t 为一验收批,不足 60t 也按一批计。每一验收批取拉伸试件一个（逐盘）,弯曲试件两个（每批）,松弛试件一个（定期）。在每盘中的任意一端截去 50mm 后切取
7	冷轧扭钢筋（JG 190—2006）	必试:拉伸试验（屈服点、抗拉强度、伸长率）、弯曲试验、重量、节距、厚度	由同一牌号、同一规格尺寸、同一台轧机、同一台班每 20t 为一验收批;不足 20t 也按一批计。每批取弯曲试件一个,拉伸试件两个,质量、节距、厚度各三个
8	预应力混凝土用钢丝（GB/T 5223—2002）	必试:抗拉强度、伸长率、弯曲试验其他:屈服强度、松弛率（每季度抽验）	由同一牌号、同一生产工艺捻制的钢丝组成,每批质量不大于 60t。钢丝的检验应按（GP/T 2103）的规定执行。在每盘钢丝的两端进行抗拉强度、弯曲和伸长率的试验。屈服强度和松弛率试验每季度抽验一次,每次至少三根

序号	材料名称及相关标准规范代号	实验项目	组批原则及取样规定
9	中强度预应力混凝土用钢丝 (YB/T 156—1999)	必试:抗拉强度、伸长率、反复弯曲。其他:非比例极限 ($\sigma_{0.2}$)、松弛率(每季度)	钢丝应成批验收,每批由同一牌号、同一规格、同一强度等级、同一生产工艺制度的钢丝组成。每批质量不大于 60t。每盘钢丝的两端取样进行抗拉强度、伸长率、反复弯曲检验。规定非比例伸长应力($\sigma_{0.2}$)和松弛率试验,每季度抽验一次,每次不少于三根
10	预应力混凝土用钢棒 (GB/T 5223.3—2005)	必试:抗拉强度、伸长率、平直度。其他:规定非比例伸长应力、松弛率	钢棒应成批验收,每批由同一牌号、同一外形、同一公称截面尺寸、同一热处理制度加工的钢棒组成。不论交货状态是盘卷或直条,检验均在端部取样,各试验项目取样均为一根。必试项目的批量划分按交货状态和公称直径而定(盘卷:≤13mm,批量为≤5盘;直条:≤13mm,批量为≤1000条;13～26mm,批量为≤200条;≥26mm,批量为≤100条)
11	预应力混凝土用钢绞线 (GB/T 5224—2003)	必试:整根钢绞线的最大力、规定非比例延伸力、规定总延伸力、最大伸长率、尺寸测量。其他:弹性模量	预应力钢绞线应成批验收,每批由同一牌号同一规格、同一生产工艺制度的钢绞线组成,成批质量不大于 60t,从每批钢绞线中任选三盘,每盘所选的钢绞线端部正常部位截取一根进行表面质量、直径偏差、捻距和力学性能试验。如每批少于三盘,则应逐盘进行上述检验。屈服和松弛试验每季度抽检一次,每次不少于一根
12	预应力混凝土用低合金钢丝 (YB/T 038—93)	必试:①拔丝用盘条:抗拉强度、伸长率、冷弯;②钢丝:抗拉强度、伸长率、反复弯曲、应力松弛	拔丝用盘条见低碳热扎圆盘条钢丝;每批钢丝应由同一牌号、同一形状、同一尺寸、同一交货状态的钢丝组成。从每批中抽查5%,但不少于五盘进行形状、尺寸和表面检查。从上述检查合格的钢丝中抽取5%,优质钢抽取10%,不少于三盘,拉伸试验每盘一个(任意端);不少于五盘,反复弯曲试验每盘一个(任意端去掉500mm后取样)

序号	材料名称及相关标准规范代号	实验项目	组批原则及取样规定
13	一般用途低碳钢丝(GB/T 343—94)	必试:抗拉强度、180°弯曲试验次数、伸长率(标距100mm)	每批钢丝应由同一尺寸、同一锌层级别、同一交货状态的钢丝组成。从每批中抽查 5%,但不少于五盘进行形状、尺寸和表面检查。从上述检查合格的钢丝中抽取 5%,优质钢抽取 10%,不少于三盘,拉伸、反复弯曲试验每盘一个(任意端)

(2)取样方法。

拉伸和试验,可在每批材料或每盘中任选两根钢筋距端部 500mm 处截取。试样长度应根据钢筋种类、规格及试验项目而定。采用习惯试样长度见表 2-69。

表 2-69 钢材试样长度

试样直径(mm)	拉伸试样长度(mm)	弯曲试样长度(mm)	反复试样长度(mm)
6.5~20	300~400	250	150~250
25~32	350~450	300	

(3)检验要求。

①外观质量检查。

A.尺寸测量:包括直径、不圆度、肋高等应符合标准规定;

B.表面质量:不得有裂纹、结疤、折叠、凹陷、压痕;

C.质量偏差:试样不少于 10 支,总长度不小于 60m,长度逐根测量精确到 10mm,试样总质量不大于 100kg 时,精确到 0.5kg,试样总质量大于 100kg 时,精确到 1kg。质量偏差应符合规定。

②检验要求。

热轧光圆钢筋、热轧带肋钢筋、余热处理钢筋的力学性能、工艺性能检验应符合标准规定。

(4)检验结果及质量判定。

试验用试样数量、取样规则及试验方法必须符合标准规定。如果有一项试验结果不符合标准要求,则在同一批中再取双倍数量的试样进行该不合格项目的复验。复验结果(包括该项试验所要求的任意指标),即使有一个指标不合格,则该批钢筋判定不合格。

3.建筑钢材的运输、储存

建筑钢材由于质量大、长度长,运输前必须了解所运建筑钢材的长度和单捆质量,以便安排运输车辆和吊车。

建筑钢材应按不同的品种、规格分别堆放。在条件允许的情况下,建筑钢材应尽可能存放在库房或料棚内(特别是有精度要求的冷拉、冷拔等钢材),若采用露天存放,则料场应选择地势较高而又平坦的地面,经平整、夯实、预设排水沟道、安排好垛底后方能使用。为避免因潮湿环境而引起的钢材表面锈蚀现象,雨雪季节建筑钢材要用防雨材料覆盖。

施工现场堆放的建筑钢材应注明"合格""不合格""在检""待检"等产品质量状态,注明钢材生产企业名称、品种规格、进场日期及数量等内容,并以醒目标识标明,工地应由专人负责建筑钢材的收货和发料。

任务七　建筑防水材料

一、任务描述

1.掌握石油沥青的基本组成、技术性质及测定方法;
2.熟悉常用的防水卷材用途。

二、学习目标

通过本任务的学习,你应当:
1.能根据工程需要合理选择沥青防水材料;
2.能读懂石油沥青的主要性质指标。

三、任务实施

(一)任务导入,学习准备

引导问题1:石油沥青的牌号是如何划分的?其牌号大小说明什么问题?

_____

_____

_____

引导问题2:石油沥青的"老化"与组分有何关系?"老化"过程中沥青的组分如何递变,沥青性质将发生哪些变化?对工程有何影响?

_____

_____

_____

(二)任务实施

任务1:现在的工程状况是屋面防水、地下防潮,如何选用石油沥青牌号?

_____

_____

任务2:看看以下现象,并分析原因。

1.河北中部地区每到冬天的时候,附近的沥青路面总会出现一些裂缝,裂缝大多是横向的,且几乎为等间距的。请问原因是什么?

_____

_____

_____

2.某住宅楼面于8月份施工,铺贴沥青防水卷材全是白天施工,之后卷材出现鼓化、渗漏的现象。请问原因是什么?

_____

_____

_____

3.某石砌水池因砂缝不饱满,之后以一种水泥基粉刚性防水涂料整体涂履,效果良好,长时间不渗透。但同样使用此防水涂料用于一因基础下陷不均而开裂的地下室防水,效果不佳。请问原因是什么?

_____

_____

_____

四、任务评价

1. 完成以上任务评价的填写

班级: 姓名:

考核项目		分数				教师评价得分
		差	中	良	优	
自学能力		8	10	11	13	
言谈举止	工作过程安排是否合理规范	8	10	15	20	
	陈述是否清晰完整	8	10	11	12	
	是否正确领会运用已学知识来解决实际问题	7	10	15	18	
是否积极参与活动		7	10	11	13	
是否具备团队合作精神		7	10	11	12	
成果展示		7	10	11	12	
总计		52	70	85	100	最终得分:
教师签字:			年 月 日			

2. 自我评价

(1)完成此次任务过程中存在哪些问题?

_____

_____

_____

(2)请提出相应的解决问题的方法。

_____

_____

_____

_____

五、知识讲解

　　防水与防潮在土建工程中有着十分重要的作用,它不仅与工程质量密切相关,而且直接影响人们的生产和生活。

　　近年来,我国的防水材料发展很快,由传统的沥青防水材料逐渐向高聚物改性沥青防水材料和合成高分子防水材料方向发展,使防水材料由低档品种向着中、高档品种方面迈进了一大步。

(一)沥青

　　沥青是一种有机胶凝材料,它是由高分子碳氢化合物及其非金属(氧、氮、硫等)衍生物组成的混合物。沥青在常温下呈黑褐色的固体、半固体或液体状态,能溶于多种有机溶剂。沥青具有憎水性、不透水、不导电、耐酸、耐碱、耐腐蚀等优良性能,与钢、木、砖、石、混凝土等材料有良好的黏结性。在土建工程中,沥青主要作为防水、防潮、防腐材料和胶凝材料,广泛应用于铁路桥梁、涵洞、建筑屋面、地下室的防水工程以及防腐蚀工程和道路工程中,是土建工程不可缺少的材料。

　　沥青根据产源不同,分为地沥青和焦油沥青两大类。地沥青包括在地下直接开采的天然沥青和石油加工后所剩残渣的石油沥青;焦油沥青是先将煤、木、页岩、泥炭中的有机物干馏得到焦油,再经提炼加工后所剩的残渣,有煤沥青、木沥青、页岩沥青、泥炭沥青等。

　　土建工程中主要应用石油沥青和煤沥青两类。

1.石油沥青

(1)石油沥青的分类。

①按加工方法分。

　　直馏沥青——将原油在蒸馏塔内加热至350℃～400℃分离出各种油质,最后剩下的残渣称为直馏沥青。它含有较多的油分,因此塑性大,黏性小,温度稳定性差。

　　蒸馏沥青——将直馏沥青加热至300℃～350℃,吹入过热蒸汽蒸馏掉其中一部分油分,从而改善其黏性,便得到蒸馏沥青。

　　氧化沥青——将各种较软的沥青在250℃～300℃高温下吹入空气,通过氧化作用提高其黏性,便得到氧化沥青(或称吹制沥青)。

②按用途分。

　　道路石油沥青——主要是直馏沥青和蒸馏沥青,因主要用于铺筑道路而得名。其中较黏稠的可用于屋面防水、地下防水防潮、制作浸渍油纸和绝缘材料等。

建筑石油沥青——主要是氧化沥青,是建筑工程中采用的品种,用于屋面和地下防水及制作油毡、油纸和绝缘材料等。

普通石油沥青——因含蜡量较高,性能较差,在工程中一般不直接使用,但可与其他石油沥青掺配成混合沥青使用。

石油沥青的分类见表2-70。

表 2-70 石油沥青分类表

分类方式	主要品种	说明
按获得方法	直馏石油沥青	原油经蒸馏、提炼轻油、润滑油后的残留物,温度稳定性不良
	氧化石油沥青	将上述残留物在高温下吹入空气氧化,具有良好的温度稳定性
	溶剂石油沥青	用溶剂萃取工艺提炼残留物,含蜡量少,常温为液态
按用途	建筑石油沥青	稠度大,塑性小,耐热性好
	道路石油沥青	稠度小,塑性小,耐热性差
	防水防潮石油沥青	相比于建筑石油沥青,低温稳定性好
	普通石油沥青	含蜡量较高(5%～20%),塑性、耐热性均差,且稠度过小,不能直接使用
按稠度大小	粘稠石油沥青	在常温下呈固体或半固体状态的沥青
	液体石油沥青	在常温下呈液态状态的沥青,通常用溶剂将粘稠沥青稀释配成

(2)石油沥青的组成。

沥青的化学组成非常复杂,但对工程使用沥青而言,常将沥青中化学成分和物理特性相似的部分作为一个组分,从而将石油沥青分为三个主要组分。

①油分。它是无色或淡黄色的油状液体,能使沥青具有黏性和塑性。它的密度为 $0.6～1$ g/cm³,能溶于大多数有机溶剂,但不溶于酒精,170℃以上能挥发。油分含量多的沥青较软、易流动,而黏性和温度稳定性差。

②脂胶。它是黄色至褐色的黏稠半固体,能使沥青具有黏性和塑性。它的密度为 $1.0～1.1$ g/cm³,熔点低于100℃。脂胶含量高的沥青,其黏结性和可塑性较好。

③沥青质(又称地沥青质)。它是沥青中的固体微粒,能使沥青具有黏性和耐热性。它的密度为 $1.1～1.5$ g/cm³。沥青质含量高的沥青,其黏结性大,热稳定性好,但塑性降低,硬脆性增加。

此外,沥青中含有少量的沥青酸、沥青酸酐和石蜡等。沥青酸和沥青酸酐可增加沥青的黏性,是沥青中的好成分;而石蜡会降低沥青的黏结性、塑性和温度稳定性,是沥青中的有害成分。

沥青中各组分的组成比例,决定着沥青的技术性能:含油分多的沥青常温下呈半固态或流态,含油分少的沥青则呈固态;当温度升高时,易熔的脂胶会转变成油分,使沥青变软、易流动;反之,温度降低时,油分则会凝成脂胶,使沥青变固、变硬,甚至变脆。沥青防水工程的施工正是利用这一性能,将沥青加热熔化后进行铺设,冷却凝固后即成防水层。

(3)石油沥青的技术性质。

①黏滞性(或称黏性)。黏滞性是指沥青在外力作用下抵抗变形的能力,反映了沥青的稀稠软硬程度。含油分少的沥青呈固态,其黏滞性较大,受力不易变形;含油分多一些时呈软质的半固态,黏滞性较小,容易受力变形;含油分再多便呈流态,容易流淌,黏滞性就更小了。流态沥青的黏滞性用黏滞度表示,而固态、半固态沥青的黏滞度用针入度表示。

黏滞度是流态沥青在指定温度($t=25℃$ 或 $60℃$)下,经指定直径($d=3mm$、$5mm$ 或 $10mm$)的圆孔流出 $50mL$ 所需的时间(s),用 $C_{t,d}$ 表示。如 $C_{25,10}=30s$,表示该沥青在 $25℃$ 的温度下通过直径 $10mm$ 小圆孔流出 $50mL$ 需要 $30s$。在温度、孔径相同的条件下,黏滞度较大时,表示沥青较稠,黏滞性较大。

针入度是在 $25℃$ 条件下,质量为 $100g$ 的标准试针(连杆)在 $5s$ 内竖直插入固态或半固态沥青试件的深度,以 $0.1mm$ 为 1 度。如针入深度为 $6.3mm$,则沥青的针入度为 63 度。一般沥青的针入度在 $5\sim200$ 度之间。针入度越大,说明沥青越软,黏滞性越小。

②塑性。塑性指沥青在外力作用下能产生变形而不断裂的性能。塑性好的沥青,其变形能力强,在使用过程中,能随着结构的变形而变形且不开裂,并保持其防水防潮性能。

沥青的塑性用延度表示。用特制试模,将沥青制成"8"字形试件(中部最窄处的截面积为 $1cm^2$),在恒温 $25℃$ 的水中,以 $5cm/min$ 的速度缓慢拉伸至断裂时的伸长量(cm),即为沥青的延度。沥青的延度一般在 $1\sim100cm$ 之间。延度越大的沥青,其塑性越好。

③温度稳定性。沥青的黏滞性和塑性都随温度的变化而变化。沥青性能跟随温度变化而变化的程度称之为温度稳定性,它反映沥青的耐热程度。在相同的温度范围内,黏滞性和塑性变化程度较小的沥青,其温度稳定性较好。有的沥青在夏季高温时容易变软融化而流淌,到冬季低温时又变得硬脆而易裂,这就说明其温度稳定性不好。

温度稳定性用软化点表示,用"环球法"测定:将沥青试样装入小铜环中,上面加放一个质量为 $3.5g$ 的小钢球,在水中以 $5℃/min$ 的速度加热升温,随着沥青的软化,沥青和球下坠 $25.4mm$(与下方底板接触)时的温度即为沥青的软化点。因此,软化点是沥青的受热软化至开始变为流态时的温度。一般沥青的软化点在 $30℃\sim95℃$ 之间。软化点越高的沥青,其温度稳定性越好。

④大气稳定性。沥青在长期的大气、阳光、雨雪、温度的综合作用下,其性能的稳定程度称为大气稳定性,它反映沥青的耐老化性能(即耐久性能)。

沥青在上述诸因素的长期作用下,一部分油分被挥发,其余分子则会氧化、缩合和聚合,导致组分逐渐递变,发生油分向脂胶转化,脂胶向沥青质转化,低分子向高分子转化,结果使油分、脂胶逐渐减少,分子量大的沥青质逐渐增多,因而使沥青的塑性降低,脆性增加,各方面性能下降,最后失去其防水能力。这种现象称为"老化"。老化是沥青的大气稳定性不良的表现,是沥青的一个重大缺点,是其耐久性不好的重要原因。

沥青的大气稳定性用沥青受热后的蒸发减量和蒸发后针入度比表示:将测定了质量和针入度的沥青试样加热至 $160℃$ 并恒温 $5h$,测其蒸发后的质量和针入度,计算其质量减量和针入度比。规范规定,当蒸发减量不超过 1%,蒸发后针入度比不小于表 2-71 规定时,沥青的大气稳定性才算合格。

表 2-71 石油沥青的牌号和技术标准

质量指标 \ 沥青牌号	道路石油沥青 (SH 0522—92)							建筑石油沥青 (GB 494—85)		普通石油沥青 (SY 1665—77)		
	200	180	140	100甲	100乙	60甲	60乙	30	10	75	65	55
针入度(1/10 mm) (25℃,100g)	201~300	161~200	121~160	91~120	81~120	51~80	41~80	25~40	10~25	≥75	≥65	≥55
延度(cm) (25℃)		≥100	≥100	≥90	≥60	≥70	≥40	≥3	≥1.5	≥2	≥1.5	≥1
软化点(℃) (环球法)	30~45	35~45	38~48	42~52	42~52	45~55	45~55	≥70	≥95	≥60	≥80	≥100
溶解度(%) (三氯甲烷、四氯化碳或苯)	≥99.0	≥99.0	≥99.0	≥99.0	≥99.0	≥99.0	≥99.0	≥99.5	≥99.5	≥98	≥98	≥98
蒸发损失(%) (160℃,5h)	≤1	≤1	≤1	≤1	≤1	≤1	≤1	≤1	≤1			
蒸发后针入度比(%)	≥50	≥60	≥60	≥65	≥65	≥70	≥70	≥65	≥65	—	—	—
闪点(%) (开口)	≥180	≥200	≥230	≥230	≥230	≥230	≥230	≥230	≥230	≥230	≥230	≥230

⑤溶解度。沥青的溶解度是指沥青在指定溶剂中溶解的程度,用它来表达沥青所含不溶性杂质的含量。一般石油沥青的溶解度应在 98% 以上。

⑥闪点和燃点。沥青在使用时,通常需要加热熔化,但如加热温度过高,其挥发的油气遇到火焰会发生闪火甚至燃烧,从而危及施工安全。初次发生闪火(着火而不能维持)时沥青的温度称为闪点,能发生燃烧(保持 5s 以上)时沥青的温度称为燃点。沥青的闪点在 180℃~230℃之间,而燃点只比该沥青的闪点高 10℃ 左右。因此,为保证施工安全,必须控制好沥青熬制的温度。

⑦水分。沥青几乎不溶于水,但也不是绝对不含水,其所含的盐分中也会有微量的水,且沥青在运输贮存中也免不了会使其表面带水。在施工熔制时,所含水分蒸发成泡,容易发生溢锅现象,以致引起火灾,危及施工安全。所以在加热熔制时,锅内沥青不要装得过满,熔制过程中要控制好温度,加强搅拌,使气泡易于上浮破裂,以确保施工安全。

(4)石油沥青的技术标准和选用。

①石油沥青的牌号和标准。石油沥青按其针入度划分牌号。道路石油沥青分为 200、180、140、100 甲、100 乙、60 甲、60 乙共 7 个牌号,建筑石油沥青分为 30 号和 10 号,普通石油沥青分为 75 号、65 号和 55 号。

各牌号道路石油沥青和建筑石油沥青的技术标准见表 2-71。从表内可见，当沥青的牌号由高到低时，其针入度和延度变小，软化点升高。即牌号较低的沥青，其黏滞性较大，塑性较差，温度稳定性较好，抗老化的能力亦较低。

②石油沥青的选用。石油沥青的选用，应根据工程所处环境，满足塑性或温度稳定性的要求。在此前提下，宜选牌号较高者，以提高其使用年限。

用于路面、地坪、地下防水及可能产生相对位移的沟管接头、伸缩缝、沉降缝等，应选用黏性大、塑性好、能随着构件变形而保持其完整有效性能的沥青，如选用 60 号、100 号或 140 号及其掺合的沥青。

用于屋面防水的沥青，主要依据温度稳定性来选择，要达到夏季不流淌，冬季不脆裂的要求。一般夏季高温时屋面受阳光直射，其实际温度比当时的标准气温要高出 20℃～25℃。对于炎热地区屋面坡度较大的防水层，常选用 10 号、30 号及其混合的石油沥青；对气温不太高或屋面坡度不大的屋面防水层，则可选用 60 号沥青或 60 号与 30 号、60 号与 10 号的混合沥青，均以达到所要求的软化点为准。

当采用两种沥青进行掺配使用，即以较高软化点沥青与较低软化点沥青配成要求软化点沥青时，其掺配比例可按下式计算：

$$低软化点沥青掺量 = \frac{高软化点 - 要求软化点}{高软化点 - 低软化点} \times 100\%$$

$$高软化点沥青掺量 = 1 - 低软化点沥青掺量$$

2. 煤沥青

用烟煤炼焦或制取煤气时，把干馏挥发物冷凝得到煤焦油，煤焦油经分馏加工出各种油质后所剩残渣，称为煤沥青（又称柏油）。

按蒸馏程度不同，煤沥青分为低温煤沥青（软化点低于 75℃）、中温煤沥青（软化点为 75℃～95℃）和高温煤沥青（软化点为 95℃～120℃），工程上多采用低温煤沥青。

与石油沥青相比，煤沥青的塑性、温度稳定性、大气稳定性都较差，冬季易脆裂，夏季易软化，老化快，故不宜用于屋面防水和温度变化较大的环境。但煤沥青的黏性好，含有酚、蒽等有毒成分，所以常用作地下防水和木材防腐材料。

由于煤沥青含有有毒成分，在贮存和施工中，应遵守有关劳保规定，以防中毒。

3. 石油沥青与煤沥青的区别

石油沥青与煤沥青由于各自成分不同，因而具有不同的性质，可以满足使用上的不同要求，不应错用，且一般情况下也不得随意混用。但两者外观相似，容易混淆，因此要掌握两者的区别和简易鉴别方法。

石油沥青与煤沥青的性能比较见表 2-72，两者可用下列两种简易方法予以鉴别。

表 2-72　石油沥青与煤沥青的性能比较

性　质	石油沥青	煤沥青
密度	近于 1.0	1.25～1.28
燃烧	烟少，无色，有松香味，无毒	烟多，黄色，臭味大，有毒
锤击	韧性较好	韧性差，较脆

性　　质	石油沥青	煤沥青
颜色	呈辉亮褐色	浓黑色
溶解	易溶于煤油或汽油中,呈棕黑色	难溶于煤油或者汽油中,呈黄绿色
温度稳定性	较好	较差
大气稳定性	较高	较低
防水性	较好	较差(含酚,能溶于水)
抗腐蚀性	较强	强

(1)烫烧法。用烧红的铁棒去烫时,石油沥青冒白烟,有松香味;而煤沥青冒黄烟,有刺激性臭味。

(2)汽油法。取一小块沥青,在 30～50 倍汽油或煤油中溶解后,蘸几滴溶液滴在纸上,观察纸上斑痕,若纸上斑痕均匀散开,呈棕色者为石油沥青;纸上斑痕不均匀,内圈黑色、周围棕色或黄绿色者为煤沥青。

4.改性沥青

沥青是一种良好的防水材料,但其性能并不能完全满足使用要求,特别是耐久性差等问题,需要对沥青进行改性处理,以适应工程要求。

改性沥青可分为矿物填充改性沥青和高聚改性沥青(如橡胶改性沥青、树脂改性沥青、橡胶树脂改性沥青等)。

(1)矿物填充改性沥青。在沥青中掺入一定数量的矿物填充料,可以提高沥青的温度稳定性,增加它的黏结力和柔韧性。常用的矿物填充料有滑石粉、石灰石粉、云母粉、石棉粉等。

(2)橡胶改性沥青。用橡胶作改性材料加于石油沥青中,可以得到橡胶改性沥青。橡胶是石油沥青比较理想的改性材料,通过掺入橡胶,使改性沥青具有一些橡胶的性能,黏结性、弹性和柔韧性增加,温度稳定性提高,抗老化能力增强。用作沥青改性的橡胶主要有再生橡胶、氯丁橡胶、丁苯橡胶等。在石油沥青中按一定的方法掺入这些橡胶,便可得到各种不同的橡胶改性沥青。

(3)树脂改性沥青。将合成树脂掺于沥青中,可以改善沥青的黏结性、低温柔韧性、耐热性和不透气性。因树脂与沥青的相溶性较好,故多用作煤沥青的改性材料。常用的树脂有聚氯乙烯、聚乙烯、聚丙烯、聚苯乙烯等。

(4)树脂橡胶改性沥青。这是在沥青中掺入橡胶和树脂,三者混溶而成的改性沥青,它兼有橡胶和树脂的特性。

(二)防水卷材

防水卷材是将沥青、改性沥青或高聚物制成具有一定宽度和长度,并以卷筒供应市场的长片材料。根据其组成和生产工艺不同,分为有胎卷材(纸胎、玻璃布胎、麻布胎等)和辊压卷材(无胎,可以掺入玻璃纤维)两类。防水卷材用于铺设防水层,需要用与其性能相适应的胶粘剂进行粘贴。

1.沥青防水卷材

沥青防水卷材的使用性能一般,存在低温柔韧性差、延伸率低、拉伸强度低、耐久性差等缺陷,但由于成本低,目前仍广泛用于一般建筑的屋面或地下防水防潮工程。

(1)油纸和纸胎油毡。

油纸是用特制原纸经低软化点的沥青液浸渍而成的防水卷材。纸胎油毡(简称为油毡)是将经浸渍的油纸用高软化点的热熔沥青涂盖两面,并在其两面撒布防止自粘的粉料或片料制作而成。撒布滑石粉的称为粉毡,撒布云母片的称为片毡。

根据《石油沥青纸胎油毡、油纸》(GB 326—89)和《煤沥青纸胎油毡》(JC 505—92)的规定,油纸和油毡按其原纸每 1m² 质量的克数划分标号,其成品宽度有 915mm 和 1000mm 两种规格,每卷油毡铺开后的面积为 20m²±0.3m²。

①石油沥青油纸:分 200、350 两个标号。因其沥青层薄,一般只用于建筑防潮、防蒸气和包装,可用于多层防水层中的下层。

②石油沥青油毡:分 200、350 和 500 三个标号。200 号油毡适用于简易防水、临时性建筑防水、建筑防潮和包装;350 号和 500 号粉毡适用于屋面、地下、水利工程等处多层防水中的各层。片毡只用于单层防水。

油毡的技术性能指标包括沥青浸涂量、不透水性、吸水率、耐热度、抗拉力、柔度等方面,按其质量指标分为合格品、一等品和优等品三个等级。

③煤沥青油毡:分 200、270 和 350 三个标号。200 号煤沥青油毡用于简易防水、建筑防潮和包装;270 号和 350 号煤沥青油毡多用于地下防水、建筑防潮和包装,若与煤焦油聚氯乙烯涂料等材料配套使用,可用于屋面多层防水。煤沥青油毡按其质量指标分为合格品和一等品两个等级。

(2)玻璃布沥青油毡(简称玻璃布油毡)。

玻璃布沥青油毡是在玻璃纤维织布的两面涂盖沥青层,再撒布防止自粘粉料制作而成的沥青防水卷材。其抗拉强度、柔韧性和耐久性优于纸胎油毡,适用于耐水、耐蚀、耐久性要求较高的防水工程和金属管道防腐保护层。

2.高聚物改性沥青卷材

高聚物改性沥青防水卷材是用掺入橡胶或树脂等高聚物的改性沥青、用高质量的胎体或用玻璃纤维加强制得的防水卷材。这是近年来防水卷材的新发展,它克服了传统纸胎油毡的缺陷,具有高温不流淌、低温不脆裂、抗拉强度高、延伸率较大、能适应基层开裂及伸缩变形要求等优良性能,适用于中档次的防水工程。

(1)再生橡胶沥青改性油毡。

再生橡胶沥青改性油毡是由废橡胶粉掺入石油沥青、碳酸钙和玻璃纤维,经混炼、辊压而成的无胎防水卷材。它具有弹性好、延伸性大、低温柔韧性好、抗拉强度较高、耐腐能力好等优良性能,适用于屋面防水、变形缝处的防水、地下结构的防水和浴室、洗衣房、冷库的蒸汽隔离层等。

(2)SBS 改性沥青油毡。

SBS 改性沥青油毡是以聚酯纤维无纺布为胎体、以丁苯橡胶(SBS)改性石油沥青为浸涂材料、以塑料薄膜为防黏隔离或表面带有砂粒的柔性油毡。

SBS 改性沥青油毡按其厚度分为Ⅰ型、Ⅱ型和Ⅲ型三种类型,各类型油毡的宽度均为 1000mm。Ⅰ型油毡厚为 1.0mm,长为 20m,表面为薄膜;Ⅱ、Ⅲ型油毡厚度分别为 2.0mm 和 3.0mm,长为 10m,表面带砂粒。

SBS 油毡在常温下具有橡胶的弹性，高温下又具有塑料的可塑性，它具有良好的高低温适应性和耐老化性能，是一种技术经济效果较好的新型防水材料。

（3）APP 改性沥青油毡。

APP 改性沥青油毡是以无规聚丙烯（APP）改性沥青涂覆于玻璃纤维或聚酯纤维的无纺布上，撒布滑石粉或用聚乙烯膜覆面的防水卷材。其特点是高温不易溶化、低温柔韧性好、抗拉力大、延伸率大、耐候性强，可只做单层防水，施工方便，适用于各类屋面防水、地下防水以及水池、隧道、水利等工程使用，使用寿命在 15 年以上。

（4）PVC 改性焦油沥青耐低温油毡。

这种油毡是以煤焦油为基料，掺以聚氯乙烯（PVC）改性材料而制成的纸胎油毡。其特点是耐热性和耐低温性能较好，其技术指标和应用与 350 号石油沥青纸胎油毡相当。

3. 合成高分子防水卷材

合成高分子防水卷材是以合成橡胶、合成树脂或它们两者的共混体为基料，掺入适量的化学助剂和填充料制成的防水材料。

（1）三元乙丙橡胶防水卷材。

这是以三元乙丙橡胶为主体，掺入其他掺料，经熔炼压延制得的新型防水卷材。这种卷材防水能力强、弹性好、抗拉强度高、耐腐蚀、耐久性好，可用冷操作。

这种卷材用于具有高要求的屋面防水，作单层外露防水效果很好，亦可用于建筑物内地下室、厨房、厕所的防水工程。

（2）自粘型彩色三元乙丙复合防水卷材。

以彩色三元乙丙橡胶为面料，以再生橡胶为底层，可以制成自粘型彩色三元乙丙复合防水卷材。它既利用了三元乙丙橡胶的优点，又能降低成本。使用自粘性卷材时，剥开背面的隔离纸便可粘贴，是一项方便施工的重大改进。

（3）聚氯乙烯（PVC）防水卷材。

聚氯乙烯防水卷材分 S 型和 P 型两种。S 型是以煤焦油与聚氯乙烯树脂混熔料为基料制成的柔性防水卷材；P 型是以增塑聚氯乙烯为基料制成的塑性防水卷材。

（4）氯化聚乙烯防水卷材。

这种卷材是以氯化聚乙烯树脂为主要原料制成的新型高档次的无胎防水卷材，具有较高的耐热性、耐候性和耐磨性，可用冷操作，适合于屋面、室内防水工程使用。

（5）氯化聚乙烯—橡胶共混防水卷材。

这种防水卷材是以氯化聚乙烯树脂、合成橡胶为主要原料，经混炼、压延加工而成的具有较高弹性的防水卷材。

4. 箔面油毡和铝箔塑胶油毡

铝箔面油毡是采用玻璃纤维毡为胎，浸涂氧化沥青在其上表面用压纹铝箔贴面，底面撒以细颗粒矿物材料或覆盖聚乙烯薄膜所制成的一种具有热反射和装饰功能的防水卷材。由于铝箔的反光和热反射作用，其抗老化性能大为加强。

铝箔塑胶油毡是以聚酯纤维无纺布为胎、以合成橡胶或树脂改性沥青为涂层、以塑料薄膜为底面隔层、以银白色软质铝箔为反光保护面层制成的新型防水卷材。它不但具有改性沥青油毡的良好性能，又因其表层为反光度较高的铝箔保护层，故抵抗日晒老化的性能很强，耐久性很好，是一种高级的屋面防水卷材。

　　5.卷材的储运保管

　　各种防水卷材在运输和保管中，不同品种、规格、标号、等级的产品应分别堆入，不得混杂。

　　卷材应竖放保管，其高度不超过两层，不得斜放或横压（合成高分子卷材允许平放，高度不得超过1m）；应避免雨淋日晒，堆放处保持通风，温度不超过45℃；不得与有损卷材质量或影响卷材使用性能的物质接触；应远离热源、火源，注意防火；存放期不得超过一年。

任务八　建筑功能材料

一、任务描述

　　了解绝热材料、吸声材料的主要类型、性能特点及应用。

二、学习目标

　　通过本任务的学习，你应当：
　　具有初步选择绝热材料、吸声材料的能力。

三、任务实施

（一）任务导入，学习准备

　　引导问题1：吸声材料和隔声材料的区别是什么？

_____

_____

_____

　　引导问题2：影响材料导热系数的因素有什么？

_____

_____

_____

　　引导问题3：建筑工程对保温、绝热材料的基本要求是什么？

_____

_____

_____

　　引导问题4：常见吸声材料的结构形式有哪些？

_____

_____

_____
_____

(二)任务实施

任务:看看以下现象,并思考问题。

1.许多新建房屋在墙体外侧覆盖一层白色的材料,这些材料起什么作用?

_____
_____
_____

2.为什么影剧院或音乐厅的墙体表面覆盖了一层多孔材料?它起什么作用?

_____
_____
_____

3.高级宾馆的地面铺了地毯,为什么会使走路声音变小?

_____
_____
_____

四、任务评价

1.完成以上任务评价的填写

班级:　　　　　　　姓名:

考核项目		分数				教师评价得分
		差	中	良	优	
自学能力		8	10	11	13	
言谈举止	工作过程安排是否合理规范	8	10	15	20	
	陈述是否清晰完整	8	10	11	12	
	是否正确领会运用已学知识来解决实际问题	7	10	15	18	
是否积极参与活动		7	10	11	13	
是否具备团队合作精神		7	10	11	12	
成果展示		7	10	11	12	
总计		52	70	85	100	
教师签字:　　　　　　　年　月　日						最终得分:

2.自我评价

(1)完成此次任务过程中存在哪些问题?

_____

_____

_____

(2)请提出相应的解决问题的方法。

_____

_____

_____

五、知识讲解

使用建筑保温、隔热材料一方面可改善居住舒适程度,另一方面可以节能,具有重要意义。常用导热系数λ描述材料的保温、隔热性能,导热系数越小,保温、隔热性能越好,绝大多数土木工程材料的导热系数介于 0.023~3.44W/(m·K)之间,通常把λ值不大于 0.23W/(m·K)的材料称为保温隔热材料。

(一)常见保温隔热材料

1.无机保温隔热材料

无机保温隔热材料主要有散粒状保温隔热材料、纤维质保温隔热材料、多孔保温隔热材料等。

(1)散粒状保温隔热材料。

①膨胀蛭石(见图 2-22);

②膨胀珍珠岩(见图 2-23)。

图 2-22 膨胀蛭石

图 2-23 膨胀珍珠岩

(2)纤维质保温隔热材料。

①石棉及其制品(见图 2-24);

②岩棉(见图 2-25);

图 2-24 石棉瓦

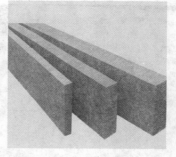

图 2-25 岩棉

③矿渣棉(见图 2-26);

④玻璃纤维(见图 2-27)。

图 2-26 矿渣棉

图 2-27 玻璃纤维

(3)多孔保温隔热材料。

①加气混凝土;

②泡沫混凝土(见图 2-28);

③泡沫玻璃(见图 2-29)。

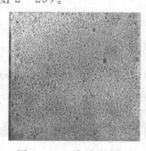

图 2-28 泡沫混凝土

图 2-29 泡沫玻璃

2.有机保温隔热材料

有机保温隔热材料主要有泡料塑料、碳化软木板和纤维板等(见图 2-30)。其中泡沫塑料主要有聚苯乙烯泡沫塑料和聚氨酯泡沫塑料。

3.建筑保温隔热材料选用原则

(1)屋面保温隔热材料。

(a)泡沫塑料

(b)碳化软木板

(c)纤维板

图 2-30　有机保温隔热材料

①膨胀珍珠岩粉刷灰浆；

②膨胀蛭石灰浆；

③现浇水泥珍珠岩保温隔热层；

④现浇水泥蛭石保温隔热层。

(2)墙体保温隔热材料。

①如外墙是空心墙或混凝土空心制品,则可将保温隔热材料填在墙体的空腔内,此时宜采用散粒材料,如粒状矿渣棉、膨胀珍珠岩、膨胀蛭石等。

②可以对外墙不做一般的抹灰,而以膨胀珍珠岩水泥保温砂浆抹面。

③在外墙内侧也不做一般抹灰,用石膏板取代并与砌体形成 $40\mu m$ 厚的空气层。

④外墙板采用复合新型墙板或复合墙体构造形式。

(二)绝热材料

1.绝热材料概述

在建筑上,将主要作为保温、绝热材料使用的材料通称为绝热材料。绝热材料通常导热系数不大于 $0.23W/(m \cdot K)$,热阻不应小于 $4.35(m^2 \cdot K)/W$。此外,绝热材料应满足表观密度不大于 $600kg/m^3$,抗压强度大于 $0.3MPa$,具有构造简单,施工容易,造价低等特点。

使用绝热材料,可取得以下几个方面的效果:

①提高建筑物的使用效能,更好地满足使用要求。

②减小外墙厚度,减轻屋面体系的自重及整个建筑物的重量。同时,也节约了材料,减少了运输和安装施工的费用,使建筑造价降低。

③在采暖及装有空调的建筑及冷库等特殊建筑中,采用适当的绝热材料可减少能量损失,节约能源。

2. 影响材料导热系数的因素

(1)显微结构的影响。

一般来说,呈晶体结构的材料导热系数最大,微晶结构次之,而玻璃体结构最小。同一种材料结构不同时,其导热系数亦将不同。但多孔绝热材料显微结构对其导热系数的影响并不显著,因为起主要影响作用的是其孔隙率的大小。

(2)结构特征的影响。

结构特征的影响是指材料内部的孔隙率、孔隙构造、孔隙分布等对导热系数的影响。

(3)表观密度。

固体物质的导热系数比空气大。一般表观密度小的材料,其导热系数低。但表观密度小的材料(尤其是纤维状的材料),常常存在着一个与最小导热系数相对应的最佳表观密度值。

(4)湿度的影响。

水、冰的导热系数比空气大很多。

(5)温度的影响。

当温度升高时,材料中分子的平均运动水平有所提高,同时材料孔隙中空气的导热和孔壁间的辐射作用也有所增加。因此,材料的导热系数将随温度的升高而增大。但当温度在 $0 \sim 50℃$ 范围内,这种影响不大。

(6)热流方向的影响。

对于各向异性的材料,尤其是纤维质的材料,当热流的方向平行于纤维延伸方向时,所受到的阻力最小;而当热流方向垂直于纤维延伸方向时,热流受到的阻力最大。

在上述因素中,表观密度和湿度的影响最大。

3. 常用绝热材料

(1)无机绝热材料。

常用的无机绝热材料有:石棉及其制品、矿物棉及其制品、膨胀蛭石及其制品、膨胀珍珠岩及其制品、泡沫玻璃等。

(2)有机绝热材料。

常用的有机绝热材料有:蜂窝板、轻质钙塑板、软木及其制品、纤维板、泡沫塑料(聚苯乙烯泡沫塑料、聚氨酯泡沫塑料、聚氯乙烯泡沫塑料)、硬质泡沫橡胶、窗用隔热薄膜等。

(三)吸声材料

1. 吸声材料概述

(1)概念。

吸声材料是一种能够较大程度地吸收由空气传递的声波能量的建筑材料。由于这类材料具有控制混响时间、抑制噪声和减弱声波反射的作用,因此用于室内墙面、地面、顶棚等部位能够改善声波在室内的传播质量,保持良好的音响效果。

多孔吸声材料内部有大量微孔和气泡,在材料的表面具有大量的开口孔隙,而且这些微孔是内外连通的。因此,的当声波入射到材料表面时,便会很快地顺着微孔进入材料内部,引起孔隙内的空气振动,由于摩擦、空气黏滞阻力和材料内部的热传导作用,使相当一部分声能被转化为热能而被吸收。

柔性吸声材料具有密闭气孔和一定的弹性。这类材料虽然也是多孔材料,但孔隙多为闭孔,由声波引起的空气振动不易直接传递至材料内部,因此其作用机理稍有不同。该类材料的作用机理是:孔壁在空气振动的作用下相应地发生振动,这一振动过程中由于克服材料内部的摩擦而消耗声能,引起声波的衰减。这类柔性材料的吸声特性是在一定的频率范围内会出现一个或多个吸声频率。

(2)材料吸声性能的评价。

材料的吸声性能主要用吸声系数来表示,即

$$\alpha = \frac{E}{E_0}$$

式中:α 为吸声系数;E 为被材料吸收的声能;E_0 为全部入射声能。吸声系数越大,该材料的吸声效果越好。

同种材料对不同频率的声波和不同入射方向的声波,其吸声系数也是不一样的,即材料的吸声系数与声波的频率和入射方向有关。通常以在 125、250、500、1000、2000、4000 赫兹这六个特定频率下,声波以各个方向入射时的吸收平均值来表示材料的吸声特性。凡在上述六个频率下的平均吸声系数大于 0.2 的材料,称为吸声材料。

吸声材料主要应用于建筑物的墙面、地面、天棚等部位。

(3)影响材料吸声性能的因素。

①材料表观密度。材料表观密度增大,微孔减少,将使低频吸声效果改善,但高频吸声效果将有所下降。当表观密度增大超过一定限度后,由于空气流阻增大,会引起平均吸声系数降低。

②孔隙结构的影响。相互连通的、细小的、开放性的孔隙越多,则材料的吸声效果越好。而粗大的孔和较多的封闭微孔,对吸声都是不利的。

③材料厚度的影响。增加材料厚度可以提高其低频吸声系数,但对高频吸声性能的影响不大。

④背后空气层的影响。可通过调整空气层厚度的方法,达到既提高吸声性能又节省吸声材料的目的。

⑤表面特征的影响。吸声材料表面的孔洞和开口孔隙对吸声是有利的。

(4)吸声材料的选择及使用。

除应对材料的吸声性能有所了解外,还需对材料强度、吸湿性、加工特性等有所了解。

吸声系数是表征材料吸声能力大小的量值,因此应尽可能选用吸声系数较大的材料。但由于绝大多数吸声材料在高频时总有较大的吸声系数,所以应根据中低频率范围内所需要的吸声系数来选择材料。

应将吸声材料安装在最容易接触声波和反射次数最多的部位的表面。但亦须注意使其在室内各表面比较均匀地分布。

选择气孔是开放的且气孔互相连通的材料;开放连通的气孔,吸声性能好。

吸声材料的强度较低,因此一般应将其设置在墙裙以上以防破坏。

多孔吸声材料往往具有一定的吸湿膨胀性,安装时应考虑胀缩的影响而预留一定的缝隙。

所选用的吸声材料应能防火、阻燃,不易腐蚀、虫蛀和霉变。

应注意区分绝热材料和吸声材料。注意孔隙。

应注意吸声材料的安装使用方法,以便最大限度地发挥其吸声作用。

2.常用吸声材料

建筑工程中常用吸声材料有:石膏砂浆(掺有水泥、玻璃纤维)、石膏砂浆(掺有水泥、石棉纤维)、水泥膨胀珍珠岩板、矿渣棉、沥青矿渣棉毡、玻璃棉、超细玻璃棉、泡沫玻璃、泡沫塑料、软木板、木丝板、穿孔纤维板、工业毛毡、地毯、帷幕等(见图 2-31)。

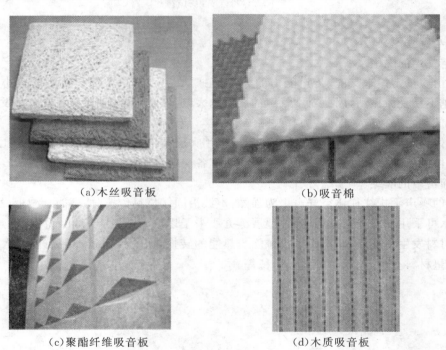

(a)木丝吸音板　　　　　　　　　　　(b)吸音棉

(c)聚酯纤维吸音板　　　　　　　　　(d)木质吸音板

图 2-31　吸声材料

除了采用多孔吸声材料吸声外,还可将材料组成不同的吸声结构,达到更好的吸声效果。常用的吸声结构形式有薄板吸声结构和穿孔板吸声结构。

(四)隔声材料及隔声处理

1.隔声材料的概念

隔声材料,是指把空气中传播的噪声隔绝、隔断、分离的一种材料、构件或结构。

以轻质、疏松、多孔的材料填充空气间层,或以这些多孔材料将密实材料加以分隔,均能有效地提高建筑物(或构件)的隔声能力。但绝热材料、吸声材料等多孔性材料并不能简单地作为隔声材料使用。

隔声结构用于隔绝在空气中传播的声波,阻止声波的入射,尽量减弱从结构背面发射出来的声波(透射波)的强度。常见隔声材料见图2-32。

(a)隔音板   (b)隔音毡   (c)吸音隔音棉

图2-32 隔声材料

2.隔声处理的原则

(1)空气声的隔绝。

主要由质量定律来支配,传声能力的大小,主要取决于其单位面积质量的大小。质量越大,材料越不易受激振动,因此对空气声的反射越大,透射越小,同时还有利于防止发生共振现象和出现低频吻合效应。因此,为有效隔绝空气声,应尽量选用密实、沉重的材料。当必须使用轻质墙体材料时,则应辅以填充吸声材料或采用夹层结构,这样处理后的隔声量比相同质量的单层墙体的隔声量可以提高很多。但应注意使各层材料质量不等,以避免谐振。

(2)撞击声的隔绝。

撞击的噪声干扰往往比空气声更为强烈,声波沿固体材料传播时,声能衰减极少。对撞击声的隔绝,可采用加设弹性面层、弹性垫层等方法来予以改善,这主要是因为当撞击作用发生时,这些材料发生了变形,即产生了机械能与热能的转换,而使传递过去的声能大大降低。常用的弹性垫材料有橡胶、软木、毛毡、地毯等。

项目三

装饰工程材料

任务一 装饰石材

一、任务描述

1. 了解花岗石和大理石的外观、性能及应用;
2. 了解人造石材的类型及应用。

二、学习目标

通过本任务的学习,你应当:

具有初步选择花岗石、大理石和人造石材的能力。

三、任务实施

(一)任务导入,学习准备

引导问题 1:花岗石和大理石外观、性能及应用范围上有何区别?

_____

_____

_____

引导问题 2:人造石材有哪几类?

_____

_____

_____

引导问题 3:石材的质量鉴别方法有哪些?

_____

_____

_____

(二)任务实施

任务:看看以下现象,并思考问题。

有对青年买了单位的一套房子,准备装修一下结婚用。他们想把房子装修得时尚而简约一些,由于才工作不久,手里没有太多的积蓄,所以决定花最少的钱装出最好的效果。因此整个装修过程中,都是他们自己买材料讲价钱,而到了后期厨房的装修时,他们有些犹豫了,台面材料的选择上不知道该选哪种,因为市场上的材料种类实在是太多了,他们有点眼花缭乱,不确定是要天然的还是人造的石材台面,还是其他材料的台面。请回答以下问题:

(1)橱柜决定厨房的装修风格,台面则直接影响人们的饮食健康。作为厨房的主体,人们的一切饮食活动都由此展开,因此橱柜台面的选择显得尤为重要。目前市场上比较流行的材质主要有人造石、防火板、不锈钢、天然石等,你最青睐哪种材质?你对它们的了解有多少呢?

_____

_____

_____

(2)根据空间大小怎样选择橱柜款式?

_____

_____

_____

(3)橱柜的风格有哪些分类?

_____

_____

_____

(4)橱柜计价方式如何进行比较?

_____

_____

_____

四、任务评价

1.完成以上任务评价的填写

考核项目		分数				教师评价得分
		差	中	良	优	
自学能力		8	10	11	13	
言谈举止	工作过程安排是否合理规范	8	10	15	20	
	陈述是否清晰完整	8	10	11	12	
	是否正确领会运用已学知识来解决实际问题	7	10	15	18	
是否积极参与活动		7	10	11	13	
是否具备团队合作精神		7	10	11	12	
成果展示		7	10	11	12	
总计		52	70	85	100	
教师签字：			年 月 日			最终得分

2.自我评价

(1)完成此次任务过程中存在哪些问题？

_____

_____

_____

(2)请提出相应的解决问题的方法。

_____

_____

_____

_____

五、知识讲解

石材是装饰工程中常用的高级装饰材料之一,分天然石材和人造石材。天然石材主要有花岗石、大理石两大类。大理石主要用于室内装修;花岗石主要用于外装修,也可用于室内。饰面石材的质量指标很多,如抗压强度、吸水率、抗冻性、耐久性、耐磨性、硬度等;装饰方面的质量指标主要有颜色、花纹、外观尺寸、表面光泽度等。通常以装饰方面的质量作为选材的主要依据。

（一）天然岩石板材

1.天然大理石板

天然大理石的组织细密坚实，经切割、研磨、抛光制成大理石板，色彩花纹艳丽，品种繁多，常用作建筑的高级饰面材料，如墙面、柱面、楼地面、窗台板、桌面、服务台面饰等，并可雕刻成各种装饰工艺品。但由于其不耐风化，易被酸雨侵蚀，会较快地失去光泽甚至出现斑点、脱粉等现象，故除汉白玉、艾叶青等外，较少用于室外。

大理石常以其磨光加工后能显示的花色、特征及原料产地来命名，如雪浪、秋景、虎皮、木纹、汉白玉、艾叶青、雪花玉、芙蓉红、丹东绿、余杭白等。北京房山产的汉白玉、云南大理产的大理石以及辽宁产的丹东绿等均为名贵的大理石品种（见图 3-1）。

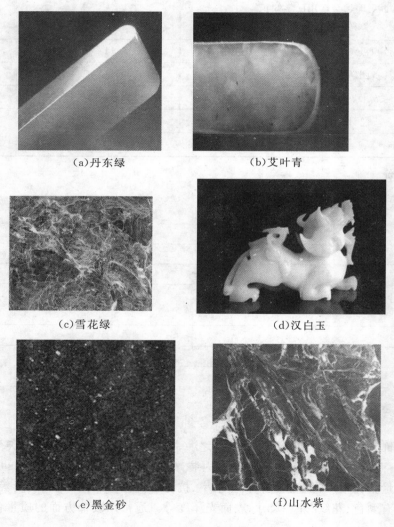

（a）丹东绿　　　　　　　　（b）艾叶青

（c）雪花绿　　　　　　　　（d）汉白玉

（e）黑金砂　　　　　　　　（f）山水紫

图 3-1　常见天然大理石

大理石板的标准规格有边长 300mm、305mm、400mm、600mm、610mm 的正方形和（300~

1220)mm×(150～915)mm 的长方形，厚度一般为 20mm。各地大理石厂都可以根据用户要求加工非标准形状规格的板材。

大理石板材可根据板材的尺寸允许偏差、平面度允许极限公差、角度允许极限公差、外观质量和镜面光泽度等多项指标分为优等品（A）、一等品（B）和合格品（C）三个等级。

板材的抛光面应具有镜面光泽，能清晰地反映出景物，其光泽度则随其成分不同而有不同的指标，详见《天然大理石建筑板材》（GB/T 19766—2005）。

2.天然花岗石板

天然花岗石的外观特征常呈现出一种整体均匀的粒状结构，这种结构使花岗石具有独特的装饰效果，如芝麻黑见图 3－2。

图 3－2 芝麻黑

花岗石构造细密，硬度大，耐磨、耐压、耐化学侵蚀。花岗石板材是建筑装饰工程中高档的装饰材料之一。

根据加工方法的不同，花岗石板材分为粗面板材、细面板材、镜面板材三种。

（1）粗面板材。粗面板材是经锤击、剁斧、机刨加工，表面平整、粗糙，具有规则的斧纹或刨纹的板材，有剁斧板、机刨板、锤击板、烧毛板之分，常用于室外的墙面、勒脚、地面、台阶、基座等。

（2）细面板材。细面板材是经过粗磨，表面平整光滑，但无光泽的板材，常用于墙面、柱面、台阶、基座、纪念碑、铭牌等。

（3）镜面板材。镜面板材是经过细磨抛光，表面平整光亮，色泽鲜明，有镜面光泽的板材，多用于室内地面、墙面、柱面、台面等。

花岗石板以其磨光加工后显示的花色、特征及原料产地来命名的，如黑白花、左山红、厦门白、泰山青、肉红黑花、青底绿花等。其规格有边长为 300mm、305mm、400mm、600mm、610mm 的正方形和（600～915）mm×（300～610）mm 的长方形，共 11 种规格，厚度一般为 20mm。

花岗石板可根据板材的尺寸允许偏差、平面度允许极限公差、角度允许极限公差、外观质量等多项指标划分为优等品（A）、一等品（B）和合格品（C）三个等级。

镜面板材的抛光面应具有镜面光泽，能清晰地反映出景物，其光泽度值应不低于 75 光泽单位。

(二)水泥石渣类装饰材料

1.彩色水泥砂浆

彩色水泥砂浆是在白色水泥砂浆中直接加入颜料配制而成，或以彩色水泥与各种砂配制而成(见图 3-3)。

图 3-3　彩色水泥砂浆

彩色水泥砂浆的集料多用白色、浅色或彩色的天然砂、石屑(大理石、花岗岩等)、陶瓷碎粒或特制的塑料色粒，或加入少量的云母片、玻璃碎渣、长石等以获得闪光效果。彩色水泥砂浆主要用于外墙面的装饰，其表面可进行各种艺术处理，如拉毛、拉条、喷涂、滚涂或制成剁斧石、假面砖、人造大理石等。

2.水磨石及其制品

水磨石是用普通水泥、白水泥或彩色水泥拌和各种彩色的石渣，铺实硬化后用机械将其表面磨平抛光而成，有现浇和预制两种(见图 3-4)。

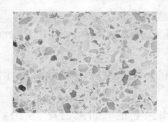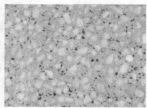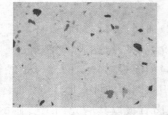

图 3-4　水磨石及其制品

水磨石可按不同颜色的面浆用铜条、铝条或玻璃条分格，以形成美丽的图案，预制水磨石板亦可根据需要进行图案拼接。水磨石的特点是强度高、坚固耐用、美观大方，具有较好的防水耐磨性能，不易起尘，洗刷方便，多用于室内地面。用它还可以制成各种形状的饰面板及其他制品，如墙面板、隔断板、窗台板、踢脚板、踏步板、桌面、茶几、台面板、灶台板、水池贴面板等。

3.水刷石

水刷石的材料为普通水泥或白水泥(可加彩色颜料)与颗粒细小(粒径约 5mm)的碎石拌和，压抹于墙面装饰的面层，等初凝未硬化、碎石不致脱落时，用刷洗的方法刷去表面的水泥浆而露出石渣(见图 3-5)。水刷石用于外墙饰面，尤其是彩色水刷石具有良好的装饰效果。

但水刷石饰面易积灰尘，经雨水冲刷而形成污斑或脏痕。

图 3-5 水刷石

4.干粘石

在水泥浆面层上黏结粒径约 5mm 的彩色石渣或彩色玻璃碎粒，做出的装饰面就是干粘石，它可得到如水刷石一样的装饰效果（见图 3-6）。若在水泥砂浆中加入适量的 107 胶，可以提高砂浆的黏结力和耐久性。干粘石用于外墙饰面，可避免湿作业，改善劳动条件，不浪费水泥，但容易掉粒，其积灰、污斑、脏痕较为严重。

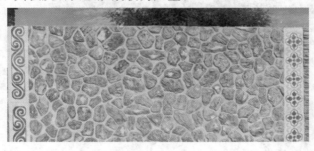

图 3-6 干粘石

5.斩假石

斩假石又称剁斧石，采用 13 水泥砂浆打底，面层为 12 水泥白石子浆，厚度不小于 15 mm，待其结硬干燥后，用齿锥或斧刃将表面剁毛并露出石渣，使表面具有天然石材的装饰效果，主要用于外墙饰面（见图 3-7）。

图 3-7 斩假石

6.装饰混凝土

装饰混凝土是人造石材的一种，是采取特殊衬模灌注彩色混凝土，使其表面具有装饰性的线型、纹理、质感及色彩效果（见图3-8）。这种混凝土既可用白色水泥也可用彩色水泥，同时还可在表面喷涂色彩丰富的涂料面层。这种混凝土的施工，可将构件制作和装饰处理同时进行，从而简化施工工序。

图3-8 装饰混凝土

7.人造大理石和人造花岗岩

人造大理石、人造花岗岩是以石粉和粒径为3mm左右的石渣为主要集料，以水泥、树脂为胶结剂，经搅拌、注入钢模、真空振捣、一次成型，再锯开磨光，切割而成（见图3-9）。其花纹图案可以人为控制，花色可模仿大理石、花岗石，还可自行设计。人造大理石和人造花岗岩的抗污性、耐久性及可加工性均优于天然石材。

图3-9 人造花岗岩

人造大理石和人造花岗岩按胶结材料不同分为水泥型、树脂型、水泥树脂复合型和烧结型四种。其表观密度为$2100\sim2500kg/cm^3$,抗折强度为38MPa,抗压强度为$100\sim150MPa$。室外暴露 300d,表面无裂纹,色泽略微变黄。

(1)树脂型人造石材。

①定义。

树脂型人造石材(或称聚酯型人造石材)是以不饱和聚酯树脂为黏结剂,配以天然的大理石碎石、石英砂、方解石、石粉等无机矿物填料,以及适量的阻燃剂、稳定剂、颜料等附加剂,经配料、混合、浇注、震动、压缩、固化成型、脱模烘干、表面抛光等工序加工而成的一种人造石材。

②树脂型人造石材的品种。

树脂型人造石材按其表面图案的不同可分为人造大理石、人造花岗石、人造玛瑙石和人造玉石等几种。

A.人造大理石:有类似大理石的云朵状花纹和质感,填料最大可在 0.5~1.0mm 之间,可用石英砂、硅石粉和碳酸钙。

B.人造花岗石:有类似花岗石的星点花纹质感,如粉红底星点、白底黑点等品种,填充料配比是按其花色而特定的。

C.人造玛瑙石:有类似玛瑙的花纹和质感,所使用的填料有很高的细度和纯度;制品具有半透明性,填充料可使用氢氧化铝和合适的大理石粉料。

D.人造玉石:有类似玉石的色泽,半透明状,所使用的填料有很高的细度和纯度,有仿山田玉、仿芙蓉玉、仿紫晶等品种。

③树脂型人造石材的性能及应用。

A.色彩花纹仿真性强,其质感和装饰效果完全可以与天然大理石和天然花岗石媲美。

B.强度高、不易碎、其板材厚度薄 15cm、重量轻、可直接用聚酯砂浆或 107 胶水泥净浆进行粘贴施工。

C.具有良好的耐酸碱、耐腐蚀性和抗污染性。

D.可加工性好,比天然石材易于锯切、钻孔。

E.会老化。树脂型人造石材在大气中长期受阳光、大气、热量、水分等的综合作用后,随时间的延长,会逐渐老化。表面将失去光泽、颜色变暗,从而降低其装饰效果。应用于室内外的地面装饰、卫生洁具(如洗面盆、浴缸、便器)等产品,还可以作为楼梯面板、窗台板、服务台面、茶几面等。

(2)水泥型的人造石材。

①定义。

它是以水泥为黏结剂,砂为细骨料,碎大理石为粗骨料,经过成型、养护、研磨、抛光等工序而制成的一种人造石材。常用白水泥、彩色水泥、普通水泥、普通硅水泥、铝酸盐水泥为胶结材料。

②性能及应用。

A.具有高强度,坚固耐用。

B.表面光泽度高、花纹耐久、抗风化、耐久性好。

C.防潮性优于一般的人造大理石。

D.美观大方、物美价廉、施工方便等。

水泥型的人造石材广泛应用于开间较大的地面、墙面及门厅的柱面、花台、窗台等部位。

(3)复合型人造石材。

①定义。

复合型人造石材是指所用的黏结剂既有无机材料，又有有机高分子材料，所以为复合型。

②制作工艺。

先将无机填料用无机胶结剂胶结成型、养护后，再将坯体浸渍于有机单体中，使其在一定的条件下聚合。复合型人造石材一般为三层，底材要采用无机材料，其性能稳定且价格较低；面层可采用聚酯和大理石粉制作，以获得最佳的装饰效果。

③特性。

复合型人造石材制品造价较低，但它受温差影响后，聚酯面易产生剥落或开裂。

④应用。

复合型人造石材是能应用在室内的品种石面的装饰。

（4）烧结型人造石材。

烧结型人造石材的生产工艺与陶瓷的生产工艺相比，是将斜长石、石英、辉石的石粉及赤铁矿粉和高岭土等混合，一般用 40% 的黏土和 60% 的矿粉制成泥浆后，采用泥浆法制备坯料，再用半干法成型，在窑炉中以 1000℃ 左右的高温焙烧而成。烧结型人造石材需要高温烧成、能耗高、造价高、产品易破损，但它的装饰性好，性能稳定。

（三）其他无机板材和饰品

1. 石膏板和石膏饰品

石膏板的体积密度为 800~950kg/m³，导热系数为 0.193W/（m·K），具有质轻、抗火、吸声、保温隔热等性能，有一定强度，且可锯、可钉、可刨，容易加工，施工安装简便，但耐水性能较差。为提高石膏板的耐水性，可掺入有机硅、聚乙烯醇、聚醋酸乙烯等防水剂制成防潮石膏板。

石膏板按其构成和形态分为纸面石膏板、装饰石膏板和嵌装式装饰石膏板三类（见图 3－10），主要用于室内的轻质隔墙和吊顶的饰面板。在厨房、卫生间及空气相对湿度经常大于 70% 的潮湿环境中，应采用耐水石膏板。

（a）装饰石膏制品　　　　　　　　　　（b）石膏线

图 3－10　石膏制品

（1）纸面石膏板。

以建筑石膏为主要原料，掺入纤维和外加剂构成芯材，并与两面的护面纸牢固地结合在一起的建筑板材称为普通纸面石膏板（见图 3-11）。其规格尺寸如下：长度为 1800mm、2100mm、2400mm、2700mm、3000mm、3300mm 和 3600mm 七种，宽度为 900mm 和 1200mm 两种，厚度为 9mm、12mm、15mm 和 18mm 四种，其棱边有矩形、45°倒三角形、楔形、半圆形和圆形等多种。

图 3-11　纸面石膏板

若在制作时掺入耐水外加剂，可得耐水纸面石膏板。若在制作时掺入适量无机耐火纤维增强材料，可得耐火纸面石膏板。

（2）装饰石膏板。

装饰石膏板是以建筑石膏为主要原料，掺入适量纤维增强材料和外加剂，加水拌和均匀后，经浇筑成型并压出各种图案花纹或孔眼，制成不带护面纸的石膏板材（见图 3-12）。根据板材正面形状和防潮性能的不同分为普通平板（P）、普通孔板（K）、普通浮雕板（D）和防潮平板（FP）、防潮孔板（FK）、防潮浮雕板（FD）。产品规格为 500mm×500mm×9mm 和 600mm×600mm×11mm 两种。常用的装饰石膏板有穿孔板（兼具吸声功能）、盲孔板、浮雕图案板等。

图 3-12　装饰石膏板

（3）嵌装式装饰石膏板。

如同装饰石膏板，其正面可为平面，亦可带孔或带浮雕图案，但板材背面的四周加厚，并在侧边带有嵌装企口（见图 3-13）。由于这种板材带有嵌装企口，使吊顶龙骨不外露，具有更好的美观性。嵌装式装饰石膏板的规格为：边长 600mm×600mm 的，边厚大于 28mm；边长 500mm×500mm 的，边厚大于 25mm。

图 3-13　嵌装式装饰石膏板

　　若以带有一定数量穿透孔洞的嵌装式装饰石膏板为面板,背后复合吸声材料,使其具有一定吸声特性的板材,便是嵌装式吸声石膏板。

　　(4)艺术装饰石膏饰品。

　　用优质建筑石膏配以纤维增强材料、胶粘剂等,经调制、压型、干燥硬化,制成富有艺术性的线板、线角、花角、灯圈、灯座、柱头、花饰等(见图 3-14),用于室内装饰,将装饰性与实用性结合起来,具有特殊的风格和情调。

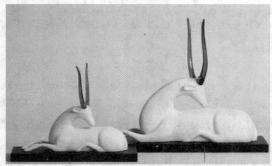

图 3-14　艺术装饰石膏饰品

　　2.矿棉装饰吸声板

　　矿棉装饰吸声板是以矿棉(用热熔矿渣通过喷吹或离心工艺制成的棉状物)为主要原料,加入适当黏结剂,经加压、烘干、饰面而成的一种高级顶棚装饰材料(见图 3-15)。其常用尺寸有 500mm、600mm 边长的正方形和 600mm×(1000～1200)mm 的长方形,厚度有 13mm、16mm、20mm 几种,其表面有多种纹理与图案。

图 3-15　矿棉装饰吸声板

矿棉装饰吸声板具有吸声、防火、隔热、保温、质轻、美观大方、施工简便等特点,主要用于影剧院、会堂、音乐厅、播音室等可以控制和调整室内的混响时间、消除回声、改善室内的音质、提高语音清晰度的场所。用于旅馆、医院、会议室、商场以及工厂车间、仪表控制间等,可以降低室内噪声等级,改善生活环境和劳动条件。

任务二 建筑玻璃

一、任务描述

了解建筑玻璃的外观、性能及应用。

二、学习目标

通过本任务的学习,你应当:
具有初步选择建筑玻璃的能力。

三、任务实施

(一)任务导入,学习准备

引导问题 1:平板玻璃的性能、分类和用途分别是什么?

_____

_____

_____

引导问题 2:安全玻璃主要有哪几种?各有何特点?

_____

_____

_____

引导问题 3:中空玻璃有哪些特点?其适用范围是什么?

_____

_____

_____

引导问题 4:吸热玻璃和热反射玻璃有何区别?

_____

_____

_____

引导问题 5:玻璃马赛克具有哪些特点？其具体用途是什么？

_____

_____

_____

_____

(二)任务实施

任务：

1.单项选择题

(1)用于门窗采光的平板玻璃厚度为（　　　）。

A. 2～3mm　　　　　B. 3～5mm　　　　　C. 5～8mm　　　　D. 8～12mm

(2)将预热处理好的金属丝或金属网压入加热到软化状态的玻璃中而制成的玻璃是（　　　）。

A. 夹丝玻璃　　　B. 钢化玻璃　　　　C. 夹层玻璃　　　　D. 吸热玻璃

(3)表面形成镜面反射的玻璃制品是（　　　）玻璃。

A. 钢化　　　　　B. 中空　　　　　　C. 镜面　　　　　D. 夹丝

(4)钢化玻璃的作用机理在于提高了玻璃的（　　　）。

A. 整体抗压强度　　B. 整体抗弯强度　　C. 整体抗剪强度　D. 整体抗拉强度

(5)吸热玻璃主要用于（　　　）地区的建筑门窗、玻璃幕墙、博物馆、纪念馆等场所。

A. 寒冷　　　　　B. 一般　　　　　　C. 温暖　　　　　D. 炎热

2.多项选择题

(1)中空玻璃的使用范围包括（　　　）。

A. 节能要求的工程　B. 隔声要求的工程　C. 防潮工程　　　　D. 湿度大的工程

(2)钢化玻璃的主要性能特点包括（　　　）。

A. 弹性好　　　　　B. 隔声性好　　　　C. 保温性好　　　　D. 机械强度高

(3)下面哪些玻璃属安全玻璃？（　　　）

A. 中空玻璃　　　B. 夹丝玻璃　　　　C. 钢化玻璃　　　D. 夹层玻璃　　E. 吸热玻璃

(4)下面哪些玻璃不能自行切割？（　　　）

A. 泡沫玻璃　　　B. 钢化玻璃　　　　C. 夹层玻璃　　　D. 中空玻璃　　E. 平板玻璃

(5)玻璃按在建筑上的功能作用可分为（　　　）。

A. 普通建筑玻璃　　B. 安全玻璃　　　　C. 平板玻璃　　　D. 特种玻璃　　E. 钢化玻璃

四、任务评价

1.完成以上任务评价的填写

班级：　　　　　　姓名：

考核项目	分数				教师评价得分
	差	中	良	优	
自学能力	8	10	11	13	

考核项目		分数				教师评价得分
		差	中	良	优	
言谈举止	工作过程安排是否合理规范	8	10	15	20	
	陈述是否清晰完整	8	10	11	12	
	是否正确领会运用已学知识来解决实际问题	7	10	15	18	
是否积极参与活动		7	10	11	13	
是否具备团队合作精神		7	10	11	12	
成果展示		7	10	11	12	
总计		52	70	85	100	最终得分：
教师签字：			年 月 日			

2. 自我评价

(1)完成此次任务过程中存在哪些问题？

_____

_____

_____

(2)请提出相应的解决问题的方法。

_____

_____

_____

五、知识讲解

　　玻璃是用石英砂、纯碱、长石及石灰石等为主要原料，并加入某些辅助性材料，于1550℃～1660℃高温下熔融，再经急冷而得到的一种无定形硅酸盐物质。如在玻璃中加入某些金属氧化物和化合物，或经过特殊工艺处理，又可制得各种具有特殊性能的特种玻璃。建筑玻璃的制造方法有引拉法(分平拉法和上引法)、压延法、浮法等。浮法生产的玻璃光滑平整、厚度均匀，建筑中采用较多。

　　玻璃主要用于透光或反射。玻璃作为建筑装饰材料已由过去单纯作为采光材料向着能控制光线、调节热量、节约能源、控制噪声，以及降低建筑结构自重、改善环境等方面发展，同时用着色、彩绘、磨光、刻花等办法提高其装饰效果。

(一)平板玻璃

1.普通平板玻璃

普通平板玻璃通常是用引拉法或压延法生产的平板玻璃(见图 3-16)。它既透光,又透视,具有一定的机械强度,但易脆裂,且紫外线透过率较低,主要用于装配门窗,起着透光、挡风和保温的作用,其要求具有较好的透明度和平整度。常用规格有(600～1200)mm×(900～2400)mm,厚度有 2mm、3mm、4mm、5mm、6mm 等。玻璃表面不得有擦不掉的雾状或棕黄色的附着物。按其外观质量分为特等品、一等品和二等品三个等级。

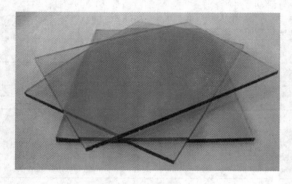

图 3-16　普通平板玻璃

2.浮法平板玻璃

这是以高度自动化的浮法工艺生产的高级平板玻璃(见图 3-17),其中无色透明的浮法玻璃厚度为 2～22mm。按其外观质量分为优等品、一等品、合格品三个等级,主要用于建筑门窗、商品柜台、制镜、有机玻璃模板及深加工玻璃(中空玻璃、钢化玻璃、夹层玻璃等)的原片玻璃。用浮法还可以生产彩色玻璃、吸热玻璃、热反射玻璃等。

图 3-17　浮法平板玻璃

(二)磨光玻璃

磨光玻璃又称镜面玻璃,是用普通平板玻璃经过抛光而成(见图 3-18),分单面磨光和双面磨光两种。

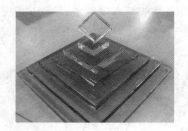

图 3-18 磨光玻璃

磨光玻璃表面平整光滑且有光泽,物像透过不变形。双面磨光玻璃还要求两面平行,厚度一般为 5~6mm。磨光玻璃常用于高级建筑物的门窗、橱窗或制作镜子。

(三)磨砂玻璃

磨砂玻璃又称毛玻璃,是用机械喷砂或手工研磨或氢氟酸溶蚀等方法,将平板玻璃表面处理成均匀毛面而制成的玻璃(见图 3-19)。其一面粗糙,透光不透视,通常用于隐秘和不受视线干扰的房间,如浴室、卫生间、办公室等的门、窗上。磨砂玻璃还可用作黑板。

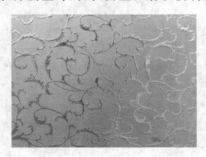

图 3-19 磨砂玻璃

(四)花纹玻璃

花纹玻璃(见图 3-20)按加工方法的不同分为压花玻璃和喷花玻璃两种。

图 3-20 花纹玻璃

　　压花玻璃又称滚花玻璃,是在玻璃硬化前,经过刻有花纹的滚筒,在单面或双面压制出各种花纹图案,制成表面凹凸不平且透光不透视的玻璃。压花玻璃的厚度为3~5mm,最大尺寸为2000mm×1200mm,广泛用于办公室、会议室、卫生间、走廊、内墙等的门窗、屏风和分隔材料以及高级建筑物的大厅装饰。

　　喷花玻璃又称胶花玻璃,是在平板玻璃表面贴以花纹图案,抹上保护层,经喷砂处理而成,适用于门窗装饰和采光,特别是沿街的酒楼和商店都乐于采用。喷花玻璃的厚度一般为6mm,最大加工尺寸为2200mm×1000mm。

(五)彩色玻璃

　　彩色玻璃(见图3-21)即有色玻璃,分为透明和不透明两种。透明彩色玻璃是在原料中加入着色剂(如各种金属氧化物),有红、黄、绿、蓝、茶、灰等颜色,清澈透明。不透明的彩色玻璃是在平板玻璃的一面喷上各种色釉,经烘烤而成,用于高级建筑物的门窗和玻璃幕墙。

图3-21　彩色玻璃

(六)彩膜玻璃

　　彩膜玻璃是通过镀膜、涂塑等方法在浮法平板玻璃的表面形成彩色膜层的玻璃。彩膜玻璃除有美丽的色彩外,还具有吸热、热反射、吸收紫外线等功能,主要用于现代装饰、门窗、玻璃幕墙等。

(七)安全玻璃

　　安全玻璃是表现为被击碎时碎块不会飞溅伤人,或具有防火功效和一定的装饰效果的玻璃。常用的安全玻璃有钢化玻璃、夹丝玻璃和夹层玻璃。

1.钢化玻璃

　　钢化玻璃亦称强化玻璃(见图3-22),是将玻璃经加温冷淬(加热至约700℃,吹入常温空气急冷)或经化学离子交换处理,使玻璃表面形成压应力,从而使玻璃的强度、抗震、耐骤冷骤热性能大幅度提高。当其被碰击破碎时,即碎裂成圆钝的碎片,不致伤人。

图 3 - 22 钢化玻璃

但钢化玻璃的裁切、钻孔、磨边等加工,应在加温冷淬或离子交换前预制好,若钢化后再行加工,很容易造成整体破碎。钢化玻璃的厚度为 4~19mm,有平面钢化玻璃和曲面钢化玻璃之分,按其外观质量分为优等品和合格品两个等级,应用于建筑工程的门窗、隔墙、幕墙、暖房温室的天窗以及火车、汽车的车窗和挡风玻璃等。

2. 夹丝玻璃

夹丝玻璃也称防碎玻璃和钢丝玻璃,是将普通平板玻璃加热到红热软化状态时,将预热处理的铁丝网压入玻璃中间而制成(见图 3 - 23)。其表面可以是光面的或压花的,颜色可以是透明的或彩色的。夹丝玻璃一般用在受震动作用的门窗、天窗、天棚顶盖上;彩色夹丝玻璃可用于阳台、楼梯间等处。

图 3 - 23 夹丝玻璃

夹丝玻璃较普通玻璃不仅增加了强度,而且由于加有铁丝网的骨架,当玻璃遭受冲击或温度剧变时,破而不缺,裂而不散,避免了带棱角的小块飞出伤人;当发生火灾时,夹丝玻璃虽受热炸裂,但仍能保持固定,起着隔绝火势蔓延的作用,故又称为防火玻璃。

3.夹层玻璃

夹层玻璃是在两片或多片各类平板玻璃之间粘夹了柔软而强韧的透明膜(如聚乙烯醇缩丁醛、聚氨酯、橡胶改性酚醛等),经热压黏合而成的复合玻璃制品(见图3-24)。它具有较高的强度,受撞击破坏时产生辐射状或同心圆形裂纹而不易穿透,碎片不易脱落。夹层玻璃的总厚度为5~24mm,主要用作汽车和飞机的挡风玻璃、防弹玻璃以及有特殊安全要求的建筑物门窗、隔墙、工业厂房的天窗和某些水下工程等。

图3-24　夹层玻璃

(八)保温绝热玻璃

这类玻璃既具有良好的装饰效果,同时又具有特殊的保温隔热功能,用于高级建筑的门窗和幕墙玻璃。

1.吸热玻璃

吸热玻璃是既能吸收大量红外线辐射,又能保持良好透光率的平板玻璃(见图3-25)。吸热玻璃的颜色有灰色、茶色、蓝色、绿色、古铜色、青铜色、金色等。

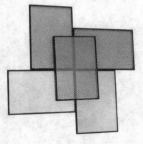

图3-25　吸热玻璃

吸热玻璃具有彩色玻璃的装饰性能,能吸收大部分的太阳辐射热和可见光,从而使光线变得柔和,改善室内色泽;能吸收太阳的紫外线,以防止家具、商品、档案资料、书籍等褪色和变质;色泽经久不变,能增加建筑物外形之美观。

2.热反射玻璃

热反射玻璃是对太阳的辐射能具有较高反射能力而又保持良好透光性的平板玻璃(见图3-26)。其高反射能力是通过在玻璃表面镀敷一层极薄的金属或金属氧化物膜来实现的,故又称为镀膜玻璃。其颜色有金色、银色、灰色、茶色、浅蓝色等。

图 3-26　热反射玻璃

热反射玻璃对太阳的辐射热具有较高的反射能力（反射率可达 25%～40%），遮光性能和绝热性能好，具有单向透视的特性（白天室内能清楚地观察室外景色，而室外却看不见室内的情况）。热反射玻璃在高档建筑上采用越来越多，特别是作为高层建筑的玻璃幕墙，尤为适宜。

3.中空玻璃

中空玻璃是将两片或以上的玻璃，四周用分隔框将玻璃隔开，用高强气密性好的复合黏结剂密封，使夹缝中存有干燥空气隔层，以获得优良绝热性的复合型玻璃（见图 3-27）。其玻璃原片可用平板玻璃、钢化玻璃、压花玻璃、夹丝玻璃、吸热玻璃和热反射玻璃等。其颜色有无色、绿色、蓝色、灰色、茶色等。中空玻璃按玻璃层数分为双层中空玻璃和多层中空玻璃。

图 3-27　中空玻璃

中空玻璃的原片玻璃的厚度为 3～6mm，中间空气层厚度有 6mm、9mm、12mm。中空玻璃的特性是保温隔热、减少噪声，主要用于需要采暖、空调、防止噪声及需要无直射阳光和特殊光的建筑物。

4.泡沫玻璃

泡沫玻璃是一种多孔玻璃（见图 3-28），气孔率可达 80%～95%，气孔直径一般为0.1～5mm，具有轻质、绝热、吸声、耐腐、耐热（可长期在 420℃以下使用）、安装方便等特点。

泡沫玻璃用途很广,可砌筑轻质隔墙和框架结构的填充墙,可作为墙体、地面及屋面的保温材料,尤其宜作为冷库的绝热材料,亦可作为影剧院、音乐厅和大礼堂墙面和顶棚的吸声材料,并可获得良好的装饰效果。

图 3-28　泡沫玻璃

(九)空心玻璃砖

空心玻璃砖是采用箱式模具压制而成的两块凹形玻璃,经熔接或胶结而成为整体,并有一个或两个空腔的玻璃制品(见图 3-29)。空腔中充以干燥空气或其他绝热材料,经退火、涂饰侧面而成。其形状有正方形、矩形及各种异形产品,其尺寸一般以 115mm、145mm、240mm、300mm 的较多。

图 3-29　空心玻璃砖

空心玻璃砖具有强度高、保温隔热、吸声、耐水、透光不透视等特点,主要用于砌筑透光的墙体、非承重内隔墙、浴室的隔断、门厅、通道等,尤其适用于高级建筑、体育馆的透明屋面、透光墙壁、门厅、通道、浴室的隔断和需要控制太阳眩光等场合。

(十)玻璃马赛克

玻璃马赛克又称玻璃锦砖或玻璃纸皮砖(见图 3-30)。它是用熔压法或烧结法生产的,边长为 20mm 或 25mm、厚度为 4mm 或 4.2mm 的各种颜色、形状的玻璃质小块,预先铺贴在牛皮纸上,构成装饰材料,有透明、半透明、带金色、银色斑点或条纹的多种式样,正面为光面,背面带有槽纹以利于砂浆黏结。玻璃马赛克具有质地坚硬、性能稳定、耐酸碱、不吸水、不褪色、花色品种多、价格便宜等特点,广泛用于建筑物外墙面装饰,还可用于拼贴成壁画。

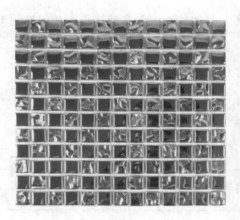

图 3－30　玻璃马赛克

任务三　建筑陶瓷

一、任务描述

1. 了解建筑陶瓷的外观、性能及应用；
2. 了解的陶瓷墙地砖的类型及应用。

二、学习目标

通过本任务的学习，你应当：

具有初步选择建筑陶瓷、内墙砖、外墙砖、马赛克、琉璃制品、卫生陶瓷的能力。

三、任务实施

(一)任务导入,学习准备

引导问题 1：什么是建筑陶瓷？陶瓷如何分类？各类的性能特点如何？

_____

_____

_____

引导问题 2：陶瓷的主要原料组成是什么？各类原料的作用是什么？

_____

_____

_____

_____

引导问题 3：陶瓷墙地砖有哪些种类？各有何特点？如何选购陶瓷砖？

_____

_____

_____

引导问题 4：建筑陶瓷质量检验包括哪些内容？

_____

_____

_____

_____

(二)任务实施

为什么陶瓷锦砖既可用于地面，又可用于室内外墙面，而内、外墙面砖不能用于地面？

_____

_____

_____

_____

四、任务评价

1.完成以上任务评价的填写

班级：　　　　　　　　姓名：

考核项目		分数				教师评价得分
		差	中	良	优	
自学能力		8	10	11	13	
言谈举止	工作过程安排是否合理规范	8	10	15	20	
	陈述是否清晰完整	8	10	11	12	
	是否正确领会运用已学知识来解决实际问题	7	10	15	18	
是否积极参与活动		7	10	11	13	
是否具备团队合作精神		7	10	11	12	
成果展示		7	10	11	12	
总计		52	70	85	100	
教师签字：　　　　　　　　　　　年　月　日						最终得分：

2. 自我评价

(1)完成此次任务过程中存在哪些问题?

_____

_____

_____

(2)请提出相应的解决问题的方法。

_____

_____

_____

五、知识讲解

建筑陶瓷是以黏土为原料,按一定的工艺制作、焙烧而成的建筑物室内外装饰用的高级的烧土制品。其特点是质地均匀,构造致密,有较高的强度、硬度和耐磨、耐化学腐蚀性能,并可制成一定的花色和根据需要拼接成各种彩色图案。若在陶瓷材料表面上釉,便成为平滑、光亮、吸水率小、更具有装饰性的釉陶瓷制品。常用建筑陶瓷主要有陶瓷墙面砖、陶瓷地面砖、陶瓷锦砖、玻璃制品等。

(一)建筑陶瓷的生产

建筑陶瓷的生产随着产品特性、原料、成型方法的不同而有所不同。

建筑陶瓷按制品材质分为粗陶、精陶、半瓷和瓷质四类;按坯体烧结程度分为多孔性、致密性以及带釉、不带釉制品。其共同特点是强度高、防潮、防火、耐酸、耐碱、抗冻、不老化、不变质、不褪色、易清洁等,并具有丰富的艺术装饰效果。

粗陶以铁、钛和熔剂含量较高的易熔黏土或难熔黏土为主要原料。精陶多以铁、钛较低且烧后呈白色的难熔黏土、长石和石英等为主要原料。有些制品也可用铁、钛含量较高,烧后呈红、褐色的原料制坯,在坯体表面上施以白色化妆土或乳浊釉遮盖坯体本色。带釉的建筑陶瓷制品是在坯体表面覆盖一层玻璃质釉,能起到防水、装饰、洁净和提高耐久性的作用。

建筑陶瓷的成型方法有模塑、挤压、干压、浇注、等静压、压延和电泳等。烧成工艺有一次和二次烧成。使用的窑类型有间歇式的倒焰方窑、圆窑、轮窑,以及连续式的隧道窑、辊道窑和网带窑等。普通制品用煤、薪柴、重油、渣油等作燃料,而高级制品则用煤气和天然气等作燃料。

(二)建筑陶瓷的分类及性能

1. 内墙釉面砖

内墙釉面砖是正面挂釉而制成的各种色彩的瓷砖(见图 3 - 31),主要用于建筑物的内墙饰面。若用于室外,经受风吹、雨淋、日晒、冰冻等作用,会导致釉面砖裂纹、剥落和损坏。因此,内墙釉面砖不能用于室外。

图 3-31　内墙釉面砖

　　内墙釉面砖色彩稳定,表面光洁,易于清洗,装饰美观,故多用于浴室、卫生间、厨房、盥洗室的墙面、台面及各种清洗槽之中。经过专门设计、彩绘、烧制而成的釉面砖,可镶拼成各式壁画,更具有独特的艺术效果。

　　内墙釉面砖按外观质量和尺寸偏差(表面缺陷、允许色差、平整度、边直度、直角度、剥边、落脏、釉泡、斑点、波纹、缺陷、磕碰等)分为优等品、一等品、合格品三个等级,其规格有:边长为76mm、80mm、108mm、110mm、152mm、200mm 的正方形和(76~300)mm×(75~200)mm 的长方形,厚度为 4mm 或 5mm,并配有压顶条、阳角条、压顶阳角、阳三角、腰线砖等异型配件砖。近年来,大而薄的彩绘釉面砖也发展很快。

　　2.外墙面砖

　　外墙面砖由半瓷质或瓷质材料制成,具有强度高、防潮、抗冻、不易污染、装饰效果好并且经久耐用等特点。生产工艺是以耐火黏土、长石、石英为坯体主要原料,在 1250℃~1280℃下一次烧成,坯体烧后为白色或有色。目前采用的新工艺是以难熔或易熔的红黏土、页岩黏土、矿渣为主要原料,在辊道窑内于 1000℃~1200℃下一次快速烧成,烧成周期 1~3 小时,也可在隧道窑内烧成。外墙面砖是一种高档装饰材料,常用于建筑物的外墙面、柱面、门窗套等立面的装饰(见图 3-32)。

　　外墙面砖的规格有边长为 75mm、100mm、108mm 的正方形和(95~300)mm×(50~200)mm 的长方形,厚度为 7~15mm 的各种规格,并有近 20 种不同颜色。

　　外墙面砖分为彩釉砖、无釉外墙砖、劈裂砖、陶瓷艺术砖等,均饰以各种颜色或图案。釉面一般为单色、无光或弱光泽。

　　(1)彩釉砖(见图 3-33)。

图 3-32 外墙面砖

图 3-33 彩釉砖

彩釉砖是彩色陶瓷墙地砖的简称,多用于外墙与室内地面的装饰。彩釉砖釉面色彩丰富,有各种拼花的印花砖、浮雕砖,耐磨、抗压、防腐蚀、强度高、表面光、易清洗、防潮、抗冻、釉面抗急冷热性能良好等优点。

(2)无釉外墙砖(见图 3-34)。

无釉外墙砖与彩釉砖性能尺寸都一样,但砖面不上釉料,且一般为单色。无釉外墙砖也多用于外墙和地面装饰。

(3)劈离砖。

劈离砖又叫做劈裂砖、劈开砖,焙烧后可以将一块双联砖分离为两块砖(见图 3-35)。劈离砖致密,吸水率小,硬度大,耐磨,质感好,色彩自然,易清洗。其抗冻性好,耐酸碱,且防潮,不打滑,不反光,不褪色。

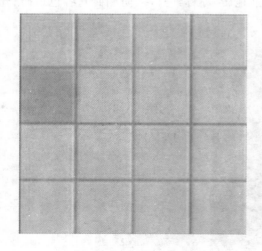

图 3-34 无釉外墙砖

图 3-35 劈离砖

劈离砖由于其特殊的性能,是建筑装饰中常用陶瓷,适用于车站、停车场、人行道、广场、厂房等各类建筑的墙面地面。常用尺寸有 240mm×60mm×13mm、194mm×90mm×13mm、150mm×150mm×13mm、190mm×190mm×13mm、240mm×52mm×11mm、240mm×

115mm×11mm、240mm×115mm×11mm、194mm×94mm×11mm 等。

(4)陶瓷艺术砖(图3-36)。

陶瓷艺术砖以砖的色彩、块体大小、砖面堆积陶瓷的高低构成不同的浮雕图案为基本组合,将它组合成各种具体图案。其强度高、耐风化、耐腐蚀、装饰效果好,且由于造型颇具艺术性,能给人强烈的艺术感染力。

陶瓷艺术砖多用于宾馆大堂、会议厅、车站候车室和建筑物外墙等。

图3-36 陶瓷艺术砖

3.地面砖

地面砖是采用塑性较大的难熔黏土为原料,经压制成型、高温焙烧(1050℃~1250℃)而成,用作铺筑地面的板状陶瓷装饰材料,主要有红地砖(亦称红缸砖、防潮砖)、各色地砖、瓷质砖、劈开砖(劈裂砖)、梯沿砖等(见图3-37)。

图3-37 地面砖

地面砖强度大,硬度高,抗冲击,耐磨性好,不易起尘,易于清洗,施工方便,一般吸水率小于 10%,可拼成各种富有装饰性的图案。地砖有带釉和不带釉两类,红缸砖多不带釉。地砖的形状主要有正方形、长方形、六角形。它不仅适用于各种公共建筑,而且已普遍用于家庭的地面装饰。经抛光处理的仿花岗岩地砖,更具有华丽高雅的装饰效果。

地面砖的规格有边长为 100mm、150mm、190mm、250mm、500mm 的正方形和(115~240)mm×(75~115)mm 的长方形,厚度为 10~35mm 等规格。

例如,彩色釉面陶瓷墙地砖,简称彩釉墙地砖,不仅大量用于室内地面的装饰,而且还可用于墙面的装饰。彩釉墙地砖按外观质量(缺釉、斑点、裂纹、落脏、棕眼、熔洞、釉缕、釉泡、磕碰、波纹、剥边等)、尺寸允许偏差和变形允许偏差分为优等品、一等品、合格品三个等级。

4. 陶瓷锦砖

陶瓷锦砖亦称马赛克,它是以优质瓷土为主要原料,经压制成型,烧制而成的小瓷片,按不同图案贴在牛皮纸上,故又称之为纸皮石(见图 3-38)。陶瓷锦砖分为无釉及有釉两种。其单片为各种几何形状,且长边一般不大于 50mm,每联(每张)的规格为边长 305.5mm 或 325mm 的正方形,按其尺寸允许偏差和外观质量分为优等品和合格品两个等级。

图 3-38 陶瓷锦砖

将小块锦砖拼成图案粘贴在纸上可直接铺贴地面,锦砖颜色多样,造型变化多端,组织致密,易清洗,吸水率小,抗冻性好,耐酸耐碱耐火,是优良的铺地砖。

陶瓷锦砖质地坚硬,不变形,不褪色,吸水率小,耐磨性好,色彩美观,图案多样,且耐酸、耐碱,广泛用于建筑物的室内外装饰,如建筑外墙面、建筑门厅、走廊、卫生间、厨房、盥洗室、浴室、化验室的墙面和地面等,也可以作为建筑物外墙面装饰,用途十分广泛。常用规格为 20~40mm,厚度 4~5mm。

5. 琉璃制品

建筑琉璃制品是一种带釉陶瓷,是我国陶瓷宝库中的古老珍品之一(见图 3-39)。它是用难熔黏土制坯,经干燥、上釉后焙烧而成的一种高级屋面材料。其坯体泥质细净坚实,烧成温度较高。

建筑琉璃制品的品种有琉璃瓦(板瓦、筒瓦、滴水瓦、沟头、脊瓦等)、琉璃砖、琉璃花格、琉璃栏杆和各种玻璃饰物(人物、飞禽、走兽、龙纹大吻)等。其颜色有黄色、绿色、蓝色、青色、翡翠色等。按其尺寸允许偏差和外观质量分为优等品、一等品和合格品三个等级。

琉璃制品耐久,不易剥釉,不易褪色,表面光滑,不易沾污,色彩绚丽,造型古朴,用它装饰的建筑物富丽堂皇、雄伟壮观,富有我国传统的民族特色。琉璃制品因其价格较高、自重较大,故主要用于具有民族色彩的宫殿式或纪念性建筑物、某些公共建筑的屋檐装饰。用于园林建筑中的亭、台、楼、阁,可增加园林的景色。

图 3-39 琉璃制品

6.卫生陶瓷

卫生陶瓷是以磨细的石英粉、长石粉和黏土为主要原料,注浆成型后一次烧制,然后表面施乳浊釉的卫生洁具(见图 3-40)。它具有结构致密、气孔率小、强度大、吸水率小、抗无机酸腐蚀(氢氟酸除外)、热稳定性好等特点,主要用于各种洗面洁具、大小便器、水槽、安放卫生用品的托架、悬挂毛巾的钩等。卫生陶瓷表面光洁,不沾污,便于清洗,不透水,耐腐蚀,颜色有白色和彩色两种,合理搭配能够使得卫生间熠熠生辉。

卫生陶瓷可用于厨房、卫生间、实验室等。目前的发展趋势趋向于使用方便、冲刷功能好、用水省、占地少、多款式多色彩等。

图 3-40 卫生陶瓷

(三)建筑陶瓷在环境中的运用

建筑装饰与建筑设计一样,涉及社会学、民俗学、人体工程学等多种学科,同时还涉及家具、陈设、园艺、雕塑等设计领域,所以,建筑装饰设计绝对不是建筑界面的简单美化问题,而是运用多种学科知识,综合地进行多层次的空间环境设计。

作为传统装饰材料之一的陶瓷装饰经过漫长的发展过程,积累了丰富的工艺技术与装饰经验,不仅继承了刻、画、印、压等装饰技法,还创造了釉上新彩、粉古彩、釉下青花、五彩等彩绘技法。

陶瓷装饰既然以建筑和建筑空间环境为设计基础,以装饰建筑及其空间环境为设计内容,并兼有纯艺术造型要求上的创作规律和法则,就决定了陶瓷装饰既反映建筑空间环境设计的功能特性,符合建筑和建筑环境要素的需求,又反映设计观念和设计手法上纯艺术表现性格,符合艺术创作规律的特性。而陶瓷装饰有其自身的条件限制,除了上述所要考虑的因素外,在设计制作中更要考虑到是否能够便于制作,便于表现以及便于摆放或悬挂等。

在现代建筑装饰陶瓷中,应用最多的是釉面砖、地砖和锦砖。它们的品种和色彩多达数百余种,而且还在不断涌现新的品种。

任务四　塑料装饰材料

一、任务描述

了解塑料的性能、分类、品种及应用。

二、学习目标

通过本任务的学习,你应当:
具有初步选择塑料装饰材料的能力。

三、任务实施

(一)任务导入,学习准备

引导问题 1:建筑装饰塑料的组成部分是什么?

_____

_____

引导问题 2:塑钢门窗的性能和特点有哪些?

_____

_____

_____

引导问题 3:常用的塑料装饰板材有哪些? 其性能特点和使用要求是什么?

_____

_____

引导问题4:玻璃钢是什么？简述其适用范围。

引导问题5:常用的塑料品种有哪些分类方式？分别是什么？

(二)任务实施

任务:日常电气照明用设备的零件、开关插座及电气绝缘零件等塑料的原料一般为热固性塑料,这是为什么呢？

四、任务评价

1.完成以上任务评价的填写

班级:　　　　　　　姓名:

考核项目		分数				教师评价得分
		差	中	良	优	
自学能力		8	10	11	13	
言谈举止	工作过程安排是否合理规范	8	10	15	20	
	陈述是否清晰完整	8	10	11	12	
	是否正确领会运用已学知识来解决实际问题	7	10	15	18	
是否积极参与活动		7	10	11	13	
是否具备团队合作精神		7	10	11	12	
成果展示		7	10	11	12	
总计		52	70	85	100	
教师签字:			年　　月　　日			最终得分:

2.自我评价

(1)完成此次任务过程中存在哪些问题?

_____

_____

_____

(2)请提出相应的解决问题的方法。

_____

_____

_____

五、知识讲解

塑料作为建筑材料,始于20世纪50年代,经过60余年的发展,现在已经成为除钢材、水泥、木材之外的第四种建筑材料。近年来,由于高层建筑的发展,对建筑材料提出了新要求,即建筑材料向质量轻、强度高、多功能、便于机械化施工的方向发展。我国的塑料工业虽然到20世纪70年代才开始,但发展迅速。如今,塑料在土建工程中已得到广泛应用。

塑料是以合成树脂为主要成分,再加上各种助剂(又称添加剂),经一定温度压力塑制成形的材料。

(一)塑料

1.塑料的组成

(1)合成树脂。

树脂分天然树脂(如松香、树胶、虫胶等)和合成树脂两类。由于天然树脂的来源有限,质量不高,所以现代塑料工业中主要采用合成树脂。

合成树脂是塑料中的主要成分,起着黏结剂的作用,能将塑料中的其他成分胶结成一个整体,使其具有加工成型性能和使用性能。树脂是决定塑料类型、性能及使用的根本原料。

合成树脂按受热时发生的不同变化,又可分为热塑性树脂和热固性树脂。热塑性树脂具有反复受热软化(或熔化)和冷却凝固的性质;热固性树脂一经固化成型,受热不再软化。

(2)添加剂。

塑料中除主要成分合成树脂外,还有助剂或称添加剂,如填料、稳定剂、润滑剂、着色剂和增塑剂等。合成树脂中加入所需的添加剂后,可改善塑料的性能,经不同方法加工,便能制成各种塑料制品。

①填充剂。

填充剂又称填料,可分为有机填料(如木粉、棉布、纸屑和木材单片等)和无机填料(如滑石粉、石墨粉、石棉、云母、玻璃纤维等),约占塑料质量的20%～50%。填料不但能降低塑料的成本,还能提高强度。如石棉可提高塑料的耐热性,云母可改善塑料的绝缘性,石墨、二硫化钼等填料可增加塑料的耐磨性能等。需注意的是,填料的加入量须经必要的配方试验来确定。

②增塑剂。

能使高分子材料增加塑性的化合物称为增塑剂。掺入增塑剂可以提高塑料的可塑性、弹性和韧性,减少脆性。常用的增塑剂有邻苯二甲酸二丁酯、邻苯二甲酸二辛酯、樟脑、甘油、二苯甲酮等。

③稳定剂。

塑料在成型加工和制品使用过程中,受热、光、氧的作用,会过早地发生老化,使性能降低。为了稳定塑料制品质量,延长使用寿命,常在其成分中加入稳定剂。常用的稳定剂有硬脂酸盐、铅化合物、环氧化物等。

④润滑剂。

在进行塑料加工时,为了便于脱模和使制品表面光滑,须用润滑剂,用量占塑料组分质量的 $0.5\% \sim 1.5\%$。常用的润滑剂有硬脂酸及其盐等。

⑤固化剂。

固化剂的作用是使树脂具有热固性。例如环氧树脂、酚醛树脂等在成型前都要加入固化剂,才能成为坚硬的塑料制品。酚醛树脂常以乌洛托夫品(六亚甲基四胺)、环氧树脂常用胺类或酸酐类化合物作固化剂。

⑥着色剂。

在塑料中加入着色剂,可使塑料具有鲜艳的色彩和光泽。常用的着色剂有各种颜料和染料,有时也用能产生荧光或磷光的颜料。

⑦其他添加剂。

除了上述添加剂外,还有其他添加剂。例如为了制成泡沫塑料,可加入发泡剂;为了消除塑料的静电,需加入抗静电剂;为了使塑料具有导电性,可加入适量的银、铜等粉末;加入磁铁粉末,可制成磁性塑料;加入香脂类物质,可制成长久发出香味的塑料制品;加入发光材料,可制成发光塑料;等等。

2. 塑料的特性

塑料具有质量轻、比强度高、耐腐蚀和绝缘性能好等许多优良特性。人们形象地把它比喻为像铁那样坚硬、像钢那样有韧性、像棉花那样轻盈、像橡胶那样具有弹性、像云母那样绝缘等,五颜六色,光彩夺目。

(1)优良的可加工性能。

塑料加工使用方便,可采用拉制、压挤、压铸、弯制、切割等各种手段加工成型,塑料制品还可以锯、刨、焊接、胶接、涂刷、喷涂等。塑料产品品种很多,有薄膜、板材、管材和各种断面形状复杂的异型材等。塑料能进行机械化大规模生产,生产效率高。

(2)质量轻、比强度高。

塑料的密度为 $0.8 \sim 2.2 \mathrm{g/cm^3}$,只有钢材的 $1/8 \sim 1/4$、铝的 $1/2$、混凝土的 $1/3$,将其用于建筑中,不仅可以大幅度减轻建筑物自重,还给施工带来方便。塑料的强度很高,许多塑料的抗拉强度达 $40 \sim 80 \mathrm{MPa}$,用玻璃纤维增强的塑料(玻璃钢),其抗拉强度可达 $200 \sim 300 \mathrm{MPa}$,有的可达 $1100 \mathrm{MPa}$。塑料的比强度超过钢材,属于轻质高强材料。

(3)耐腐蚀和绝缘性能好。

塑料对酸、碱、盐均有良好的耐腐蚀能力,塑料的电绝缘性能好,因为聚合物内部没有自由电子和离子。

(4)出色的装饰性能。

现代先进的塑料加工技术,可以把塑料加工成性能优异的各种装饰制品。塑料可以着色,可以彩印和压花。印花图案可以模仿天然材料(如大理石花纹、木纹等),制品表面的压花可产生立体感较强的装饰效果。塑料的烫金和电镀等装饰技术更使塑料制品锦上添花。

(5)耐热、耐燃性能差。

大多数塑料的耐热性比较差。一般热塑性塑料的热变形温度只有80℃～120℃,热固性塑料耐热性能较好,但也在150℃左右。塑料中耐热性最好的工程塑料聚酰亚胺的耐热温度可达400℃。大多数塑料是可燃的,而且燃烧时还会产生大量有毒烟雾,这是造成灭火困难、人员伤亡较多的主要原因之一。因此,在使用塑料作为建筑材料时,必须采取有效防护措施,确保其安全使用。

(6)耐老化性能较差。

塑料存在老化缺欠,但通过适当调整配方和改进加工方法,并在使用中采取一定的措施,可延缓老化,延长其使用寿命。

(二)塑料的分类

塑料的品种繁多,分类方法也不尽统一,一般的分类方法有两种。

1.按应用范围分类

(1)通用塑料。

通用塑料是指产量大、用途广、价格低的一类塑料,主要包括聚乙烯、聚氯乙烯、聚丙烯、聚苯乙烯、酚醛塑料和氨基塑料等六大品种。

(2)工程塑料。

工程塑料是指机械性能好、能作为工程材料使用或代替金属生产各种设备和零件的塑料,主要品种有聚碳酸酯、聚酰胺酯、聚酰胺(尼龙)、聚甲醛和聚氯醚、ABS等。

(3)特种塑料。

特种塑料是指具有特种性能和特种用途的塑料,主要有氟塑料、有机硅树脂、环氧树脂和有机玻璃等。

2.按受热形态分类

(1)热塑性塑料。

凡是热熔冷固可以反复进行的塑料叫热塑性塑料。热塑性塑料可用浇铸、压延、吹塑等方法成型,工艺简便,能连续地生产,废料可以回收,加工后重复使用。常用的热塑性塑料有聚乙烯、聚丙烯、聚氯乙烯和聚苯乙烯等。

(2)热固性塑料。

凡是一经固化成型,加热不再软化的塑料叫热固性塑料。热固性塑料只能塑制一次,可以采用浇铸、热压等方法加工。热固性塑料耐热性高,机械强度高,形状尺寸稳定性好。常用的热固性塑料有环氧树脂、酚醛树脂、脲醛树脂和有机硅树脂等。

(三)常用建筑塑料

1.热塑性塑料

(1)聚乙烯(PE)。

聚乙烯是一种产量很大,用途非常广泛的热塑性塑料。聚乙烯按其密度大小分为:①高密度聚乙烯(HDPE),密度为 $0.941\sim0.965g/cm^3$,机械性能较好;②低密度聚乙烯(LDPE),密度为 $0.910\sim0.940g/cm^3$,机械性能不如高密度聚乙烯;③线型低密度聚乙烯(LLDPE),密度与低密度聚乙烯相近,机械性能优于低密度聚乙烯。聚乙烯具有良好的机械性能和很高的化学稳定性、耐水性、电绝缘性等。因此常将聚乙烯制成薄膜、板、管和容器,广泛应用于生活和制作工程材料。

聚乙烯易着火燃烧,并有严重的熔融滴落现象,会导致火势蔓延,因此对建筑用聚乙烯材料必须进行阻燃改性处理。

(2)聚氯乙烯(PVC)。

聚氯乙烯是一种通用塑料,是最早工业化生产的品种之一。它是目前作为装饰材料使用最多的一种塑料,常见的有塑料墙纸、塑料地板、塑料装饰板材、塑料管道等。它是一种多功能的塑料,通过配方的变化,可制成硬质的、半硬质的和软质的塑料制品,如果加入发泡剂,还能制成软质的泡塑制品。

硬质聚氯乙烯塑料中不含增塑剂或含少量增塑剂,其强度较高,由于含氯,具有离火自熄性能,抗冲击性较差,而软质聚氯乙烯含有增塑剂,使之柔软而富有弹性,但由于含有较多的增塑剂而没有自熄性。聚氯乙烯燃烧时,火焰呈黄绿色,放出有毒的氯化氢气体,对人体有害。

聚氯乙烯不易溶于一般有机溶剂,但能溶于环己酮和四氢呋喃等溶剂。利用这一特性,聚乙烯制品可用上述溶剂进行粘接。

(3)聚苯乙烯(PS)。

聚苯乙烯为无色透明的塑料,透光度达 80%～92%,其机械性能较高,但脆性大,敲击时有金属脆声。聚苯乙烯在燃烧时会发出特殊的苯乙烯气味。它耐溶性较差,能溶解于苯、甲苯、乙苯等芳香族溶剂中。

聚苯乙烯在建筑中主要用来生产泡沫塑料,用作保温隔热材料,此外也被用于制造灯具、发光平顶板等制品。

(4)聚甲基丙烯酸甲酯(PMMA)。

聚甲基丙烯酸甲酯又称有机玻璃,其透光性极好,它不仅能透过 92% 以上的日光,而且能透过 73.5% 的紫外光,因此主要被用来制造不易破碎的有机玻璃。但其表面硬度差,容易划伤。

它质轻、坚韧并具有弹性,在低温时仍具有较高的冲击强度,有良好的耐水性,易加工成型,可制成板材、管材等。此外,在有机玻璃中掺入颜料可制成各种颜色的装饰板材。

(5)聚酰胺(PA)。

聚酰胺又称尼龙,尼龙塑料抗拉强度高,可达 $55\sim80MPa$,坚韧耐磨,冲击韧性高,耐油、耐酸、耐碱和耐其他一些溶剂,但不耐强酸、强碱和酚类化合物;尼龙的导热系数低,热膨胀系数高,脱模收缩率较大。尼龙广泛用于机械、仪表、轴承、齿轮等机械零件、建筑配件、加筋土结构的拉筋、家具脚轮等。

(6)聚四氟乙烯(PTFE)。

聚四氟乙烯是塑料中最重要的一种,密度为 $2.2\sim2.3g/cm^3$,抗拉强度高达 $200\sim300MPa$。

它具有良好的电绝缘性,完全不燃烧,化学稳定性好,即使在高温条件下,与浓酸、浓碱、有机溶剂都不起反应,甚至在沸腾的王水中煮沸几十小时,也不发生任何变化,故有"塑料王"之美称。

聚四氟乙烯塑料润滑性很好,摩擦系数很低,只有 0.04,并具有突出的表面不黏性,几乎所有黏性物质都不黏附于表面。

聚四氟乙烯塑料主要用在对强度、温度和抗腐蚀要求较高的地方,如化工设备衬里、管、泵、阀、高温输液管、密封材料等,是电子电气工业好的绝缘材料。在铁路、桥梁和建筑工程中,则利用它的摩擦系数低,用作桥梁顶进的滑道、桥梁及钢屋架等的位移支承滑块(辊轴)等。

2.热固性塑料

(1)环氧树脂(EP)。

环氧树脂是由环氧丙烷和二酚基丙烷(双酚 A)在碱催化剂作用下缩合而成的高聚物。通常环氧树脂本身不会硬化,必须加入固化剂,经室温放置或加热处理后才能成为不溶、不熔的固体。常温下使用的固化剂有乙二胺、间苯二胺等。

环氧树脂的牌号有五种,工程上常用 E-42(634)和 E-44(6101)两种。环氧树脂具有很强的黏结力,作为高强胶黏剂,能牢固黏结钢筋、混凝土、木材、陶瓷、玻璃和塑料等材料,可用于结构修补增强,制作聚合物混凝土、玻璃钢、贴面装饰板、卫生洁具、高强胶结剂等。

(2)酚醛树脂(PF)。

酚醛树脂通常以苯酚(或甲酚、二甲酚)与甲醛缩聚而成,俗称电木胶。它具有耐热、耐湿、耐化学腐蚀和电绝缘性能。酚醛树脂应用广,可制成压缩粉、压型塑料、层压塑料和泡沫塑料。建筑上主要用来生产耐候好的胶合板、层压板、玻璃钢制品、涂料和胶黏剂及电气零件壳体等。

(3)脲醛树脂(UF)。

脲醛树脂是由脲素和甲醛缩聚的产物。脲醛塑料比酚醛塑料色彩鲜艳、无毒无味,主要用途是作为黏合剂来生产耐水胶合板、纸质层压板等,还可制作装饰品、电器绝缘件、建筑小五金等。

脲醛树脂还能用机械方法制造成泡沫塑料,其密度仅为 $0.01\sim0.02 \text{g/cm}^3$,导热系数为 $0.024\sim0.031 \text{W/(m·K)}$,而且成本低,但强度也低,主要用作空心墙的绝热层,可在现场发泡填充。

(4)有机硅(SI)。

有机硅是一种憎水、透明的树脂,具有耐高温、耐水和良好的电绝缘性能,可作为混凝土、砂浆表面的防水涂料,使之具有很高的抗水、抗渗和抗冻性能,可作为防水防潮和电绝缘涂层。利用其优良的耐候性能,可作为耐大气涂层而用于涂覆文物和古建筑物等。

(5)三聚氰胺缩甲醛树脂(MF)。

三聚氰胺缩甲醛树脂又称蜜胺树脂,其应用与脲醛树脂相近,它的耐水性、电绝缘性能比脲醛树脂好。在建筑上,常用它来生产装饰层压板,这种层压板表面硬度高、耐磨,可作为内墙的高级装饰材料。

(6)不饱和聚酯(UP)。

不饱和聚酯固化前是高黏度的液体,加入固化剂可在室温下不加压成型或在低压下固化成型,但固化时体积收缩率较大(通常为 7%～8%)。不饱和聚酯被大量用来生产玻璃制品、涂料和聚酯装饰板、卫生洁具和人造大理石等。

3.玻璃纤维增强塑料(GRP、玻璃钢)

玻璃钢是用玻璃纤维制品(纱、布、短切纤维、毯和无纺布等)增强不饱和聚酯树脂、环氧树脂等制成的一种热固性复合塑料。它成型好,可制成各种形状的制品,其质量轻(密度为 $1.4\sim2.2\text{g/cm}^3$)、强度高(高于钢材),因此,可以在满足设计要求的前提下,大大减轻建筑物的自重。它还具有独特的透光性能,可同时作为结构和采光材料使用。用玻璃钢还可制作游艇外壳、卫生洁具等。

(四)建筑塑料的应用

1. 塑料在铁道建筑工程中的应用

在铁道线路设备中,酚醛塑料层压板大量用于制作接头夹板的绝缘层,它较橡胶绝缘层经久耐用,成本也较低。聚氯乙烯或聚乙烯可用于制作钢轨与轨枕之间的缓冲垫板和道钉下面的垫片。由于其弹性、绝缘性和耐磨性好,现已成为混凝土枕线路中良好的弹性垫层材料。同时,在制作混凝土枕时,可用塑料管代替木栓作预留螺纹道钉的钉孔,且施工简便,并有利于防止道钉松动。

在铁路桥梁、隧道工程中,环氧树脂可用于修补桥梁墩台和隧道涵洞的裂缝,当钢筋混凝土桥梁裂纹时,也可用环氧树脂修补。高强度的环氧混凝土可用作抬高桥梁的支座垫石。用环氧树脂铺设的防水层,抗渗性好,可减轻钢筋的锈蚀,延长使用寿命。环氧树脂在桥梁中,还可作为与轨枕底部接触易锈蚀的钢梁和盖板的防锈涂料,施工方便,涂层牢固,防锈效果好。聚四氟乙烯常用于桥梁的支承辊轴和架桥时的滑道。

2. 塑料在房屋建筑工程中的应用

塑料在房屋建筑工程中得到广泛应用,除少数与其他材料组合用作结构材料外,绝大部分用作非结构的装饰材料。主要有:各种塑料装饰板材(如平板、扣板、浪板、花纹板和浮雕板)、塑料壁纸墙布、踢脚板、楼梯踏步、楼梯扶手、塑料门、塑料窗柜、窗扇、窗玻璃、百叶窗、落水管和顶埋暗管、塑料吊顶材料、卫生洁具、灯具、小五金件等。此外,各种塑料管道和管道配件也广泛用于室内、室外的给水、排水工程中。

3. 建筑用塑料制品

(1)塑料装饰板材。

塑料装饰板材是指以树脂为浸渍材料或以树脂为基材,采用一定的生产工艺制成的、具有装饰功能的普通或异型断面的板材(见图 3-41)。

图 3-41　塑料装饰板材

塑料装饰板材按原材料的不同可分为塑料金属复合板、硬质 PVC 板、三聚氰胺层压板、玻璃钢板、聚碳酸酯采光板、有机玻璃装饰板等类型。按结构和断面型式可分为平板、波形板、实体异型断面板、中空异型断面板、格子板、夹芯板等类型。

塑料装饰板材具有重量轻、装饰性强、生产工艺简单、施工简便、易于保养、适于与其他材料复合等特点，主要用作护墙板、屋面板和平顶板，也可作复合夹芯板材。

（2）塑料门窗材。

塑钢门窗是以聚氯乙烯树脂为主要原料，加上一定比例的稳定剂、改性剂、填充剂、紫外线吸收剂等助剂，经挤出加工成型材，然后通过切割、焊接的方式制成门窗框、扇，配装上橡塑密封条、五金配件等附件而成（见图 3-42）。为增加型材的钢性，在型材窄腔内添加钢衬，所以称之为塑钢门窗。

图 3-42　塑钢门窗

塑钢门窗与普通钢、铝窗相比可节约能耗 30％～50％，塑钢门窗的社会经济效益显著，近年来受到广泛的欢迎。生产塑料门窗的能耗只有钢窗的 26％，1t 聚氯乙烯树脂所制成的门窗相当于 10m³ 杉原木所制成的门窗，并且塑料门窗的外观平整，色泽鲜艳，经久不褪，装饰效果好。其保温、隔热、隔声、耐潮湿、耐腐蚀等性能均高于木门窗、金属门窗，外表面不需涂装，能在 -40℃～70℃ 的环境温度下使用 30 年以上。所以塑料门窗是理想的代钢、代木材料，也是国家积极推广发展的新型建筑材料。

（3）塑料地板。

塑料地板是以高分子合成树脂为主要材料，加入其他辅助材料，经一定的制作工艺制成的预制块状、卷材状或现场铺涂整体状的地面装饰材料（见图 3-43）。塑料地板有许多优良性能，塑料地板通过印花、压花等制作工艺，表面可呈现丰富绚丽的图案。塑料地板的密度仅为 1.8～2g/cm³，其单位面积的质量在所有铺地材料中是最轻的，可大大减小楼面荷载，且其坚韧耐磨，耐磨性完全能满足室内铺地材料的要求。塑料地板施工为干作业，且可直接粘贴，施工、维修和保养方便。

图 3-43　塑料地板

（4）塑料管材。

塑料管材（见图 3-44）代替铸铁管和镀锌管，具有重量轻、水流阻力小、不结垢、安装使用方便、耐腐蚀性好、使用寿命长等优点。"十五"规划确定：塑料管在全国各类管道中市场占有率达到 50％以上，其中建筑排水管道 70％采用塑料管，建筑雨水排水管道 50％采用塑料管，城市排水管道 20％采用塑料管，建筑给水、热水供应管道和供暖管道 60％采用塑料管，城市供水管道（DN400mm 以下）50％采用塑料管，村镇供水管道 60％采用塑料管，城市燃气管道中低压管 50％采用塑料管，建筑电线护套管 80％采用塑料管。塑料管被列为国家重点推广建材之一。

图 3-44　塑料管材

目前我国生产的塑料管材质，广泛用于房屋建筑的自来水供水系统配管，排水、排气和排污卫生管，地下排水管、雨水管以及电线安装配套用的电线电缆管等。典型塑料管材主要包括硬质聚氯乙烯排水管（UPVC 管）、聚乙烯排水管（PE 管）、无规共聚聚丙烯管（PP-R 管）和铝塑管（Al-PE-Al 管）等。

（5）玻璃钢。

玻璃钢（简称 GRP，又名玻璃纤维增强塑料），它是以玻璃纤维及其制品（玻璃布、玻璃纤维短切毡片、无捻玻璃粗纱等）为增强塑料，以酚醛树脂、不饱和聚酯树脂和环氧树脂等为胶黏剂，经过一定的成型工艺制作而成的复合材料（见图 3-45）。玻璃钢的性能主要取决于合成树脂和玻璃纤维的性能、它们的相对含量以及它们之间的黏结力。合成树脂和玻璃纤维的强度越高，特别是玻璃纤维的强度越高，则玻璃钢的强度越高。采用玻璃钢材料制成的门窗耐酸碱腐蚀、质轻、耐热、抗冻，成型简单，坚固耐用。它适用于化工厂房及其他需耐化学腐蚀的门窗;采用玻璃钢材料制成的玻璃钢卫生洁具和家具壁薄质轻、强度高、耐热耐水、耐化学腐蚀、经久耐用,美观大方,广泛适用于各类公共场所。

图 3-45 玻璃钢

(6)泡沫塑料。

泡沫塑料是以各种树脂为基料,加入稳定剂、催化剂等加热发泡等工序而制成的多孔塑料制品(见图 3-46)。它具有相对密度轻、导热系数低、不吸水、不燃烧、保温隔热、吸声、防震的优良特性。泡沫塑料的孔隙率高达 95%～98%,且孔隙尺寸小于 1.0mm,根据孔隙的构造特征,有开口和闭口两种,前者适用于建筑工程上的吸声、保温和隔热,后者适用于防震。建筑上常用的有聚苯乙烯泡沫塑料、聚氯乙烯泡沫塑料、聚氨酯泡沫塑料和脲醛泡沫塑料等。

图 3-46 泡沫塑料

任务五 建筑涂料

一、任务描述

了解建筑涂料的性能及应用。

二、学习目标

通过本任务的学习,你应当:
具有初步选择建筑涂料的能力。

三、任务实施

（一）任务导入,学习准备

引导问题 1:常用的建筑涂料一般由几部分组成? 各部分在涂料中的作用是什么?

_____

_____

_____

引导问题 2:建筑涂料和油漆有什么区别?

_____

_____

_____

引导问题 3:建筑涂料是如何进行分类的?

_____

_____

_____

引导问题 4:建筑防水涂料有哪些品种?

_____

_____

_____

引导问题 5:如何选择屋面防水材料?

_____

_____

_____

_____

（二）任务实施

任务:看看以下现象,并思考问题。

1.外墙涂料会出现雨痕,请问这是什么原因?

_____

_____

_____

2.涂料在贮存过程中为何出现分层现象？这对涂料性能有无影响？

_____

_____

_____

3.旧楼面应如何施工涂料？

_____

_____

_____

四、任务评价

1.完成以上任务评价的填写

班级：   姓名：

考核项目		分数				教师评价得分
		差	中	良	优	
自学能力		8	10	11	13	
言谈举止	工作过程安排是否合理规范	8	10	15	20	
	陈述是否清晰完整	8	10	11	12	
	是否正确领会运用已学知识来解决实际问题	7	10	15	18	
是否积极参与活动		7	10	11	13	
是否具备团队合作精神		7	10	11	12	
成果展示		7	10	11	12	
总计		52	70	85	100	
教师签字：			年 月 日			最终得分：

2.自我评价

(1)完成此次任务过程中存在哪些问题？

_____

_____

_____

(2)请提出相应的解决问题的方法。

_____

_____

_____

五、知识讲解

涂料是指一类应用于物体表面而能结成坚韧保护膜的物料的总称。一般将用于建筑物内墙、外墙、顶棚及地面的涂料称为建筑涂料。建筑涂料是涂料中的一个重要类别。

习惯上人们把传统的溶剂型漆称为油漆,而把新型水性漆(尤其是建筑涂料)称为涂料。早期的涂料主要是以油脂和天然树脂为主要原料,所以当时称为油漆,如生漆、沥青漆、虫胶漆等。但随着科学的进步,合成树脂广泛用作涂料的主要原料,生产出溶剂型涂料和水性涂料,现阶段技术分类将传统的油漆和现在的涂料统称为涂料。

1. 建筑涂料的分类

(1)按基料的种类分类,建筑涂料可分为有机涂料、无机涂料、有机—无机复合涂料。

有机涂料由于其使用的溶剂不同,又分为有机溶剂型涂料和有机水性(包括水乳型和水溶型)涂料两类。生活中常见的涂料一般都是有机涂料。无机涂料指的是用无机高分子材料为基料所生产的涂料,包括水溶性硅酸盐系、硅溶胶系、有机硅及无机聚合物系。有机—无机复合涂料有两种复合形式,一种是涂料在生产时采用有机材料和无机材料共同作为基料,形成复合涂料;另一种是有机涂料和无机涂料在装饰施工时相互结合。

(2)按装饰效果分类。

①表面平整光滑的平面涂料(俗称平涂),这是最为常见的一种施工方式。

②表面呈砂粒状装饰效果的砂壁状涂料,如真石漆。

③形成凹凸花纹立体装饰效果的复层涂料,如浮雕。

(3)按在建筑物上的使用部位分类,建筑涂料可分为内墙涂料、外墙涂料、地面涂料和顶棚涂料。

(4)按使用功能分类,建筑涂料可分为普通涂料和特种功能性建筑涂料(如防火涂料、防水涂料、防霉涂料、道路标线涂料等)。

(5)按照使用颜色效果分类。如金属漆、透明清漆等。

2. 建筑涂料的组成

常用的建筑涂料一般由底层涂料、主层涂料和罩面涂料三部分组成。

(1)底层涂料:封闭基层,易使主层涂料呈均匀良好的涂饰效果,并提高主涂层与基层的附着力。

(2)主层涂料:起到骨架以及装饰的作用,赋予复层涂料所具有的花纹图案和一定的厚度,形成凹凸不平的立体质感。

(3)罩面涂层:保护主涂层,提高涂料的耐候性、耐水性、耐污染性等。

(一)内墙涂料

内墙涂料在全国建筑涂料总量中,约占60%,它是量大面广的建筑装饰材料(见图3-47)。内墙涂料要求平整度高,饱满度好,色调柔和新颖,且要求耐湿擦和耐干擦的性能好。涂料必须有很好的耐碱性,防霉。同时外观光洁细腻,颜色丰富多彩,给人以亲切的感觉,内墙涂料一般都可用于顶棚涂饰,但是不宜用于外墙。

图 3-47 内墙涂料

目前市场上内墙涂料品种有：合成树脂乳液内墙涂料（俗称乳胶漆）；水溶性内墙涂料，以聚乙烯醇和水玻璃为主要成膜物质，包括各种改性的经济型涂料；多彩内墙涂料，包括水包油型和水包水型两种；此外还有梦幻涂料、纤维状涂料、仿瓷涂料、绒面涂料、杀虫涂料等。按照其化学成分分为 8 类：聚乙烯醇、氯乙烯、硅酸盐、苯丙、丙烯酸、乙丙、复合类和其他类等涂料。

在众多的内墙装饰涂料中，乳胶涂料以它高雅、清新的装饰效果，无毒、无味的环保特点而备受青睐，成为当前内墙涂料的主要品种，特别是高档丝面乳胶涂料的问世，更为乳胶涂料的发展增加了活力。

不同的内墙涂料，展示出不同的装饰效果。例如，多彩涂料色彩丰富、造型新颖、立体感强；梦幻涂料显现出高贵、华丽，给人以类似"云雾""大理石"等梦幻感觉；仿瓷涂料饰面光亮如镜；乳胶涂料清新淡雅；等等。

（二）外墙涂料

外墙装饰直接暴露在大自然，经受风、雨、日晒的侵袭，故要求涂料有耐水、保色、耐污染、耐老化以及良好的附着力，同时还具有抗冻融性好、成膜温度低的特点。

外墙涂料按照装饰质感分为四类：

（1）薄质外墙涂料：质感细腻、用料较省，也可用于内墙装饰，包括平面涂料、沙壁状、云母状涂料。

（2）复层花纹涂料：花纹呈凹凸状，富有立体感。

（3）彩砂涂料：用染色石英砂、瓷粒云母粉为主要原料，色彩新颖，晶莹绚丽。

（4）厚质涂料：可喷、可涂、可滚、可拉毛，也能作出不同质感花纹。

（三）地面涂料

1. 聚氨酯厚质弹性地面涂料

聚氨酯厚质弹性地面涂料是以聚氨酯为基料的双组分溶剂型涂料。其具有整体性好，色彩多样的优良装饰性，且耐水性、耐油性、耐酸碱性、耐磨性好，还具有一定的弹性，脚感舒适等优点，但也存在价格较高、原材料有毒等缺点。聚氨酯厚质弹性地面涂料主要用于高级住宅、会议室、手术室、影剧院等建筑的地面，也可用于地下室、卫生间等防水或工业厂房的耐磨、耐油、耐腐蚀地面。

2. 环氧树脂厚质地面涂料

环氧树脂厚质地面涂料是以环氧树脂为基料制成的双组分溶剂型涂料。其具有良好的耐化学腐蚀性、耐水性、耐油性、耐久性，且涂膜与基层材料的黏结力强，坚硬、耐磨，有一定的韧性,色彩多样,装饰性好,但其也具有价格高、原材料有毒等缺点。主要用于高级住宅、手术室、实验室及工厂车间等建筑的地面。

(四)防水涂料

防水涂料是用沥青、改性沥青或合成高分子材料为主料制成的具有一定流态的、经涂刷施工成防水层的胶状物料。其中有些防水涂料可以用来黏贴防水卷材,所以它又是防水卷材的胶黏剂。

1. 冷底子油

冷底子油是将热熔的沥青加入有机溶剂配制成的一种液体沥青涂料,由于它是在冷却后用于涂刷防水层的底层,故称冷底子油(见图 3-48)。

图 3-48　冷底子油

用 10 号、30 号或 60 号石油沥青热熔后,按 30:70 配入汽油或按 40:60 配入煤油或轻柴油,可配成石油沥青冷底子油,用于煤沥青类防水层的制底。

在铺设防水层时,需要先在干燥的基层(砂浆、混凝土)上先刷一道冷底子油,它能很快地渗入到基层的毛细孔隙中,待溶剂挥发后,其沥青成分填塞基层的毛细孔隙,并在基层表面形成一层沥青薄膜,从而提高基层的抗渗能力,又能增强后铺防水材料与基层之间的黏结力。但冷底子油必须在干燥的基层上涂刷,若基层潮湿,则水分起隔离作用,使沥青成分不能与基层黏合,更不能深入基层填塞毛孔,起不到应有的作用。

2. 沥青胶(玛脂)

沥青胶(玛脂)如图 3-49 所示。

图 3-49　沥青胶

（1）热用沥青胶。

热用沥青胶是将沥青热熔后掺入粉状或纤维状的填充料均匀混合配制而成。掺入矿质粉料（如滑石粉、石灰石粉、白云石粉等）和纤维状填料（如石棉绒、木棉纤维等）的作用，是为了提高其耐热性、低温柔韧性和抗老化性能，其掺量一般为 10%～30%。

沥青胶按其所用沥青不同，分为石油沥青胶和焦油沥青胶（煤沥青胶）；又按耐热度将石油沥青胶划分为 S-60～S-85 等六个标号，将焦油沥青胶划分为 J-55～J-65 三个标号，沥青胶的性能主要取决于沥青胶所用沥青及其组成成分。所用沥青的软化点越高，则沥青胶的耐热性越好，夏季受热时不易流淌。若所用沥青的延度大，则沥青胶的柔韧好，冬季低温时不易开裂。

热用沥青胶在热熔状态下使用，主要用于黏贴油毡、涂敷成防水层、耐腐蚀层和嵌缝补漏等。涂刷沥青胶前，要在基层先涂刷一层同类的冷底子油。石油沥青胶用于黏贴石油沥青油毡，而焦油沥青胶用于黏贴煤沥青油毡，两者不能混用，否则会影响黏结质量和耐久性。

（2）冷用沥青胶。

冷用沥青胶是在热熔沥青中掺入填充料的同时，掺入同类的溶剂（石油沥青掺汽油、煤油、柴油，煤沥青掺苯）配制而成，冷却后，其常温下呈流态或膏状，施工时不需要再加热，因而施工方便。其应用与热用沥青胶相同。

3. 乳化沥青防水涂料（水性沥青基防水涂料）

乳化沥青是以石油沥青为基料加入有乳化剂的水中，再加入一些改性材料，经强力机械搅拌，将沥青打散为 1～6μm 的微粒悬浮于水中，形成的一种乳化液。它是一种冷用的水性沥青基防水涂料（见图 3-50）。

图 3-50　乳化沥青防水涂料

在一般情况下，水与沥青是互不相溶的，但加入离子型乳化剂后，因乳化剂的分子一端是亲水的，另一端是憎水亲油的，因而乳化剂的分子吸附在沥青微粒与水的界面上，使沥青微粒能稳定地悬浮于水中，即成为乳化沥青。加入非离子型乳化剂亦有同样效果。

常用的乳化剂有阴离子型和非离子型两类：阴离子型乳化剂有肥皂、洗衣粉、松香皂、十二烷基苯磺酸钠等；非离子型乳化剂有石灰膏、平平加（烷基苯酚环氧乙烷解缩合物）、聚乙烯醇等。

《水性沥青基防水涂料》(JC408—91)规定,乳化沥青防水涂料按采用的乳化剂、成品外观和施工工艺不同分为薄质和厚质两类。

薄质乳化沥青涂料(AE-2类)是用皂液或其他化学乳化剂配制,可掺入氯丁胶乳或再生胶乳,常温下呈液态,具有流平性,可代替冷底子油作涂刷基层或作防潮层使用。

厚质乳化沥青涂料(AE-1类)是用矿物胶体乳化剂(如石灰膏等)配制,可掺入石棉纤维或其他矿物填料,常温下呈膏体或黏稠体,不具有流平性,可代替沥青胶涂刷施工成防水层。乳化沥青防水涂料按其质量分为一等品和合格品。

乳化沥青防水涂料在常温下操作,可在潮湿基层上施工。涂料施工后,随着水分蒸发,沥青颗粒相互挤近靠拢,凝聚成膜,与基层黏结成防水层,起到防水作用。但它不宜在负温下施工,以免水分结冰而破坏防水层;也不宜在烈日下施工,以免水分蒸发过快使表面过早结膜,使膜内水分蒸发不出而产生气泡。

乳化沥青防水涂料用带盖的铁桶和塑料桶包装。在运输和存放中应严防日光曝晒,防止碰撞,应放在10℃～45℃的仓库内,不得接近热源和火源。AE-1类产品存放期不应超过3年,AE-2类产品不应超过3个月。

4.改性沥青和高聚物防水涂料

改性沥青和高聚物防水涂料是采用改性沥青或高聚物制作的防水涂料,可用于直接涂刷成防水层,或黏贴同类的防水卷材。利用这种防水涂料可得到低温下抗裂性能、黏结性能、防水性能和抗老化性能更好的防水层,用于要求较高的屋面防水和其他防水工程。

(1)再生橡胶沥青防水涂料。

它是由石油沥青和废橡胶粉加工制作的,有油溶型和水乳型两种。若掺入汽油作溶剂,得到油溶型的再生橡胶沥青防水涂料(JG-1型防水冷胶料);若掺入水和乳化剂,经乳化而成的是水乳型再生橡胶沥青防水涂料(JG-2型防水冷胶料)。

(2)氯丁橡胶沥青防水涂料。

它是由氯丁橡胶改性沥青为基料加工制作的,也有油溶型和水乳型两种。

(3)丁苯橡胶(SBS)改性沥青防水涂料。

它是由石油沥青、合成树脂、SBS橡胶等材料制成的水乳型弹性防水涂料。

(4)聚氨酯防水涂料。

它是以合成高分子材料聚氨酯为基料制作的防水涂料,若掺入焦油,则为焦油聚氨酯防水涂料。其涂膜有透明、彩色、黑色等品种。

5.屋面工程防水材料的选择

《屋面工程施工及验收规范》(GB50207—94)规定:屋面防水工程,根据建筑物的性质、重要程度、使用功能要求、建筑结构特点以及防水耐用年限等分为4个等级,各等级的屋面防水材料可按表3-1进行选用。

表 3-1　屋面防水等级和防水材的选用

项目	屋面防水等级			
	Ⅰ	Ⅱ	Ⅲ	Ⅳ
建筑物类别	特别重要的民用建筑和对防水有特殊要求的工业建筑	重要的民用建筑、高层建筑,如博物馆、图书馆、医院、宾馆、影剧院,重要的工业建筑、仓库等	一般民用建筑,如办公楼住宅、学校、旅馆,一般的工业建筑、仓库等	非永久性的建筑,如简易宿舍、简易车间等
防水耐用年限	20 年以上	15 年以上	10 年以上	5 年以上
选用材料	合成高分子防水卷材、高聚物改性沥青防水卷材、合成高分子防水涂料、细石防水混凝土、金属板等材料	高聚物改性沥青防水卷材、合成高分子防水卷材、高聚物改性沥青防水涂料、合成高分子防水涂料、细石防水混凝土、金属板等材料	三毡四油沥青基防水卷材、高聚物改性沥青防水卷材、高聚物改性沥青防水涂料、合成高分子防水涂料、阳性防水层、平瓦、油毡等材料	三毡四油沥青基防水卷材、高聚物改性沥青防水涂料、沥青基防水涂料、波形瓦等材料
设防要求	三道或三道以上防水设防,其中,必须有一道合成高分子防水卷材,且有一道 2 mm 以上厚的合成高分子涂膜	两道防水设防,其中必须有一道卷材,也可以采用压型钢板进行一道设防	一道防水设防,或两种防水材料复合使用	一道防水设防

6.密封材料

密封材料又称嵌缝材料,应用于建筑上的各种接缝或裂缝、变形缝(沉降缝、伸缩缝、抗震缝),能保持水密、气密性能。密封材料应具有一定的强度和良好的黏结性、弹塑性和耐老化性,在接缝发生震动或变形时,所填充的密封材料应能牢固黏结,不断不裂,保持不透水、不透气,并有较长的使用寿命。

密封材料有定型和不定型两大类。定型密封材料是具有特定形状的垫衬材料,如密封条、密封带、密封垫等。不定型密封材料是膏状材料,称为密封膏或嵌缝膏。常用的密封膏有沥青胶、沥青嵌缝隙油膏、各种改性沥青密封膏和各种合成高分子密封膏。

(1)沥青嵌缝油膏。

沥青嵌缝油膏(见图 3-51)是以石油为基料,加入改性材料、稀释剂和填充料混合制成的冷用膏状嵌缝材料,所用改性材料有废橡胶粉和硫化鱼油,稀释剂有重松节油、机油,填充料有石棉绒和滑石粉等。

图 3-51　沥青嵌缝油膏

《建筑防水沥青嵌缝油膏》(JC207—76)规定,沥青嵌缝油膏按其耐热度和低温柔性划分为 701、702、703、801、802、803 六个标号。

沥青嵌缝油膏适用预制屋面板接缝处的嵌缝处理。使用油膏嵌缝时,缝内应洁净干燥,先涂刷冷底子油,待其干后即可嵌填油膏。油膏表面可加石油沥青、油毡、砂浆覆盖。

(2)聚氯乙烯建筑防水接缝材料。

聚氯乙烯建筑防水接缝材料又称聚氯乙烯(PVC)胶泥,是由聚氯乙烯、煤焦油为基料,加入适量改性材料及其他添加剂配制而成的热施工嵌缝材料。其按耐热度分为 703、802 两个标号。

聚氯乙烯胶泥具有良好的黏结性、弹塑性、防水性和良好的耐寒、耐蚀、耐老化性能,既可以用于嵌缝,亦可以用作屋面防水层。

(3)聚氨酯建筑密封膏。

聚氨酯建筑密封膏是以聚氨基甲酸酯聚合物为主要成分的、双组分反应固化型的建筑密封材料,有 N 型和 L 型之分。N 型是用于立缝或斜缝而不下垂的非下垂型;L 型是用于水平接缝能自动流平,形成光滑表面的自流平型。

这种密封膏具有延伸率大、弹性和黏结性好、耐低温、耐火、耐油、耐酸碱、使用年限长等优良性能,被广泛用于各种装配式屋面板、楼地面、阳台、窗框、卫生间等部位的接缝、施工缝的密封,以及给排水管道接缝和贮水池的密缝等。

(4)聚硫建筑密封膏。

聚硫建筑密封膏是以液态聚硫橡胶为基料的常温硫化双组分建筑密封材料,亦有 N 型(非下垂型)和 L 型(自流平型)之分。按其伸长率和模量分为 A 类(高模量低伸长率)和 B 类(高伸长率低模量)两类。

聚硫建筑密封膏具有良好的耐候性,使用温度为 −40℃~90℃,抗撕裂性强,对金属和各种建筑材料有良好的黏结作用,适用于混凝土屋面板、楼板、墙板、金属幕墙、玻璃窗、钢铝窗、贮水池、上下管道等的接缝密封,也可用于活动量大的接缝。

(5)丙烯酸酯建筑密封膏。

丙烯酸酯建筑密封膏是以单组分水乳型丙烯酸酯为基料的建筑密封材料。这种密封膏黏结力强,具有很好的弹性,能适应一般伸缩变形的需要;耐候性好,能在-20℃~100℃情况下长期保持柔韧性;耐水、耐酸性好,适用于混凝土、金属、木材、砖石、玻璃等材料之间的密封防水。

(五)国内外建筑涂料的发展概况

1.我国建筑涂料的发展过程

近年来随着科学技术的进步和人民生活水平的提高,我国的建筑涂料行业在产品结构、技术水平、生产能力和推广应用等各方面均取得了较大进步,品种不断增多,并且越来越多地展现在人们的生活环境中。建筑涂料的产量连年增长,产业已形成一定的规模,基本能满足城市的建设与人民生活的需求。涂料在人们的印象中往往单指建筑涂料。其实建筑涂料只是涂料的一个类别,消耗量很大,在涂料工业中占有很重要的地位。随着我国国民经济的进一步发展,建筑涂料产业将具有更加美好的前景。

2.国外建筑涂料发展状况

国外建筑涂料发展早于我国,而且发展迅速,欧美和日本技术水平领先,产业已经形成巨大实力的集团规模。随着经济的全球化,中国加入世贸组织,国外的大型涂料企业不断地向外扩张,纷纷进入中国市场,一方面促进中国涂料市场的发展,另一方面也给中国的涂料企业带来强大的竞争压力。比如立邦、ICI等国外知名企业以其雄厚的经济实力进行品牌投资,广告铺天盖地,在中国市场上家喻户晓,成为中国涂料企业最大的竞争对手。

任务六　木材

一、任务描述

1.了解木材的优点及缺点;
2.掌握木材的特性及其用途。

二、学习目标

通过本任务的学习,你应当:
1.能读懂木材的技术指标;
2.能对木材进行正常的验收与保管。

三、任务实施

(一)任务导入,学习准备

引导问题1:木材的优点和缺点是什么?

_____

_____

_____

_____

引导问题 2：什么是木材的纤维饱和点？它有什么实际意义？

_____

_____

_____

引导问题 3：常见的人造板材有哪几种？如何根据实际情况选用？

_____

_____

_____

引导问题 4：木地板有哪几种？各有什么特点？

_____

_____

_____

引导问题 5：木材应该如何进行防护？

_____

_____

_____

_____

（二）任务实施

任务：

1.单选题

（1）材质构造均匀、各项强度一致、抗弯强度高、耐磨绝热性好、不易胀缩和翘曲变形、无节、不腐朽的是（   ）。

    A.纤维板   B.刨花板   C.细木工板   D.胶合板

（2）木材的导热系数随着表观密度增大而（   ），顺纹方向的导热系数（   ）横纹方向。

    A.减少、小于   B.增大、小于   C.增大、大于   D.减少、大于

（3）（   ）是木材的主体。

    A.木质部   B.髓心   C.年轮   D.树皮

（4）当木材的含水率大于纤维饱和点时，随含水率的增加，木材的（   ）。

    A.强度降低，体积膨胀   B.强度降低，体积不变

    C.强度降低，体积收缩   D.强度不变，体积不变

（5）木材的（   ）最大。

    A.顺纹抗拉强度   B.顺纹抗压强度   C.横纹抗拉强度   D.横纹抗压强度

2.多选题

（1）空铺条木地板由（   ）几部分组成。

    A.下槛   B.木龙骨   C.水平撑   D.地板   E.踢脚

（2）建筑装饰工程中常用的木质装饰板有（　　　）。

A. 薄木贴面板　　　　B. 胶合板　　　　　C. 纤维板　　　　D. 刨花板　　E. 细木工板

（3）影响木材强度的主要因素有（　　　）。

A. 密度　　　　　　　B. 含水率　　　　　C. 木节　　　　　D. 温度　　E. 负荷

（4）拼花木地板一般适用于（　　　）。

A. 体育馆　　　　　　B. 舞台　　　　　　C. 住宅　　　　　D. 宾馆　　E. 展览馆

（5）以下对木材描述正确的是（　　　）。

A. 为建筑工程的三大材料之一

B. 轻质高强，易于加工

C. 具有天然纹理、柔和温暖的视觉特征

D. 构造均匀

E. 在干湿交替环境中耐久性能差

四、任务评价

1. 完成以上任务评价的填写

班级：　　　　　　　　　　姓名：

考核项目		分数				教师评价得分
		差	中	良	优	
自学能力		8	10	11	13	
言谈举止	工作过程安排是否合理规范	8	10	15	20	
	陈述是否清晰完整	8	10	11	12	
	是否正确领会运用已学知识来解决实际问题	7	10	15	18	
是否积极参与活动		7	10	11	13	
是否具备团队合作精神		7	10	11	12	
成果展示		7	10	11	12	
总计		52	70	85	100	最终得分：
教师签字：			年　　月　　日			

2. 自我评价

（1）完成此次任务过程中存在哪些问题？

_____

_____

_____

_____

（2）请提出相应的解决问题的方法。

_____

_____

_____

_____

五、知识讲解

(一)木材的分类和构造

1.木材的分类

木材的种类很多,从树叶的外观形状可将树木分为针叶树和阔叶树两大类。

针叶树成长较快,树干通直高大,易得大材,纹理平顺,材质均匀,木质较软,易加工,故又称软木,如杉木、红松、落叶松、马尾松等。其表面密度和胀缩变形小,耐腐朽性较强,因而是土木建筑工程中作为结构构件、门窗、地板和铁道枕木的主要用材。

阔叶树生长较慢,树干通直部分较短,材质较硬,较难加工,故又称硬木材,如榆木、水曲柳、柞木等。但也有材质较软的,如椴木、杨木、桦木等。阔叶树木材一般较重,强度较大,胀缩、翘曲变形较大,较易开裂,故不适用于承重构件;它坚硬耐磨,纹理美观,宜用于制作家具和内部装修及胶合板等。

2.木材的构造

木材的构造是决定木材性能的主要因素。木材的构造十分复杂,但有一定的规律性。不同树种、生长环境条件不同的木材虽然其构造差别很大,但也存在共性。

研究木材的构造通常要从宏观和微观两方面进行。

（1）木材的宏观构造。

用肉眼或放大镜能看清楚的构造称为宏观构造。观察木材的构造,可以从树干的横切面、径切面和弦切面三个面上进行,如图3-52所示。

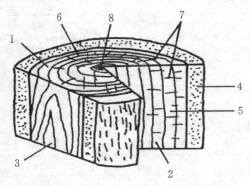

1—横切面;2—径切面;3—弦切面;4—树皮;

5—木部;6—年轮;7—髓线;8—髓心

图3-52 树干的三个切面

与树轴相垂直的切面称为横切面。在横切面上可看到树皮、木质部和髓心三个主要部分。

①树皮。

树皮覆盖在木质部的外表面,起保护树木的作用。一般树木的树皮使用价值不大。

②木质部。

木质部是工程使用的主要部分,位于髓心和树皮之间。靠近树皮部分,材色较浅,水分较多,称为边材。边材由新的细胞组成,担负着疏导水分、贮藏养分的任务。边材易发生翘曲,抗腐能力较差。在髓心周围部分,材色较深,水分较少,称为心材。心材由已失去生机的早期细胞所组成,储存有较多的树脂,抗腐能力强,含水量较少,湿胀干缩翘曲变形小,故一般心材比边材使用价值大。

③年轮。

在横切面上看到木质部具有深浅相间的同心圆环,即为年轮。一般树木每年生长一圈。

在同一年轮内,春天生长的木质,色较浅,质较软,称为春材(早材);夏秋两季生长的木质色较深,质较密,称为夏材(晚材)。相同树种,年轮越密且越均匀,材质越好;夏材部分越多,木材强度越高。

④髓线。

髓线是横贯年轮而呈径向分布的横向细胞组织,它长短不一。髓线由薄细胞组成,与周围细胞组织连接较弱,故木材干燥时,容易沿髓线方向产生放射状裂纹。

在弦切面上,年轮成V字形花纹。在实际应用中,绝大部分情况的使用均为弦切面。弦切面上的花纹美观,适合于制作家具、建筑装修和船甲板等。

⑤髓心。

髓心形如管状,纵横整个树木的干和枝的中心,是最早生成的木质部分,故材质松软,强度低,易腐朽。

(2)木材的微观构造。

在显微镜下所见到的木材组织称为微观构造。在显微镜下,可以看到,木材是由无数不同形态、不同大小的管状细胞紧密结合而成的。它们大部分为纵向排列,少数为横向排列(如髓线)。

每个管状细胞都分为细胞壁和细胞腔两部分(见图3-53)。

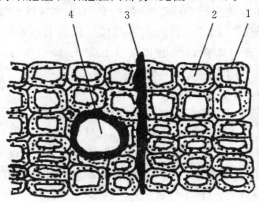

1—细胞壁;2—细胞腔;3—木髓线;4—树脂溢出孔

图3-53　松木的微观构造

细胞壁由纤维素和木质素组成,其纵向连接牢固,横向连接较软,所以形成细胞壁乃至整个木材的纵向强度大、横向强度小的特点。细纤维之间存在着极小的空隙,能吸附和透过水分。

细胞壁的成分和细胞本身的组织决定了木材的物理性质。细胞壁中的木质素含量越高,则细胞越硬。细胞壁越厚,则细胞腔越小,组织越均匀,木材构造也越密实,体积密度和强度越大,但发生干湿变化时,对体积的影响也越大。由细胞壁围成的长形空腔称为细胞腔。

(二)木材的技术性质

1.木材的物理性质

(1)木材的密度和体积密度。

①密度。木材的密度约为 $1.48 \sim 1.56 g/cm^3$,各材之间密度相差不大,一般取 $1.54 g/cm^3$。

②体积密度。木材的体积密度取决于其晚材率和孔隙率的大小,因材种不同而有很大的差别。普通结构的木材中约有 $40\% \sim 50\%$ 的孔隙,在气干状态下,它们的体积密度一般都小于1。由于木材自然状态的体积密度随其含水率而变化,为了具有可比性,规定以含水率为 15% 时的体积密度为木材的标准体积密度。标准体积密度越大的木材,其强度越高,但湿胀干缩性越大。

(2)木材的含水率。

木材含有大量细微开口连通孔隙,很容易吸收大量的水分,其含水率随环境的变化而变化。新砍伐的木材(生材)含水率在 35% 左右;水运或贮存于水中的木材(湿材)含水率在 50% 以上;将木材置于棚下让其自然干燥(风干木),其含水率为 $15\% \sim 25\%$;将木材置于室内干燥(室干木),其含水率为 $8\% \sim 15\%$。

木材中的水分主要有三种,即自由水、吸附水和结合水。自由水是存在于木材细胞腔和细胞间隙中的水分;吸附水是指吸附在细胞壁内细纤维之间的水分。自由水的变化只与木材的表观密度、保存性、燃烧性、干燥性等有关,而吸附水的变化则是影响木材强度和胀缩变化的主要因素。结合水即为木材中的化合水,它在常温下不变化,故其对木材性质无影响。

当木材中吸附水饱和而没有自由水的含水率称为木材的纤维饱和点含水率(用 w 表示),其值在 $25\% \sim 35\%$ 之间,通常认为是 30%。纤维饱和点是木材性能变化的转折点,当木材含水率在纤维饱和点以上变化($w > 30\%$,自由水进出)时,只会引起木材重量的变化,而对胀缩、强度没有什么影响;当木材含水率在纤维饱和点以下变化($w < 30\%$,吸附水进出)时,则会引起木材强度变化和胀缩变形发生。

(3)木材的湿胀与干缩。

木材具有很显著的湿胀干缩性。当木材含水率在纤维饱和点以下时,由于细胞壁中的吸附水增多或减少,引起细胞中纤维之间距离的变化,使木材发生湿胀与干缩;当木材含水率超过纤维饱和点后,木材体积不再变化。纤维饱和点是木材发生湿胀干缩的转折点。

木材的湿胀干缩主要发生在横向(与细胞纵轴垂直的方向),而沿纵向胀缩很小。在横向胀缩中,弦向胀缩最大。因而,木材的湿胀干缩以弦向最大(约 $6\% \sim 12\%$),径向次之(约 $3\% \sim 6\%$),纵向最小(约 $0.1\% \sim 0.35\%$)。木材干燥或受潮时,因各向胀缩不同而会产生变形、翘曲和开裂等现象。图 3-54 为木材的干缩变形情况。

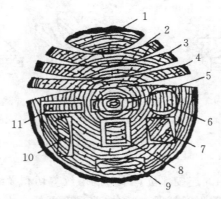

1—边板呈橄榄核形；2、3、4—弦锯板呈瓦形反翘；
5—通过髓心的径锯板呈纺锤形；6—圆形变椭圆形；
7—与年轮成对角线的正方形变菱形；
8—两边与年轮平行的正方形变长方形；
9—弦锯板翘曲成瓦形；
10—与年轮成 40°角的长方形呈不规则翘曲；
11—边材径锯板收缩较均匀

图 3－54　木材的干缩变形

干缩变形对木材的实际应用是非常不利的。为了避免这些不利影响，最根本的措施是，在木材加工制作前预先将其进行干燥处理，使木材干燥至其含水率与将制成的木构件使用时所处环境的湿度的平衡含水率相同。

2. 木材的力学性质

木材是非匀质材料，具有各向异性的特点。在建筑结构中使用到的木材的力学性质有抗压、抗拉、抗剪和抗弯几个方面，具有顺纹受力和横纹受力之分。受力方向与纵向纤维方向平行时为顺纹受力，受力方向与纵向纤维方向垂直时为横纹受力。

木材的强度按国家标准《木材力学试验方法》(GB1927～1943—91)的规定，是用无疵病的木材制成的标准试件进行测试的。

(1)抗压强度。

木材顺纹抗压强度较高，它是木材各种力学性质中的基本指标。木材顺纹抗压应用于柱、桩、支撑、桁架中的受压杆件等。

木材横纹抗压时，其纤维束和管状细胞很容易被压扁，所以木材横纹抗压强度远低于其顺纹抗压强度，通常只有顺纹抗压强度的 10%～30%。铁路上的枕木、结构或构件下方的垫木等都是横向承压构件。

(2)抗拉强度。

顺纹抗拉强度在木材的各种强度中最高，约为顺纹抗压强度的 2～5 倍。而横纹抗拉强度很低，只有顺纹抗拉强度的 20% 左右，这是因为各纤维横向之间的连接力很小，很容易被拉开。因此，工程上应避免使用木材横向抗拉。

(3)抗剪强度。

木材的剪切有顺纹剪切、横纹剪切和横纹切断三种，如图 3－55 所示。

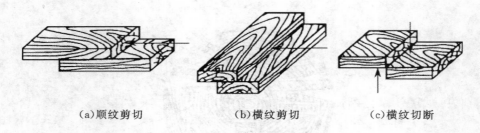

（a）顺纹剪切　　　　　（b）横纹剪切　　　　　（c）横纹切断

图3-55　木材的剪切

　　木材的剪切发生在木结构的连接部位。木材的顺纹剪切和横纹剪切都是使纤维间的连接发生错动破坏，因此木材的抗剪强度较低，横纹抗剪强度更低。木材的横纹切断强度很高（即很难把纤维切断），可达顺纹剪切强度的5倍左右。

　　（4）抗弯强度。

　　木材具有较高的顺纹抗拉、抗压强度，因而也就具有较高的抗弯强度，所以也较多地用于受弯构件，如枕木、木梁、楼板、地板、阁棚、檩条等。

　　（5）影响木材强度的主要因素。

　　①含水率。木材的含水率在纤维饱和点以下变化时，不但会引起木材的体积变化，同时也会影响木材的强度。随着含水率的增加，纤维间的黏结作用降低，使纤维软化、膨胀而互相分离，因而强度降低；反之，随着水分的蒸发，含水率降低，强度也会增加。当含水率在纤维饱和点以上变化时，木材的强度不再变化了。

　　在进行木材力学性质测试时，为使结果具有可比性，统一规定用含水率为15％时的强度作为标准强度。

　　②温度。在温度升高且长期受热作用的条件下，木材的强度降低，脆性增加。试验证明，当温度由20℃升到50℃时，木材的抗压强度下降12％～15％，抗拉强度下降20％～40％，且变形显著增大。温度超过140℃，木材会炭化甚至燃烧。因此，长期处于60℃以上温度环境中的结构，不宜使用木材。

　　③荷载持续时间。在长期荷载作用下，木材的强度（持久强度）比短期荷载作用下的强度（短期强度）低得多，只有短期强度的50％～60％，同时变形亦随时间增大。因此，对木结构的强度设计，要以木材的持久强度作为依据。

　　④疵病（缺陷）。木材的疵病包括天然生长缺陷（如节子、斜纹、弯曲）、加工缺陷（如裂缝、翘曲）和病虫害（腐朽、虫蛀）等，这些疵病都影响木材的外观和强度，导致木材使用价值降低。

　　A.节子。节子是木材在树枝处因纤维变化形成的，有活节、死节、腐朽节和漏节之分。节子，尤其是死节、腐朽节和漏节对木材的外观、完整性、均匀性和强度影响很大。

　　B.裂纹。裂纹是由树木构造不均匀、温湿变化、外力作用，致使木材纤维胀缩不均形成的，有径裂、轮裂、纵裂之分，它们影响木材的出材率和强度。

　　C.斜纹。有斜纹的木材在锯成板材后容易翘曲，对抗弯、抗拉强度影响较大。

　　D.腐朽。木材腐朽是由于菌类寄生引起的。木材腐朽后，材质松软，其强度、硬度大大下降，严重的可使木材失去使用价值。

　　E.虫孔。木材受白蚁、天牛、蠹虫等昆虫的蛀蚀造成虫孔，会严重损害木材的强度。

(三)木材的防护与应用

1. 木材的防护

(1)木材的干燥。

木材在使用前必须进行干燥处理。干燥处理可防止木材受细菌等的腐蚀,减少木材在使用中发生裂缝和翘曲,提高木材的强度和耐久性。

木材的干燥方法有自然干燥和人工干燥两种。

(2)木材的防腐。

①木材的腐朽。

木材的腐朽为真菌侵害所致。引起木材变质和腐朽的真菌有三种,即霉菌、变色菌和腐朽菌。前两种真菌对木材质量影响较小,但腐朽菌影响很大。腐朽菌寄生在木材的细胞壁中,它能分泌出一种酵素,把细胞壁物质分解成简单的养分,供自身摄取生存,这就使细胞壁结构遭受完全的破坏,使木材产生腐朽。

真菌在木材中生存、繁殖时,必须同时具备三个条件,即要有适当的水分、空气和温度。

A. 水分。真菌生存、繁殖适宜的木材含水率为 35%～50%,亦即木材含水率在稍过纤维饱和点时易发生腐朽,而含水率在 20% 以下的气干木材,则不会发生腐朽。

B. 温度。真菌繁殖的适宜温度为 25℃～35℃。温度低于 5℃时,真菌停止繁殖,而高于 60℃时,真菌则死亡。

C. 空气。真菌繁殖和生存需要一定的氧气存在,所以完全浸入水中的木材,则因缺氧而不易腐朽。

②木材的防腐。

根据木材产生腐朽的原因,木材的防腐通常采用两种形式:一种是创造条件,使木材不适于真菌的寄生和繁殖;另一种是把木材变成含毒的物质,使其不能作真菌的养料。

A. 破坏真菌的生存条件。

最常用的方法是对木材进行干燥,使其含水率降至 20% 以下(即干法保管法)。在储存和使用木材时要注意通风和排湿。木材构件表面应刷以油漆,使木材隔绝空气和水汽。总之,要保证使木材构件经常处于干燥状态。

干法保管法是木材的三种物理保管法之一。木材的另外两种物理保管法是湿存保管法和水存保管法。它们的防腐原理,都是通过将木材保持在很高的含水率,使木材细胞腔被水分所占据,木材由于缺乏空气而破坏了真菌生存所需的条件,从而达到防腐的目的。

B. 把木材变成有毒的物质。

将化学防腐剂注入木材内,把木材变成真菌的有毒物质,使真菌无法生存。这是木材的化学保管法。

注入防腐剂的方法很多,通常有表面涂刷法、浸渍法、冷热槽浸透法、压力渗透法等,其中以冷热槽浸透法和压力渗透法效果最好。通常的水溶性防腐剂的品种有:氧化钠、硼酚合剂、氟硅酸纳等;常用的油质防腐剂有:克鲁苏油、蒽油等。

木材除因真菌的存在造成腐朽外,还会遭到昆虫的蛀蚀。常见的蛀虫有蠹虫、天牛、白蚁等,防止虫蛀的方法是向木材内注入防虫剂。

(3)木材的防火。

木材是易燃材料,为了提高木材的耐火性,需要对木材进行防火处理。最简单的方法是将不燃性的材料,如薄铁皮、水泥浆、石膏浆、耐火涂料等覆盖在木材表面,防止木材直接与火焰接触。常用的防火涂料有:无机涂料(如硅酸盐类、石膏等)和有机涂料(如四氯苯酐醇树脂防火涂料、膨胀型丙烯酸乳胶防火涂料等)。

浸注用的防火剂有:以磷酸铵为主要成分的磷—氨系列、硼化物系列、卤素系列以及磷酸—氨基树脂系列等。

2.木材的应用

(1)木材的规格品种。

①原条。原条是已经去除根、梢、枝、皮但未做其他加工的木材品种。它可用于建筑工程的脚手架,各种支撑、电杆,或用来加工各种构件和材料。

原条根据其缺陷程度分为一等、二等两个等级。

②原木。原木是已经去除根、梢、枝、皮并已按一定长度截成的木段。原木按用途分为直接用原木、加工用原木和特级原木。直接用原木可直接应用于支柱、支架、桩木、坑木和建筑工程的屋架、檩条等构件;加工用原木用来加工胶合板、各种锯材和构件的原木;特级原木是用于高级建筑装修和特殊用途的优质原木。

加工原木根据其缺陷程度分为一等、二等、三等三个等级,直接用原木和特级原木也对其缺陷程度分别作了限制。

③锯材(板材)。锯材是已经锯解加工成板的木材。板材按其厚度分为薄板(厚度为12mm、15mm、18mm、21mm)、中板(厚度为 25mm、30mm)和厚板(厚度为 40mm、50mm、60mm);按其缺陷程度分为特等锯材和普通锯材,普通锯材又分为一等、二等、三等三个等级。锯材广泛用于建筑工程门窗、楼板、地面、装饰装潢工程、家具、桥梁、车船配件、包装箱板等。

④枕木。枕木是铁道工程上的特用材料,是按指定尺寸加工成的材料。枕木按其用途分为普通枕木、道岔枕木、桥梁枕木三种,按其质量情况、缺陷程度分为一等和二等两个等级。

(2)木材的综合利用。

我国森林资源有限,并且树木生产缓慢,除需合理使用、节约木材和开发代用材料之外,综合利用是充分利用木材的重要途径。将木材进行合理加工,制成胶合板,或将木材加工中的各种边角料、碎材废料进行加工处理,制作成纤维板、刨花板、细木工板等人造板材,均有广泛应用前途。

①胶合板。胶合板又称层压板,是将原木沿年轮方向旋切成大张薄片,又将各片的木纤维方向相垂直交错,用胶黏剂加热压制而成的人造板材(见图 3 - 56)。胶合板的层数均为奇数,并以层数取名,如三层的叫三合板(三夹板)、五层的叫五合板(五夹板)等。胶合板最小厚度为2.7mm。

图 3 - 56　胶合板

生产胶合板是合理利用木材、改善木材物理力学性能的有效途径,它能制成较大幅宽的板材,消除各向异性,并克服节子和裂纹等缺陷的影响。

胶合板可用于隔墙板、天花板、门芯板、室内装修和家具等。

②纤维板。纤维板是将板皮、刨花、树枝等木材废料经破碎、浸泡、研磨成木浆,再经热压成型、干燥处理而成(见图3-57)。因成型时温度和压力的不同,纤维板分为硬质、半硬质和软质三种。

图3-57 纤维板

纤维板使木材达到充分利用,且构造均匀,避免木材各种缺陷的影响,胀缩小,不易开裂和翘曲。

硬质纤维板需要经热压成型,质地较为坚实,厚度为2.5~5.0mm,有五种规格。硬质纤维板按其静弯强度和吸水率分为特级、一级、二级、三级共四个等级。硬质纤维板在建筑上应用很广,可代替木板用于室内墙壁、地板、门窗、家具、装修。软质纤维板多用于吸声、绝热。

③刨花板、木丝板、木屑板。刨花板、木丝板、木屑板是利用木材加工中大量的刨花、木丝、木屑等副产品经干燥、拌合胶料、加压而成的板材(见图3-58至3-61)。所用的胶料是多种多样的,如动植物胶、合成树脂、水泥、菱苦土等。

图3-58 刨花板

图3-59 木丝板

图3-60 压缩的锯木屑板纹理

图3-61 木屑板

这类板材的表观密度小,强度低,主要用作吸声和绝缘材料。此外,在运输和使用时要注意进行防潮处理。

项目四

爆破材料

在工程建设中,常有"逢山开路,遇水架桥"之说。而用于开山,具有爆炸作用的各种炸药和起爆器材,统称为爆破材料或称火工产品。在实际工程施工中,爆破材料的消耗量不是很大,但却不可缺少。爆破材料属危险性化工产品,具有极高的敏感性和爆炸威力,管理、使用不当会造成严重的危害和社会影响。因此,国家对爆炸材料的生产、运输、销售、储存、保管和使用的管理历来非常严格,制定了一系列相应法规和制度。本项目着重介绍爆炸材料的分类、性质及作用等方面的知识。

任务一　炸药

一、任务描述

掌握炸药的品种、性质及应用。

二、学习目标

通过本任务的学习,你应当:
能读懂炸药的技术指标。

三、任务实施

(一)任务导入,学习准备

引导问题 1:常用的工业炸药有哪些品种?

_____

_____

_____

引导问题 2:炸药有哪些性质?

_____

_____

_____

引导问题 3:工业炸药是如何进行命名的?

_____

_____

_____

_____

(二)任务实施

任务:选择题

1.根据《中华人民共和国用民爆炸物品管理条例》,(　　)依照规定,对管辖地区内爆炸物品的安全管理实施监督检查。

  A.劳动部门　　　　　　　　B.物资部门　　　　　　　　C.公安部门

2.承担爆破的单位使用爆破器材,必须经(　　)审查同意,向所在地县公安局申请领取"爆破物品使用许可证",方准开展爆破工作。

  A.生产安全部门　　　　　　B.工程监理部门　　　　　　C.上级主管部门

3.进行爆破作业时,其安全操作必须遵守(　　)。

  A.施工合同的有关规定　　B.设计说明书的有关规定　C.《爆破安全规程》

4.爆破作业人员复查不合格,应(　　)。

  A.参加相关爆破知识培训　B.参加下一年度复审

  C.停止爆破作业,吊销其安全作业证

5.工程爆破中通常使用的炸药大多为(　　)。

  A.单质炸药　　　　　　　　B.混合炸药　　　　　　　　C.化合炸药

6.下面成本最低的炸药是(　　)。

  A.铵梯炸药　　　　　　　　B.铵油炸药　　　　　　　　C.乳化炸药

7.爆破工程中应用最多的炸药是(　　)。

  A.黑火药　　　　　　　　　B.硝化甘油炸药　　　　　　C.硝铵炸药

8.对新入库的爆破器材,应(　　)进行爆破性能检验。

  A.按厂方要求　　　　　　　B.全部　　　　　　　　　　C.抽样

四、任务评价

1.完成以上任务评价的填写

班级:　　　　　　　　姓名:

考核项目		分数				教师评价得分
		差	中	良	优	
自学能力		8	10	11	13	
言谈举止	工作过程安排是否合理规范	8	10	15	20	
	陈述是否清晰完整	8	10	11	12	
	是否正确领会运用已学知识来解决实际问题	7	10	15	18	
	是否积极参与活动	7	10	11	13	

续表

考核项目	分数				教师评价得分
	差	中	良	优	
是否具备团队合作精神	7	10	11	12	
成果展示	7	10	11	12	
总计	52	70	85	100	最终得分：
教师签字：　　　　　　　　　　　年　　月　　日					

2.自我评价

(1)完成此次任务过程中存在哪些问题？

_____

_____

_____

(2)请提出相应的解决问题的方法。

_____

_____

_____

五、知识讲解

炸药爆炸是一种化学反应,这种反应迅速,在极短时间内产生的气体体积要比原来的炸药体积增大数千倍,并放出大量的热量,从而产生极大的压力和冲击力,以及极高的温度使周围土石等受到不同程度的振动和破坏,形成爆炸,并发出爆炸巨大声响。

用于各种爆破工程的炸药称为工业炸药。工业炸药要求爆炸性能好,有足够的猛度、适当的敏感度和安全性,起爆方便可靠,有良好的爆破效果,能用普通雷管起爆,在规定的保管期内不易变质失效,爆炸后产生有毒气体少,能保证储存与使用的安全。

在工程的爆炸施工中,最常用的工业炸药主要有铵梯炸药、乳化炸药、水胶炸药、硝化甘油炸药等。近几年来,以乳化炸药和铵梯炸药使用更为普通。

(一)工业炸药分类与命名

1.分类

《工业炸药分类与命名规则》(GB/T17582—2011)规定,工业炸药按组成和物理特征分为5大类17小类(见表4-1)。每类炸药的简称一般取两个汉字,不易区分时可取三个汉字;代号由简称汉字拼音大写首位字母组成。

表 4-1　工业炸药类别及简称和代号

炸药类别		简称	代号
硝化甘油类炸药	胶质硝化甘油炸药	硝甘胶	XGJ
	粉状硝化甘油炸药	硝甘粉	XGF
铵梯类炸药	铵梯炸药	铵梯	AT
	铵梯油炸药	铵梯油	ATY
铵油类炸药	粉梯铵油炸药	铵梯粉	AYF
	多孔粒状铵油炸药	铵梯粒	AYL
	膨化硝铵油炸药	铵梯膨	AYP
	乳化铵油炸药	铵梯乳	AYR
	铵松蜡炸药	铵松	AS
	铵沥蜡炸药	铵沥	AL
含水炸药	浆状炸药	浆状	JZ
	水胶炸药	水胶	SJ
	乳化炸药	乳化	RH
	粉状乳炸药	乳化物	RHF
其他炸药	大乳炸药	大乳粉	TR
	粒状黏性炸药	黏粒	NL
	液体炸药	液*	Y*

注：* 液体炸药的简称汉字和代号根据液体炸药的主要成分来确定。例如：以硝酸肼为主要成分的液体炸药，其简称液肼，其代号为"YJ"。

2. 命名规则

工业炸药命名包括三个部分，即全称、简称和代号（见表 4-2）。

工业炸药的命名以反映产品的主要属性和用途为主。

工业炸药的名称一般由炸药类别、用途、特性或特征（必要时）、产品序号或安全级别组成。工业炸药的类别及简称和代号见表 4-2。

表 4-2　工业炸药的用途、简称和代号

炸药用途	简称	代号
岩石爆破	岩	Y
煤矿爆破	煤	M
露天爆破	露	L
地震勘探	震	Z
爆炸加工（含压接、切割、成型等）	加	J

工业炸药的用途按其使用对象或效能分为五种，见表 4-2。若某种炸药具有几种用途

时,则按其中的主要用途表示。用途的简称用一汉字表示,用途的代号用简称汉字汉语拼音的大写首位字母表示。

工业炸药的特性(特征)分为四种,见表4-3。特性(特征)的简称用两个汉字表示,代号由简称汉字汉语拼音的大写首位字母组成。

表4-3 工业炸药的特性(或特征)及简称和代号

特性或特征	简称	代号
抗水	抗水	KS
难冻	难冻	ND
耐热	耐热	NR
被筒	被筒	BT

工业炸药的产品序号为同一类别、相同用途的产品的顺序号,用阿拉伯数字表示;安全级别为煤矿许用炸药的安全级别,全称中用汉字表示,简称和代号中用罗马数字表示。

工业炸药全称的表示方法如图4-1所示,简称和代号的表示方法如图4-2所示。

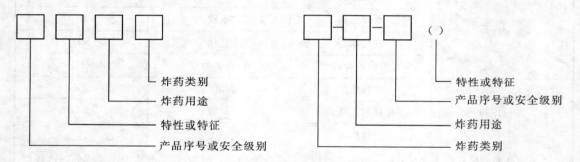

图4-1 工业炸药全称表示法　　图4-2 工业炸药简称和代号表示法

3.工业炸药命名示例

工业炸药命名示例见表4-4。

表4-4 工业炸药命名示例

序号	全称	简称	代号
1	1号难冻胶质硝化甘油炸药	硝甘胶—1(难冻)	XGJ-1(ND)
2	1号岩石粉状硝化甘油炸药	硝甘粉—岩—1	XGF-Y-1
3	2号抗水露天铵梯炸药	铵梯—露—2(抗水)	AF-L-2(KS)
4	2号岩石铵梯炸药	铵梯—岩—2	AT-Y-2
5	2号抗水岩石铵梯油炸药	铵梯油—岩—2(抗水)	ATY-Y-2(KS)
6	3号粉状铵油炸药	铵油粉—3	AYF-3
7	1号铵松蜡炸药	铵松—1	AS-1
8	铵沥蜡炸药	铵沥	AL
9	多孔粒状铵油炸药	铵油粒	—AYL

序号	全称	简称	代号
10	岩石膨化硝铵炸药	铵油膨—岩	AYP - Y
11	岩石粉状乳化炸药	乳化粉—岩	PHF - Y
12	2 号露天浆状炸药	浆状—露-2	JZ - L - 2
13	三级煤矿许用乳化炸药	水胶—煤—Ⅲ	SJ - M -Ⅲ
14	三级煤矿许用乳化炸药	乳化—煤—Ⅱ	RH - M -Ⅱ

(二)常用工业炸药

1.铵梯炸药

铵梯炸药按使用范围分为露天铵梯炸药(适用于露天爆破工程)、岩石铵梯炸药(适用于露天及无沼气和矿尘爆炸危险的地下爆破工程)及煤矿许用铵梯炸药(适用于有沼气或煤尘爆炸危险的煤矿爆破工程)三大类;按其抗水性能分为普通铵梯炸药和抗水铵梯炸药两大类。抗水铵梯炸药适用于一般有水作业的爆破工程。

铵梯炸药命名执行《工业炸药分类和命名规则》(GB/T17582—2011)的规定。铵梯药的组分含量应符合表 4-5 的要求。

表 4-5　铵梯炸药的组分含量

炸药名称	组分含量(%)				
	硝酸铵	梯恩梯	木粉	盐	抗水剂
1 号露天铵梯炸药	80.0~84.0	9.0~11.0	7.0~9.0	—	—
2 号露天铵梯炸药	84.0~88.0	4.0~6.0	8.0~10.0	—	—
2 号抗水露天铵梯炸药	84.0~88.0	4.0~6.0	7.2~9.2	—	0.6~1.0
3 号露天铵梯炸药	86.0~90.0	2.5~3.5	8.0~10.0	—	—
2 号岩石铵梯炸药	83.5~86.5	10.0~12.0	3.5~4.5	—	—
2 号抗水岩石铵梯炸药	83.5~86.5	10.5~11.5	2.7~3.7	—	0.6~1.0
3 号岩石铵梯炸药	80.5~83.5	13.0~15.0	3.5~4.5	—	—
4 号抗水岩石铵梯炸药	77.7~80.7	18.5~21.5	—	—	0.5~1.0
2 号煤矿许用铵梯炸药	69.5~72.5	9.5~10.5	3.5~4.5	14.0~16.0	—
2 号抗水煤矿许用铵梯炸药	70.5~73.5	9.5~10.5	1.7~2.7	14.0~16.0	0.6~1.0
3 号煤矿许用铵梯炸药	65.5~68.5	9.5~10.5	2.5~3.5	19.0~21.0	—
3 号抗水煤矿许用铵梯炸药	65.5~68.5	9.5~10.5	2.1~3.1	19.0~21.0	0.3~0.5

注:(1)允许在炸药组分以外另加不多于 0.5% 的添加剂。

(2)木粉可用甘蔗渣粉、棉籽饼粉代替。

(3)被筒煤矿许用铵梯炸药的芯药为 2 号、3 号煤矿许用铵梯炸药或抗水煤矿许用铵梯炸药,被筒内盐量为芯药的 45%~50.0%。

(4)抗水剂一般为沥青与石蜡的混合液(质量比 1∶1),若采用其他抗水剂需经技术鉴定通过方可使用。

铵梯炸药的药卷规格有:32mm±1mm、35mm±1mm、38mm±1mm、42mm±1mm(被筒炸药)。药卷质量为:100g±2g、150g±3g、200g±5g。

2.乳化炸药

乳化炸药属含水炸药大类,按用途主要分为岩石乳化炸药(适用于无沼气和矿尘爆炸危险的爆破工程)、露天乳化炸药(适用于露天爆破工程)、煤矿许用乳化炸药(适用于有沼气和煤尘爆炸危险的爆破工程)三类。

乳化炸药的外包装标志及内外包装应符号《工业炸药包装》(GB14493—1993)之规定,其中净重是指箱内药卷质量之和或散装炸药每件炸药质量。药卷规格按外径计,有32mm±1mm和35mm±1mm两种。每一包装件内药卷质量不应超过30kg,散装炸药每一包装件净重不应超过40kg,净重偏差不大于1‰。用户需要其他规格的药卷时,可由双方协商在合同中注明。

乳化炸药与铵梯炸药相比,有安全性能好、抗水性强、操作简单等优点,亦属铁路工程爆破施工广泛应用的炸药之一。

3.水胶炸药

水胶炸药按用途分为岩石水胶炸药(适用于无沼气和矿尘爆炸危险的爆破工程)、煤矿许用水胶炸药(适用于有沼气和煤尘爆炸危险的爆炸工程)和露天炸药(适用于露天爆破工程)。

水胶炸药的药卷规格(外径)一般为32mm±1mm或35mm±1mm,也可根据用户要求规格生产。每一包装件内药卷质量不应超过30kg。外包装标志及内、外包装和每一包装内应随带产品合格证、使用说明书(编写的规定与乳化炸药规定相同),但标志中的净重仅指箱内药卷质量之和(因标准中无散装炸药)。

水胶炸药爆炸性能好、敏感度低、威力大、抗水性强,适用于隧道工程使用。除以上介绍的常用炸药外,还有用于隧道光面爆破的专用炸药,包括国产104-20、北化-20、枝城-20,均含有 TNT 约14%,药卷规格分别是(直径×长度的毫米数)20×600、20×610、20×500。

(三)炸药的性质

炸药的性质主要有密度(药卷密度)、爆速、猛度、殉爆距离、作功能力等。

1.密度

密度是指其质量(g)与其所占体积(cm^3)之比。炸药密度在实际工作中很重要。对于相同质量的炸药而言,密度越小,药包的容积就越大,必然增加炮眼深度和增大眼径,致使工作量增大。因此,对于爆力相等的炸药,应选用密度最大的。药卷密度是将炸药按照一定标准制成卷后的密度,卷内炸药的密度表示方法与炸药密度表示方法相同。

2.爆速

爆速是指炸药爆炸的快慢程度,反映炸药在起爆药的起爆下爆炸的速度,以 1s 时间传播距离表示(单位为 m/s)。一般用于岩石爆破的爆速较大,用于煤矿的爆速较小。如铵梯炸药,岩石用的爆速为$\geqslant 3.2 \times 10^3 m/s \sim \geqslant 3.5 \times 10^3 m/s$,而用于煤矿的为$\geqslant 2.5 \times 10^3 m/s \sim \geqslant 2.6 \times 10^3 m/s$。

3.猛度

猛度是指炸药爆炸时破坏一定量的岩石或土,使之成为细块的能力,即炸药的猛烈程度。

猛度按《炸药猛度试验铅柱压缩法》(GB/T 12440—1990)的规定测定。猛度与爆速成正比。如岩石铵梯炸药的猛度不小于 12mm,露天岩石铵梯炸药的猛度不小于 5mm。不同号数的猛度各不相同。

4.殉爆距离

一个药卷的炸药爆炸后,引起另一个药卷爆炸,其两药卷端面的最大距离叫做殉爆距离。一个药卷引发另一个药卷爆发的现象称殉爆。殉爆距离以 cm 表示。如岩石铵梯炸药的殉爆距离,浸水前不小于 5cm,浸水后不小于 4cm。

5.作功能力

作功能力是指炸药爆炸产生的高温压缩气体膨胀而破坏一定介质(岩石或土)体积的能力,即炸药对介质的破坏能力。这个能力取决于炸药自身的潜在能力,也就是炸药发挥其潜能所产生的机械功。炸药的作功能力按《炸药作功能力试验铅法》(GB/T 12436—1990)的规定测定。

任务二 起爆材料

一、任务描述

1.掌握起爆材料的品种及其应用;
2.掌握工业雷管的管理。

二、学习目标

通过本任务的学习,你应当:
1.能读懂起爆材料的技术指标;
2.能对起爆材料进行正常的验收与保管。

三、任务实施

(一)任务导入,学习准备

引导问题 1:工业雷管如何进行管理?

_____

_____

_____

引导问题 2:起爆材料有哪些?

_____

_____

_____

(二)任务实施

任务:单选题

1.炸药是一种( )物质。

A.高能量　　　　B.高威力　　　　C.高密度　　　　D.高能量密度

2.梯恩梯属于( )炸药。

A.单质　　　　B.混合　　　　C.高分子　　　　D.液体

3.炸药在常温下具有相当好的( )。

A.热安定性　　　B.爆炸性能　　　C.热分解性　　　D.析晶性

4.下列起爆器材中,不能传爆的器材是( )。

A.导火索　　　　B.导爆索　　　　C.继爆管

5.运输爆破器材时,( )。

A.由装车人员押运　　B.必须由押运员负责押运　C.必须由公安人员负责押运

四、任务评价

1.完成以上任务评价的填写

班级:　　　　　　姓名:

考核项目		分数				教师评价得分
		差	中	良	优	
自学能力		8	10	11	13	
言谈举止	工作过程安排是否合理规范	8	10	15	20	
	陈述是否清晰完整	8	10	11	12	
	是否正确领会运用已学知识来解决实际问题	7	10	15	18	
是否积极参与活动		7	10	11	13	
是否具备团队合作精神		7	10	11	12	
成果展示		7	10	11	12	
总计		52	70	85	100	
教师签字:			年　月　日			最终得分:

2.自我评价

(1)完成此次任务过程中存在哪些问题?

_____

_____

_____

(2)请提出相应的解决问题的方法。

_____

_____

_____

_____

五、知识讲解

起爆材料包括雷管、导火索、导爆索和导爆管。

(一)雷管

雷管是一种起爆装置,它以其爆炸能来起爆炸药或起爆传爆线。按起爆方式的不同,雷管分为火雷管(即普通雷管)与电雷管两种。管壳有铜、铁、铝、纸及塑料5种。按其构造及装药量的不同,又分为1~10共10种号码。号码越大,装药量越多。

1.火雷管

火雷管由管壳、起爆药和加强帽三部分组成(见图4-3)。管壳材料为铜、铁、铝或纸,常用的为6号和8号。内包装为纸盒,每盒100发;外包装为木箱,每箱为50盒,共500发。

火雷管遇冲击、摩擦、按压、火花、热等影响均会发生爆炸,易受潮失效。

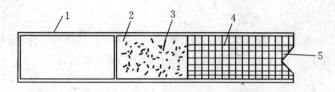

1—管壳;2—加强帽;3—正起爆药;4—副起爆药;5—聚能穴

图4-3　火雷管

管壁或管口上如有粉末或管内有杂物时,只许放在指甲上轻敲除之,不得重倒或重扣,严禁用口吹或用其他物品去掏。火雷管应储存在干燥、通风良好的库房内,以防受潮或降低爆炸力或产生拒爆。

纸雷管应加强防潮,以免受潮失效。

火雷管适用于一般爆破工程,但在沼气及矿层较多的坑道工程中不宜使用。外观检查发现有裂口、锈点、砂眼、受潮、起爆药浮出等,均不能使用。

2.电雷管

电雷管与火雷管大体相同,不同的是在管壳开口的一段设有一个电气点火装置。电雷管有即发和延发之分,都采用电能起爆。

(1)即发电雷管。

即发电雷管又称瞬发电雷管或电发雷管,其基本构造与火雷管相同,只是加装了一个电力引爆装置(见图4-4)。即发电雷管按其外壳材质可分为紫铜雷管、铝铁雷管、纸雷管三种;按长度和口部直径可分为6号和8号两种。紫铜雷管及铝铁雷管均有6号和8号两种,纸壳雷管仅有8号一种。即发电雷管除铝铁雷管外,适用于一切爆破工程使用,但在有瓦斯及矿尘爆炸危险的坑道工程不宜使用。外观检查发现金属壳雷管的绿色斑点和裂缝、皱痕或起爆药浮出,纸壳管表面有松裂、管体起爆药有碎裂,以及脚线有扯断者,均不能使用。即发电雷管内包装为纸盒,每盒100发;外包装为木箱,每箱10盒,共1000发。

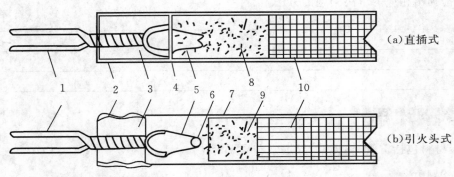

（a）直插式

（b）引火头式

1—脚线；2—管壳；3—密封塞；4—纸垫；5—桥丝；6—引火头；
7—加强帽；8—DDNP；9—正起爆药；10—副起爆药

1—脚线；2—管壳；3—密封塞；4—纸垫；5—桥丝；6—引火头；7—加强帽；
8—DDNP；9—正起爆药；10—副起爆药

图 4-4　即发电雷管

（2）延发电雷管。

延发电雷管又称延发、延期或段发电雷管，分为秒延期电雷管和毫秒延期电雷管两种。其号码、管壳分段、包装与即发电雷管相同（见图 4-5）。

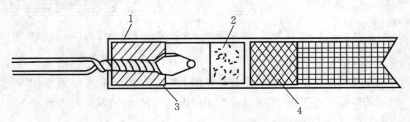

1—塑料塞；2—延期药；3—延期内管；4—加强帽

图 4-5　延发电雷管

秒延期电雷管的构造与即发电雷管的不同之处在于，引燃剂与起爆药之间增加了一段缓燃导火索或能起延时作用的缓燃剂。除有延期时间的要求外，其他性能与即发电雷管基本相同。延期时间段分别为五段和七段。五段的延长时间以脚线颜色区分，七段的延长时间在产品上段标明。秒延期电雷管用于没有沼气、爆炸气体及矿尘较少的坑道和各种爆破工程，特别适用于几个雷管先后爆炸时使用，如炮孔法分层爆破。

毫秒延期电雷管又称毫秒雷管，按起爆延期时间分为多个段别。国产毫秒电雷管的延期时间（ms）段数越大，延长时间越长。1~10 段分别以脚线颜色区分，11~20 段以标牌标志区分。

毫秒雷管均为 8 号，管壳有铝镁、铁、纸三种。铝镁管者有 1~30 段，脚线长度为 3m；铁管者有 1~15 段，脚线长度为 2m；纸管者有 1~5 段，脚线长度为 2m。金属管内包装为纸盒，每盒 50 发，外包装为木箱，每箱 10 盒，共 500 发；纸管内包装为纸盒，每盒 100 发，外包装为木箱，每箱 10 盒，共 1000 发。

毫秒雷管适用于大面积爆破工程或组发起爆各种猛性药包,不能用于有沼气的作业面。

各种电雷管在使用前均应进行外观和导电检查,测量电阻是否在同一网络中,各雷管之间的电阻差不超过 0.2Ω。检查时,雷管应放在挡板后面距工作人员 5m 以外的地方。电雷管的脚线如绝缘制作起爆体时,电雷管的脚线要轻拿轻放,防止与地面摩擦。

3.工业雷管的管理

为了加强工业雷管的管理,落实生产、销售、运输、使用各个环节的管理责任,有效预防雷管流散社会,维护公共安全,公安部、国防科工委以公通字〔2001〕36 号文颁发了《关于对工业雷管实行编号管理有关问题的通知》。通知要求自 2001 年 1 月 1 日起,在全国范围内对工业雷管实施统一编号管理。为此,将有关要求摘录如下:

(1)雷管生产企业必须按照公安部和国防科工委确定的工业雷管编码规则及技术要求,在生产环节对每发雷管进行编号。自 2002 年 1 月 1 日起,凡没有编号的纸壳雷管一律不得销售;自 2002 年 6 月 1 日起,凡没有编号的金属壳雷管一律不得销售。

(2)所有民爆器材销售企业自 2002 年 1 月 1 日起,不得购买没有编号的纸壳雷管;自 2002 年 6 月 1 日起,不得购买没有编号的金属壳雷管;自 2002 年 1 月 1 日起,所有民爆器材销售企业在销售库存的未经编号的雷管时,必须向购买地公安机关出具从生产企业购买该批雷管的时间证明。

(3)所有工业雷管使用单位自 2002 年 6 月 1 日起必须建立雷管领用、发放登记管理制度,要将雷管编号落实到每一个爆破作业人员,并将有关管理信息按照公安部的统一标准及时报送所在地县级人民政府公安机关备查。

(4)工业雷管编码的基本原则及技术要求。

工业雷管编码的基本原则是:生产企业在生产过程中,在雷管壳外表适合部位编印出厂代码。代码必须包括生产企业代号、生产日期、编码机机台号、生产线下线流水号。在中包盒外贴上能包含有雷管编码信息的光电识别码或其他标志。在中包盒外、包装箱外的标志必须符合相关规定。

工业雷管壳外表编码信息由 13 位数码组成,数码排列及含义如图 4-6 所示。

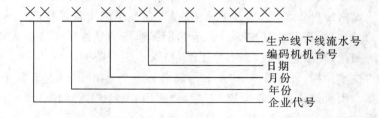

图 4-6 工业雷管壳外表编码信息

编码代码具体表示方法如下:

①工业雷管生产企业代号用"01~99"2 位阿拉伯数字表示。

②生产年份用"0~9"1 位阿拉伯数字表示。

③生产月份用"01~12"2 位数字表示 1~12 月份。

④生产日期用"01~31"2 位数字表示 1~31 日。

⑤编码机机台号用 A、B、C、…、Z 或 a、b、…、y(小写字母 c、d、s、u、v、w、x、z 除外)1 位英文字母表示,也可用 1 位阿拉伯数字表示。

⑥雷管生产线下线流水号用"00000～99999"5 位阿拉伯数字表示,万、千、百位数必须连续排列,百位后的十位、个位数可分开排列,具体含义由包装箱内雷管编码信息使用指导卡作明确规定。

(二)导火索

导火索又称导火线,用于一般爆破工程(有瓦斯的场所、洞库工程除外)传递火焰、起爆火雷管或引爆黑火药包等,可在干燥、潮湿的地方使用。根据燃烧速度的不同,可分为正常燃烧导火索和缓慢燃烧导火索两种。

(1)导火索的结构:内部为黑火药芯,外面依次包缠棉线、黄麻(可亚麻)、涂沥青、包牛皮纸等,外面再用棉线缠紧,涂以石蜡沥青涂料,两端涂以防潮剂。

(2)导火索的技术指标:外径 5.2～5.8mm,药芯直径不小于 2.2mm,长度为 10m±0.1m。

(3)燃速:普通(正常)导火索为 100～125s/m;缓燃导火索为 180～210s/m。

(4)喷火强度:不低于 50mm。

(5)导火索的质量要求:粗细均匀,无折伤变形、受潮、发霉、严重油污、剪断处散头等现象;包裹严密,纱线编织均匀,包皮无松开、无破损,外观整洁;存放温度不超过 40℃,通风、干燥条件下保证期为 2 年。

(6)导火索的检查方法:在 1m 深静水中浸泡 4h 后,燃速和燃烧性能正常;燃烧时,无断火、透火、外壳燃烧及爆声;使用前作燃速检查,先将原导火索两头剪去 50～100mm,然后根据燃速将导火索剪成所需的长度,两端须平整,不得有毛头,检查两端芯药是否正常。导火索每盘长 250m±2m,内用塑料袋包装,外用纸箱包装,每箱 4 盘共 1000m。

导火索适用于一般爆破工程,不宜用于有瓦斯或矿尘爆炸危险的作业面。

(三)导爆索

导爆索又称导爆线或传爆线,外表与导火索相似,但其性质及作用与导火索不同。导火索传递导火焰,而导爆索传导爆轰波,具有爆速快、引燃药卷不用雷管等特点。

(1)导爆索的结构:由药芯及外皮组成。药芯用爆速高的烈性黑索金制成,以棉线、纸条为包缠物,并涂以防潮剂,外层包皮线,表面涂以红色,索头涂有防潮剂。

(2)导爆索的技术指标:外径 5.5～6.2mm,药芯直径 3～4mm,爆速不低于 6506m/s,抗拉强度不小于 3060N,用火焰点爆时不爆燃、不起爆(应用 8 号火雷管起爆)。

(3)起爆性能:2m 长的导爆索能完全起爆一个 200g 的压装 TNT 药块。

(4)导爆索的质量要求:外观无破损、折伤、药粉撒出、松皮、中空等现象;扭曲时不折断,炸药不散落;无油脂和油污;在 0.5m 深、温度为 10℃～25℃的水中浸 24h 后,仍能完全爆轰;在 -28℃～50℃不失起爆性能;在温度不超过 40℃,通风、干燥条件下储存,保证期为 2 年。

导爆索适用于一般爆破作业中直接起爆 2 号岩石炸药,也适用于深孔爆破和大量爆破药室的引爆,并可用于几个药室同时准确起爆,但它不宜用于有瓦斯、矿尘的作业面及一般炮孔法爆破。由于成本较高,它在坑道掘进中采用较少。

导爆索每卷长 50m±0.5m,内包装每卷用塑料袋,外包装用木箱,每箱 10 卷共 500m。

(四)导爆管

导爆管起爆是一种非导起爆系统,由导爆管、终端雷管和连接元件组成,是近代的一种新技术,受到国内外的广泛重视。

导爆管是一种半透明的具有一定强度、韧性、耐温、不透火、内涂一层胶状高燃混合炸药(主药为黑索金或奥克托金,其余是铝粉和其他添加剂)的聚合物塑料软管,涂药量为(16 ± 1.6)mg/m,具有抗火、抗电、抗冲击、抗水以及导爆安全等性能。起爆时,以1700m/s左右的速度通过软管而引爆火雷管,但软管不破坏。因此,导爆管是一种安全的导爆材料。

(1)导爆管的技术指标:外径3.0mm,内径(1.4 ± 0.1)mm,爆速$(1650\sim1950\pm50)$m/s;抗拉力:25℃时不低于70N,50℃时不低于50N,-40℃时不低于100N;耐静电性能:在30kV、30pF、极距10cm条件下,1min不起爆;耐温性:50℃±5℃、-40℃±5℃时起爆传爆可靠。

导爆管的质量要求:表面有伤损(孔洞、裂口等)或管内有杂物者不得使用;传爆雷管在连接块中,能同时起爆9根塑料导爆管;在炎焰作用下不起爆;在80m深处,经48h后起爆正常;在卡斯特落锤10kg、150cm落高的冲击作用下不起爆。

导爆管在运输保管中,可作非危险品处理。与雷管、导火索、导爆索相比,具有作业简便、安全、抗杂散电流、起爆可靠、原材料易得、成本低、运输方便、效率高等优点。

在导爆管起爆系统中,所使用的雷管有非电瞬发雷管、非电毫秒延期雷管、非电半秒延期雷管。

项目五

油料

工业用液体燃料是以石油原油、页岩及煤焦油等经蒸馏而得到的。其热值高、容积和重量较小，便于储存使用，灰分小，无残渣，广泛应用于飞机、火车、汽车、空气压缩机及工程施工机械等方面。按使用方式不同，工业用液体燃料分为液化器式（点燃式）内燃机（汽油机）用燃料及压缩式内燃机（柴油机）用燃料、锅炉用燃料、灯用燃料等几大类。

建筑工程施工的运输工具及机械设备对成品油的需求量很大，因此成品油通常被称为建筑工程"五大"材料之一。

为保证铁路运输生产建设的顺利进行，保障成品油的供应，铁道部组织了协调燃料油的供应工作，国家对铁路用油也采取了适度倾斜政策。目前在较大工程项目施工中，上级有关部门从对油料加强管理出发，都采取了设置集中供油点，划段供应施工单位的办法，较好地缓解了供需矛盾。

任务一　车用无铅汽油

一、任务描述

了解车用无铅汽油的牌号、技术性质及应用。

二、学习目标

通过本任务的学习，你应当：

1. 能读懂车用无铅汽油的技术指标；
2. 能对汽油进行正常的验收与保管。

三、任务实施

（一）任务导入，学习准备

引导问题 1：GB 17930—2006 与原 GB 17930—1999《车用无铅汽油》标准比较有什么差异？

_____

_____

_____

_____

引导问题 2:车用无铅汽油在运输、贮存过程中有哪些要求?

_____

_____

_____

引导问题 3:汽油有哪些使用性能要求?

_____

_____

_____

(二)任务实施

任务 1:继云南、贵州出现"熄火门"之后,广西也爆出了"问题汽油"事件。不少车主反映,在当地加油站加油后,汽车会出现发动机无力甚至熄火等故障。请分析事故的原因是什么?并回答车用汽油的基本要求是什么?

_____

_____

_____

任务 2:柴油车加汽油,汽油车加柴油,为什么能走?

_____

_____

_____

四、任务评价

1.完成以上任务评价的填写

班级:　　　　　　　　姓名:

考核项目		分数				教师评价得分
		差	中	良	优	
自学能力		8	10	11	13	
言谈举止	工作过程安排是否合理规范	8	10	15	20	
	陈述是否清晰完整	8	10	11	12	
	是否正确领会运用已学知识来解决实际问题	7	10	15	18	
	是否积极参与活动	7	10	11	13	
	是否具备团队合作精神	7	10	11	12	

考核项目	分数				教师评价得分
	差	中	良	优	
成果展示	7	10	11	12	
总计	52	70	85	100	最终得分:
教师签字:			年　月　日		

2. 自我评价

(1)完成此次任务过程中存在哪些问题?

_____

_____

_____

(2)请提出相应的解决问题的方法。

_____

_____

_____

五、知识讲解

　　汽油是从石油中提炼出来的一种易挥发、易燃烧的无色透明的液体。按其用途不同分为汽油、航空汽油和溶剂汽油三种。本节仅介绍无铅汽油。

　　当前,汽油仍是汽车的主要燃料,在我国民用汽车保有量中,汽油车约占 75%。汽油质量升级一般要经过三个阶段,一是辛烷值升级,二是无铅化,三是组分优化。按照《机动车排放污染防治技术政策》提出的汽车排放污染物控制水平,我国车用汽油的质量将不断提高。

(一)汽油的使用性能

1. 蒸发性

　　汽油由液态转化为气态的性质,叫做汽油的蒸发性。

　　汽油蒸发性不好,则混合气形成不良,低温时发动机启动困难,燃烧不完全,使发动机预热时间加长,使油耗增加,碳氢化合物(HC)排放浓度增加,未蒸发的汽油冲刷发动机气缸油膜,流入曲轴箱后稀释发动机油,加剧发动机油变质,影响正常润滑。因此,要求汽油应具有良好的蒸发性。但是,汽油的蒸发性过好也会发生许多问题:

　　(1)使汽油机供给系易产生气阻,即汽油蒸气滞留于汽油机供给系中,阻碍汽油流动的现象,气阻会导致发动机不能正常工作或停机后不能启动;

　　(2)使汽油在保管和使用中的蒸发损失增加,增加汽油蒸气的排放浓度;

　　(3)使电子控制汽油喷射发动机中的碳罐容易过载,且由于油路中气泡增多,影响喷油器流量的稳定,直接影响发动机的闭环控制,进而影响发动机排放污染物的治理。

汽油蒸发性的评定指标是馏程和饱和蒸气压。

2.抗爆性

抗爆性是指汽油在汽油机内燃烧时不产生爆燃的性能。汽油机在燃烧过程中,由于末端混合气完成焰前反应,在火焰前锋面到达之前,引起自燃,并以极高速传播火焰,产生带爆炸性质的冲击压力波,发出尖锐的金属敲击声,这种现象叫做爆燃。爆燃的危害是:使发动机功率下降;使油耗增加;使活塞、气缸垫、气门、火花塞、轴瓦等零件损坏,还会造成气缸的异常磨损。

因此,要求汽油具有良好的抗爆性。为提高汽油的抗爆性,一是采用先进的炼制工艺,生产抗爆性好的基础油;二是添加抗爆剂。无铅汽油不以四乙基铅为抗爆剂,而是添加抗爆性好的含氧化合物,如甲基叔丁醚(MTBE)等,其中,铅含量不可察觉或严格限制(我国无铅汽油目前铅含量不大于 $0.005g/L$)。

汽油抗爆性的评定指标是辛烷值和抗爆指数。

3.氧化安定性

汽油的氧化安定性是指热稳定性,即防止生成高温沉积物的能力。

从化油器(或喷油器)、进气门到燃烧室,汽油所处的温度越来越高,汽油烃类的氧化深度也随温度升高而增加,生成燃烧室沉积物和进气门沉积物等,使化油器变脏,使电喷发动机喷油器结胶堵塞,使进气门粘着关闭不严等,因此使化油器或电喷系统不能正常工作,排气污染物浓度增加。

影响汽油氧化安定性的因素就汽油本身而言,主要是汽油的烃组成和性质,沉积物一般随烯烃含量、芳烃含量、胶质和90%蒸发温度的升高而增加。

汽油氧化安定性的评定指标一般是实际胶质和诱导期。

4.腐蚀性

汽油在运输、贮存和使用过程中,不可避免地要与各种金属接触。如果汽油具有腐蚀作用,就会腐蚀运输设备、贮油容器和发动机零部件,因此要求汽油无腐蚀性。如果汽油中有元素硫、活性或非活性硫化物、水溶性酸或碱等存在时,就具有腐蚀性。

5.无害性

汽油的成分一方面直接影响汽车的排放污染,同时还关系到汽车排放污染控制装置的作用。所以,在生产无铅汽油的过程中,对无铅汽油的其他有害物的含量也应当控制。

6.机械杂质和水分汽油中不应含有机械杂质和水分

机械杂质会使化油器的量孔、喷嘴和汽油喷射系统的喷油器堵塞,机械杂质进入燃烧室会使燃烧室沉积物增加,加速气缸、活塞环的磨损。

水分混入汽油中,会加速汽油的氧化,能与汽油中的低分子有机酸生成酸性水溶液,腐蚀零件,水分本身对金属零件就有锈蚀作用。汽油中含有水分,低温时易结冰成为冰粒而堵塞油路。

(二)汽油的标准和技术要求

考虑到我国 2007 年汽油无铅化后的实际情况及环保部门和汽车部门的要求,国家质量技术监督局于 2006 年 12 月 06 日发布了 GB 17930—2006《车用无铅汽油》标准(以下简称新标准）。

1. 范围

新标准规定了由液体烃类和由液体烃类及改善使用性能的添加剂组成的车用无铅汽油的技术条件,本标准规定的产品适用于作点燃式内燃机的燃料。

2. 引用标准

下列标准所包含的条文,通过引用而成为本标准的一部分。除非在标准中另有明确规定,下述引用标准都应是现行有效标准。

GB/T 11132—2008 　液体石油产品烃类的测定 荧光指示剂吸附法

GB/T 11140—2008 　石油产品硫含量的测定 波长色散 X 射线荧光光谱法

GB/T 17040—2008 　石油和石油产品硫含量的测定 能量色散 X 射线荧光光谱法

GB/T 1792—1988 　馏分燃料中硫醇硫测定法（电位滴定法）

GB/T 259—1988 　石油产品水溶性酸及碱测定法

GB/T 260—1977 　石油产品水分测定法

GB/T 380—1977 　石油产品硫含量测定法（燃灯法）

GB/T 503—1995 　汽油辛烷值测定法（马达法）

GB/T 5096—1985 　石油产品铜片腐蚀试验法

GB/T 511—1988 　石油产品和添加剂机械杂质测定法（重量法）

GB/T 5487—1995 　汽油辛烷值测定法（研究法）

GB/T 6536—1997 　石油产品蒸馏测定法

GB/T 8017—1987 　石油产品蒸气压测定法（雷德法）

GB/T 8018—1987 　汽油氧化安定性测定方法（诱导期法）

GB/T 8020—1987 　汽油铅含量测定方法（原子吸收光谱法）

SH 0164—1992 　石油产品包装、贮运及交货验收规则

SH/T 0174—1992 　芳烃和轻质石油产品硫醇定性试验法（博士试验法）

SH/T 0253—1992 　轻质石油产品中总硫含量测定法（电量法）

SH/T 0663—1998 　汽油中某些醇类和醚类测定法（气相色谱法）

SH/T 0689—2000 　轻质烃及发动机燃料和其他油品的总硫含量测定法（紫外荧光法）

SH/T 0693—2000 　汽油中芳烃含量测定法（气相色谱法）

SH/T 0711—2002 　汽油中锰含量测定法（原子吸收光谱法）

SH/T 0712—2002 　汽油中铁含量测定法（原子吸收光谱法）

SH/T 0713—2002 　车用汽油和航空汽油中苯和甲苯含量测定法（气相色谱法）

SH/T 0741—2004 　汽油中烃族组成测定法（多维气相色谱法）

SH/T 0742—2004 　汽油中硫含量测定法（能量色散 X 射线荧光光谱法）

3. 技术要求

97 号、98 号车用无铅汽油的技术要求见表 5 - 1。

表 5 - 1　车用无铅汽油技术要求

项目	质量指标		试验方法
	97 号	98 号	
抗暴性 研究法辛烷值（RON）不小于	97	98	GB/T 5487
铅含量（g/L）	0.005		GB/T 8020
馏程： 10％蒸发温度，℃　不高于 50％蒸发温度，℃　不高于 90％蒸发温度，℃　不高于 终馏点，℃　不高于 残留量，％（v/v）不大于	70 120 190 205 2		GB/T 6536
蒸汽压（Kpa） 从 9 月 16 日至 3 月 15 日　　不大于 从 3 月 16 日至 9 月 15 日　　不大于	88 74		GB/T 8017
实际胶质，mg/100ml 不大于	5		GB/T 8019
诱导期，min　不小于	480		GB/T 8018
硫含量，％	0.05（修改后）		GB/T 380
博士试验	通过		SH/T 0174
硫醇硫含量，％（m/m）不大于	0.001		GB/T 1792
铜片腐蚀（3h,50℃），级	1		GB/T 5096
水溶性酸碱	无		GB/T 259
苯含量，％（v/v）不大于	2.5		SH/T 0173
芳烃含量，％（v/v）不大于	40		GB/T 11132
烯烃含量，％（v/v）不大于	35		GB/T 11132
机械杂质及水分	无		目测

4.新标准与原标准的比较

新标准与原 SH 0041—1993《车用无铅汽油》标准比较，有以下主要差异：

（1）硫含量指标由不大于 0.15％（质量）降为不大于 0.10％（质量）。但为适应大城市环保的需要，新标准规定，从 2000 年 7 月 1 日起在北京、上海和广州执行不大于 0.08％（质量），从 2003 年 1 月 1 日起在全国范围内执行不大于 0.08％（质量）。

（2）铅含量指标由不大于 0.012 g/L 降为不大于 0.005 g/L。

（3）增加了苯含量、苯烃含量测定项目，指标分别为不大于 25％、40％、35％（体积），且烯烃含量测定项目从 2000 年 7 月 1 日起在北京、上海和广州实施，从 2003 年 1 月 1 日起在全国范围内实施。

（4）氧含量测定项目加注说明，指标定为不大于 2.7％（质量）。

（5）铁不得人为加入。

新标准规定车用无铅汽油的牌号按研究法辛烷值分为 90 号、93 号和 95 号三个牌号。

新标准规定车用无铅汽油的标志、包装、运输、贮存及交货验收按 SH 064 进行。符合新标准的车用无铅汽油在运输、贮存过程中不得使用含铅汽油使用过的管道、容器及机泵。如要使用时，必须进行特殊处理后方可使用。凡向用户销售符合新标准的车用无铅汽油所使用的加油机泵和容器都应标明下列标志："无铅 90 号汽油""无铅 93 号汽油"和"无铅 95 号汽油"，并应标志在汽车驾驶员可以看到的地方。

（三）汽油的选择

车用汽油的选择应遵循以下原则：

（1）根据发动机压缩比进行抗爆性的选择，压缩比越大，汽油的牌号越高。

（2）装有三效催化转化器和氧传感器的汽车尽量选择含铅量低的汽油。

（3）推广使用加入有效的汽油清净剂的无铅汽油。

（4）注意无铅汽油低硫含量、低烯烃含量的发展趋势。

（5）注意汽油质量是影响汽车技术状况和汽车排放的重要因素。

（6）区分季节选择汽油的蒸发性，冬季应选择蒸气压较大的汽油，夏季应选择蒸气压较小的汽油。

任务二　柴油

一、任务描述

1.掌握柴油的质量及选用；

2.掌握柴油的牌号及其选用。

二、学习目标

通过本任务的学习，你应当：

1.能读懂柴油的技术指标；

2.能根据情况选用柴油的牌号。

三、任务实施

（一）任务导入，学习准备

引导问题 1：柴油有哪些用途？

_____

_____

_____

引导问题 2：请叙述车用柴油有哪些质量要求？

_____

_____

_____

引导问题 3：请比较汽油和柴油，说说这两种燃料的特点和区别是什么？

_____

_____

_____

引导问题 4：柴油有哪些牌号？如何进行选用？

_____

_____

_____

引导问题 5：如何预防柴油的毒性？

_____

_____

_____

_____

(二)任务实施

任务 1：请给出车用柴油的简单鉴定方法，至少列举三种方法。

_____

_____

_____

任务 2：某建筑工地的柴油车意外使用了非标柴油，请问非标柴油对柴油车有哪些危害？

_____

_____

_____

任务 3：如何辨别柴油中加入了汽油？

_____

_____

四、任务评价

1. 完成以上任务评价的填写

班级：　　　　　　　　　　姓名：

考核项目		分数				教师评价得分
		差	中	良	优	
自学能力		8	10	11	13	
言谈举止	工作过程安排是否合理规范	8	10	15	20	
	陈述是否清晰完整	8	10	11	12	
	是否正确领会运用已学知识来解决实际问题	7	10	15	18	
是否积极参与活动		7	10	11	13	
是否具备团队合作精神		7	10	11	12	
成果展示		7	10	11	12	
总计		52	70	85	100	最终得分：
教师签字：			年　　月　　日			

2. 自我评价

(1)完成此次任务过程中存在哪些问题？

_____

_____

_____

(2)请提出相应的解决问题的方法。

_____

_____

_____

_____

五、知识讲解

我国柴油主要分为馏分型和残渣型柴油机油料两类。

馏分型柴油机燃料即为轻柴油和车用柴油，前者适用于高速(1000r/min 以上)柴油机为动力的轿车、汽车、拖拉机、铁路内燃机车、工程机械、船舶和发电机组等压燃式发动机；后者主要用于压燃式柴油发动机汽车。

残渣型类柴油机燃料目前主要用于船用大功率、低速(1000r/min 以下)柴油机为动力的拖拉机及其他内燃机械，故又称为船用残渣燃料油。

柴油是一种压缩式内燃机用燃料，它通过高压油泵喷入气缸与预先吸入气缸内经过压缩而成高温的空气接触而燃烧。

(一)不同类型柴油的认知

1.车用柴油

车用柴油,特别是轿车用柴油,必须使用十六烷值在 50 以上、硫含量低于 500ppm、氧化安定性不高于 2.5mg/100mL 的柴油。

车用柴油为透明液体,一般为白色,气味较大,比水轻,易挥发,易燃易爆。

2.轻柴油

轻柴油的十六烷值仅在 45,硫含量要求不高于 2000ppm,因此,其无法满足柴油轿车的行驶要求。

轻柴油的颜色为浅黄色或微红色,气味较大,易燃易爆。

目前国内加油站销售的柴油多数是轻柴油。中国石化在北京、广州等城市已经开始供应车用柴油。

(二)柴油的性能指标

1.燃烧性(抗爆性)

柴油的燃烧性指柴油在燃烧时的工作稳定性。由于柴油机没有点火设备,要求其燃料有较高的十六烷值,以保证着火性和发动机工作的平稳性。影响柴油机爆震的因素较多,其中柴油的着火性是主要因素之一。燃烧性的评价指标有:十六烷值和自燃点。十六烷值是表示柴油在发动机中着火性能的一个约定量值。自燃点指能使柴油自行着火燃烧的温度。

对柴油燃烧性的要求:要求轻质柴油和车用柴油有良好的燃烧性,十六烷值适宜,自燃点低,燃烧完全,发动机工作稳定性好,不发生爆震现象,能发挥应有的功率。我国现有轻柴油的十六烷值都不小于 45,其着火性能良好(见表 5－2)。

表 5－2 部分燃油的闪电和自燃点

油品	闪点	自燃点
汽油	<28℃	510℃～530℃
煤油	28℃～45℃	380℃～425℃
轻柴油	45℃～120℃	350℃～380℃
重柴油	>120℃	300℃～330℃

2.低温流动性

低温流动性指柴油在低温条件下所具有的一定流动性状态的性能。

若低温流动性好,则能保证柴油在低温条件下可靠地喷入气缸;若低温流动性差,则汽车在低温条件下使用时,会因柴油失去流动性而中断供油,导致汽车无法行驶。

低温流动性的评价指标有:凝点、浊点、冷凝点。凝点指在规定条件下,柴油冷却到液面不能移动时的最高温度。浊点是柴油在规定下,开始出现烃类的微晶粒或水雾而使油品呈现浑浊时的最高温度。冷滤点指在规定条件下,柴油不能以 20mL/min 的流量通过一定规格过滤器的最高温度。

3.蒸发性

蒸发性指柴油由液态转化为气态的性能。

蒸发性的评价指标有馏程和闪点。馏程与汽油略有不同,车用柴油的馏程主要用50%、90%和95%回收温度评价。柴油的馏程过重,不易蒸发,燃烧不完全,积炭增多。为使柴油能完全燃烧,应有一定的馏程。对高速柴油机应用馏程较轻的柴油,其他型式的柴油机,馏程可高一些。闪点是将可燃性液体在专门仪器和规定条件下加热,其蒸气与空气形成的混合气与火焰接触,发生瞬间闪火的最低温度。

4.黏度

黏度是保证车用柴油正常输送、雾化、燃烧及油泵润滑的重要质量指标,黏度关系到发动机供油系统(滤清器、油泵、喷嘴)的正常工作。

黏度的评价指标有动力黏度和运动黏度。动力黏度和运动黏度之间有简单的换算关系,车用柴油的黏度用运动黏度评价。动力黏度表示柴油在一定剪切应力下流动时摩擦力的量度。运动黏度表示柴油在重力作用下流动时内摩擦力的量度。

轻柴油和车用柴油对黏度的质量要求为:黏度适宜,即具有良好的流动性,以保住高压油泵的润滑油和喷油雾化的质量,利于形成良好的混合气。

5.腐蚀性

柴油中的硫燃烧后的生成物对发动机具有强烈的腐蚀性,还会严重污染环境。腐蚀性的评价指标有:硫含量、硫酸硫含量、酸度、铜片腐蚀、水溶性酸或碱。

6.安定性

安定性是指柴油在运输、贮存和使用过程中保持颜色、组成和使用性能不变的能力。安定性评价指标有:催速安定性沉渣、碘值、实际胶质、10%蒸余物残炭。

7.清洁性

柴油机供给系统的主要部件对柴油的清洁程度要求极高,其评价指标有:灰分、水分和机械杂质。

(三)柴油的质量要求

(1)易着火。

(2)不含杂质。由于柴油的喷油泵、喷油嘴等机件的构造精密,微量杂质即会增大其磨损。如含杂质超标,极易造成柴油机燃料系统的故障。

(3)不易结胶。柴油中的一些不安全成分(如酸性过大、硫含量过高)在储存中会渐渐形成胶状物质,这些胶质不易在气缸中完全燃烧,会形成积炭和结焦,影响供油和雾化,阻碍发动机正常工作,增加机械的腐蚀与磨损。

(4)有一定的馏程。

(5)不能混入机械杂质和水分的柴油混入了机械杂质和水分,会使内燃机燃料系统的机件保养期缩短,甚至过早损坏,如含有水分,在冬季使用时会因冰结晶堵塞过滤器,影响发动机的燃料系统供油;此外,还能使柴油发热量降低,影响柴油在气缸中的燃烧。

(四)柴油的牌号与选用

我国生产的柴油按凝点的高低来划分柴油牌号。

2013年2月7日,我国正式公布《车用柴油标准》(GB 19147－2013)代替《车用柴油标准》(GB19147－2009),新标准于发布之日起在全国执行。该标准将车用柴油按凝点划分为六个牌号:5号、0号、－10号、－20号、－35号、－50号。各牌号均表示其凝点不高于牌号的数值(℃)。柴油牌号越低,柴油的凝点就越低,柴油的价格就越高。

在选用轻柴油时,应根据不同地区与不同季节选用不同牌号。所选用的柴油牌号一般比环境温度低5℃～10℃。气温低时,选择凝点较低的柴油牌号;气温高时,则选用凝点较高的柴油牌号。根据GB19147－2009标准要求,选用车用柴油牌号应遵循以下原则:

5号轻柴油适用于风险率为10%的最低气温在8℃以上的地区使用;

0号轻柴油适用于风险率为10%的最低气温在4℃以上的地区使用;

－10号轻柴油适用于风险率为10%的最低气温在－5℃以上的地区使用;

－20号轻柴油适用于风险率为10%的最低气温在－14℃以上的地区使用;

－35号轻柴油适用于风险率为10%的最低气温在－29℃以上的地区使用;

－50号轻柴油适用于风险率为10%的最低气温在－44℃以上的地区使用。

(五)柴油使用的注意事项

(1)柴油在储存、运输、使用中应注意严防混入机械杂质和水分。

(2)柴油的储存容器、加注工具、柴油机供给系统应定期清洗,保持清洁。

(3)不同牌号的柴油不能混合使用,供油单位及贮存部门应分别存放,不得混放。

(4)在低温条件下使用柴油机可采取以下措施:

①使用低牌号柴油。

②采用预热柴油机供给系统的方法防止柴油凝固。

③往高凝点柴油中掺入20%～40%的灯用煤油。绝不可向柴油中掺入汽油。

④向进气管内喷入起动液协助起动。

任务三　润滑油

一、任务描述

1.了解润滑油的分类及作用;

2.了解柴油机油和汽车机油的牌号;

3.掌握润滑油的控制指标。

二、学习目标

通过本任务的学习,你应当:

1.能读懂润滑油的控制指标;

2.能根据工程情况判断润滑油选用是否合理;

3.能对润滑油进行正常的验收与保管。

三、任务实施

(一)任务导入,学习准备

引导问题 1:什么是磨损?什么是润滑油?

_____

_____

_____

引导问题 2:润滑剂的主要功能是什么?

_____

_____

_____

引导问题 3:什么是闪点?

_____

_____

_____

引导问题 4:润滑油的质量优劣从哪些方面来评定?

_____

_____

_____

引导问题 5:设备运行中,润滑油起泡是怎么回事?

_____

_____

_____

_____

(二)任务实施

任务 1:单选题

1.对于磨损情况较严重的发动机,在选择机油时,宜选用(　　)的机油。

A. 黏度大(间隙大,填充要大,机油密封性能要好)　　　　B. 黏度小

C. 黏度一样　　　　　　　　　　　　　　　　　　D. 低温性能好

2.汽油机油在使用不久后很快变黑,说明油品(　　)。

A.已经变质　　B. 清洁性能差　　C. 清净性能差

D. 清净性能好(清净分散剂,把粘附的杂质和积碳溶解清洗)

任务2:以下是用户使用润滑油过程中观察到的一些现象,请根据现象判断出原因。

1.润滑油油温异常高。

_____

_____

_____

2.润滑油变白。

_____

_____

_____

3.润滑油变黑。

_____

_____

_____

任务3:有人认为,只要油换得勤,差一点润滑油也可以使用,这种说法正确吗?为什么?

_____

_____

_____

四、任务评价

1.完成以上任务评价的填写

班级: 姓名:

考核项目		分数				教师评价得分
		差	中	良	优	
自学能力		8	10	11	13	
言谈举止	工作过程安排是否合理规范	8	10	15	20	
	陈述是否清晰完整	8	10	11	12	
	是否正确领会运用已学知识来解决实际问题	7	10	15	18	
是否积极参与活动		7	10	11	13	
是否具备团队合作精神		7	10	11	12	
成果展示		7	10	11	12	
总计		52	70	85	100	
教师签字:			年 月 日			最终得分:

2.自我评价

(1)完成此次任务过程中存在哪些问题?

_____

_____

_____

(2)请提出相应的解决问题的方法。

_____

_____

_____

_____

五、知识讲解

(一)润滑剂

1.润滑油的分类

我国润滑油的品种是按用途区分的,如汽油机油、柴油机油、齿轮机油、机械油等。同一品种的润滑油又分为几级。

润滑油的牌号是按一定温度下的运动黏度来划分的。

润滑油的质量优劣从两个方面来评定:一是物化性能,如密度、黏度、闪点、残炭、水分、机械杂质、酸值、灰分、水溶性酸碱等;二是使用性能,如氧化安定性、腐蚀性、油性、极压性和清净分散性等。

2.润滑油的作用

(1)降低摩擦。在摩擦面之间加入润滑剂,形成润滑油膜,避免金属直接接触造成摩擦,从而降低摩擦系数,减少摩擦阻力,减少功率损失。

(2)减少磨损。摩擦面间具有一定强度的润滑膜,能够支撑负荷,避免或减少金属表面的直接接触,从而可减轻接触表面的塑性变形、融化焊接、剪断再黏接等各种程度的粘着磨损。

(3)冷却降温。润滑剂能够降低摩擦系数,减少摩擦热的产生。

(4)密封隔离。润滑剂特别是润滑脂,覆盖于摩擦表面或其他金属表面,可隔离空气、湿气或其他有害介质,保护摩擦面。

(5)冲洗清净。润滑剂在润滑过程中不断流动,可及时冲刷摩擦表面上的磨屑及污物,防止发生磨粒磨损。

(6)动力传递和防锈防腐。在许多情况下,润滑剂具有传递动力的功能,如液压传动等。摩擦面上有润滑剂存在,就可以防止因空气、水滴、水蒸气、腐蚀性气体及液体、尘埃、氧化物引起的锈蚀。

3.润滑油的控制指标

(1)黏度:反映油品的内摩擦力,是表示油品油性和流动性的一项指标。在未加任何功能添加剂的前提下,黏度越大,油膜强度越高,流动性越差。

(2)黏度指数:黏度指数表示油品黏度随温度变化的程度。黏度指数越高,表示油品黏度受温度的影响越小,其粘温性能越好,反之越差。

(3)闪点:在规定的条件下,加热润滑油,当油温达到某温度时,润滑油的蒸气和周围的空气的混合气,已经与火焰接触,即发生闪火现象,这个最低的闪火温度叫润滑油的闪点。在黏度相同的情况下,闪点越高越好,一般认为,闪点比使用温度高 $20℃\sim30℃$,即可安全使用。

(4)酸值:测定润滑油中有机酸总含量的质量指标,中和 1g 润滑油中酸所需用的氢氧化钾的毫克数。

(5)水分:是指润滑油中含水量的百分数,通常是重量百分数。润滑油中水分的存在,会破坏润滑油形成的油膜,使润滑效果变差,加速有机酸对金属的腐蚀作用,锈蚀设备,使油品容易产生沉渣。

(6)机械杂质:是指存在于润滑油中不溶于汽油、乙醇和苯等溶剂的沉淀物或胶状悬浮物。这些杂质大部分是砂石和铁屑之类,以及由添加剂带来的一些难溶于溶剂的有机金属盐。通常润滑油基础油的机械杂质都控制在 0.005% 以下(机械杂质在 0.005% 以下被认为是无)。

(7)腐蚀:将规定的金属片,浸入试油中,在一定温度下经过一定时间后,观察金属的颜色变化,以评定润滑油对金属的腐蚀性是否合格。

(8)氧化安定性:说明润滑油的抗老化性能,测定油品氧化安定性的方法很多,基本上都是一定量的油品在有空气(或氧气)及金属催化剂的存在下,在一定温度下氧化一定时间,然后测定油品的酸值、黏度变化及沉淀物的生产情况。一切润滑油都依其化学组成和所处外界条件的不同,而具有不同的自动氧化倾向。随使用过程而发生氧化作用,因而逐渐生成一些醛、酮、酸类和胶纸、沥青质等物质,氧化安定性则是抑制上述不利于油品使用的物质生成的性能。

(9)热安定性:表示油品的耐高温能力,也就是润滑油对热分解的抵抗能力,即热分解温度。油品的热安定性主要取决于基础油的组成,很多分解温度较低的添加剂往往对油品安定性有不利影响;抗氧剂也不能明显地改善油品的热安定性。

(10)灰分:润滑油在规定条件下,完全燃烧,剩下的残余。

(11)倾点:是指油品在规定的实验条件下,被冷却的试样能够流动的最低温度。倾点较凝点高几度。

(二)柴油机油

柴油机油的最新国家标准是《柴油机油》(GB 11122—2006)。该标准是将《L－ECC 柴油机油》(GB 11122—89)和《L－ECD 柴油机油》(GB 11123—89)合并制定的。根据《内燃机油分类》(GB/T 7631.3—1995)的规定,标准所属产品代号由 L－ECC 和 L－ECD 改为 CC 和 CD。

该标准规定了以精炼制矿油、合成油或者两者混合为基础油,加入多种添加剂制成的 CC 和 CD 柴油机油的技术条件,明确规定标准所属产品适用于四冲程柴油机的润滑。CC 和 CD 两个品种按《内燃机油黏度分类》(GB/T 14906—94)划分黏度等级。黏度等级(牌号)如下:

(1)CC 品种柴油机油有九个牌号,即 0W/40、5W/50、10W/50、15W/50、20W/60、30、40、50、60。

(2)CD 品种柴油机油有八个牌号中凡带有 W 者,均为冬用柴油机油。

(三)汽油机油

汽油机油的最新标准是《汽油机油》(GB 11121—2006),该标准从 2006 年 7 月 1 日起实施。

《汽油机油》规定了以精制矿油、合成烃油或精制矿油与合成烃油混合为基础油,加入多种添加剂制成的汽油机油和汽油机/柴油机通用油的技术条件。标准所属产品适用于四冲程发动机的润滑。

该系列标准包括代号为 SC、SD、SE、SF 四个品种汽油机油和代号为 SD/CC、SE/CC、SF/CD 三个品种的汽油机/柴油机通用油。每个品种按 GB/T 14906 划分黏度等级。汽油机的牌号是按黏度等级表表示的。牌号中凡带有 W 者,均为低温运动黏度指标要求。

任务四 油料的质量维护与安全常识

一、任务描述

掌握油料的质量维护与安全常识。

二、学习目标

通过本任务的学习,你应当:

能对油料进行正常的验收、保管与维护。

三、任务实施

(一)任务导入,学习准备

引导问题 1:油品可以分为哪几类?

_____

_____

_____

引导问题 2:在油料的储存、收发和使用过程中,常用的消防器材有哪些?

_____

_____

_____

引导问题 3:油料在贮存、保管中应注意哪些问题?

_____

_____

_____

(二)任务实施

任务 1:如何防止油料混入水杂变质?

_____

_____

_____

任务 2:为了防止油料中的轻质成分蒸发和氧化变质,应采取哪些措施?

_____

_____

_____

_____

四、任务评价

1.完成以上任务评价的填写

班级: 　　　　　姓名:

考核项目		分数				教师评价得分
		差	中	良	优	
自学能力		8	10	11	13	
言谈举止	工作过程安排是否合理规范	8	10	15	20	
	陈述是否清晰完整	8	10	11	12	
	是否正确领会运用已学知识来解决实际问题	7	10	15	18	
是否积极参与活动		7	10	11	13	
是否具备团队合作精神		7	10	11	12	
成果展示		7	10	11	12	
总计		52	70	85	100	
教师签字: 　　　　　年　　月　　日						最终得分:

2.自我评价

(1)完成此次任务过程中存在哪些问题?

_____

_____

_____

_____

（2）请提出相应的解决问题的方法。

_____

_____

_____

_____

五、知识讲解

油料具有品种繁多、质量指标要求严格、技术性能较高、易挥发、易燃烧、易爆炸等特点。因此、在产、运、贮、销、用各个环节都必须注意防止油品污染、变质和加强安全防护。

(一)油品的质量维护

（1）油料的生产企业必须按国家标准进行生产和控制成品油的质量，做到：产品不合格不许出厂；分析项目不全不许出厂；质量检查员、技术负责人不签字不许出厂；包装容器不符合标准规定不许出厂；不按标准规定留样不许出厂。

（2）油料的运输工具和容器必须彻底清洗。未按规定清洗干净的不应装运，以免造成水杂污染和混油串油。

（3）油料的接卸首先要把好入库验收关，做到：不符合标准的不收；没有交货合格证不收。

接卸用的油泵、管线、油罐等必须经常保持清洁，新桶的口盖要严密，桶内不得存有铁屑，油桶洗刷要清除残油和铁锈。接卸黏油严禁用烃油稀释，使用电加温或蒸气加温时，必须保证水汽不得侵入油料，所用工具必须清洁，不得向油槽车内带入人为的水杂。

（4）油料在贮存、保管中主要应防止不同牌号、不同季节使用的油料混存和防止风吹雨淋、浸入水分杂质。桶装油一般不要在露天存放，特别是夏季和冬季经日晒雨淋和风沙霜的侵袭，极易造成油料变质。桶装油应用油漆喷刷明显标志，且不宜存放太久，尤其是汽油，桶装贮存一般不要超过半年，并应放在阴凉处，避免日光曝晒。桶装时要注意不能装得太多或太少：装得太多，会热胀溢出或胀裂油桶；装得太少，又不能充分利用容器的容量，还会增大蒸发损失，加速汽油氧化生胶，所以应留出 7% 的空隙为宜。

（5）防止轻质成分蒸发和氧化变质应采取以下措施：降低温度，减少温差，选择阴凉处存放，减少日光曝晒；储油罐涂刷银灰色、白色或浅色油漆，以反射阳光，降低温度；尽量采用地下、半地下或山洞的贮存方式；贮存期较长、装油量不满安全容量的，要适时合并；减少不必要的倒装，因为倒装一吨汽油在空气中损耗即达 1.5~2kg，还会增加油料与空气的接触而加速氧化；尽量密封贮存，减少与空气的接触，对于蒸发性较大的汽油根据罐形、罐位、罐的质量、所贮牌号等具体条件，采取相应措施，以保证安全。发放时，应将一个容器的油发完后再发另一个容器的。

（6）油料中混入水分后能腐蚀机件，低温时水分冻结能堵塞油路，会加快油料氧化速度，会使胶质生成增大 2.5 倍，大量水分存在还会使一些添加剂分解或沉淀，使其失效。掺加某些添加剂的机油、各种纳基脂遇水还会乳化。

为防止油料混入水杂变质，应做到：

①贮油容器一定要干净；

②尽量避免在风沙、雨雪天装卸运送，必要时，应做好遮盖防护；

③桶装油料应尽量存入库房，如库容有限，需临时放在露天料场时，要将油桶的一端垫高，使油桶倾斜，但桶盖必须在上方，以防流进雨水。

（7）防止混油或容器污染变质。一种油料混入另一种油料中会影响质量，甚至变质。如润滑油中混入轻质油料后，会降低闪点和黏度或使其馏点升高。因此，在接卸、倒装油料时，要仔细核对油料的品种牌号，避免相混淆；对装过油料的容器改装其他油料时，要认真检查，按规定要求刷洗后才能使用；用过的油泵、输油管要彻底清洗干净。

（二）油料的安全常识

油料，特别是轻质油料，有高度的挥发性、爆炸性、燃烧性，在一定条件下能引起静电火花，各种油料均有不同程度毒性，对人体呼吸器官和皮肤等会造成伤害，尤其是含铅油料，毒性更甚，所以必须采取有效措施，加强安全防护。

（1）控制可燃物，杜绝渗漏、洒落，一旦出现必须及时收拾干净；贮油场所及周围不得有树枝、干草、油棉纱等易燃物质，用过的沾油棉纱、棉布等应放在有盖的铁桶内，并及时处理。

（2）严格执行制度，断绝火源，预防火灾，掌握有关消防知识，正确使用灭火器等。

附录

劳动防护用品按照防护部位分为以下十类：

（1）安全帽类。安全帽是用于保护头部，防撞击、挤压伤害的护具。主要有塑料、橡胶、玻璃、胶纸、防寒和竹藤安全帽（见图1）。

图 1　安全帽

（2）呼吸护具类。呼吸护具是预防尘肺和职业病的重要护品（见图2）。按用途分为防尘、防毒、供养三类，按作用原理分为过滤式、隔绝式两类。

图 2　呼吸护具

呼吸防护系列产品有：活性炭一次性口罩、医用纱口罩、无纺布一次性口罩、3MM口罩、双滤盒舒适型硅质半面具、防毒单罐、防尘口罩、单罐防尘口罩 。

（3）眼防护具。用以保护作业人员的眼睛、面部，防止外来伤害。眼防护具分为焊接用眼防护具、炉窑用眼护具、防冲击眼护具、微波防护具、激光防护镜以及防X射线、防化学、防尘等护具(见图3)。

图 3　眼防护具

(4)听力护具。长期在 90dB(A)以上或短时在 115dB(A)以上环境中工作时应使用听力护具。听力护具有耳塞、耳罩(见图4)和帽盔三类。

图 4　耳罩

(5)防护鞋。用于保护足部免受伤害。目前主要产品有防砸鞋、绝缘鞋、防静电鞋、耐酸碱鞋、耐油鞋、防滑鞋等(见图5)。

图 5　防护鞋

(6)防护手套。用于手部保护,主要有耐酸碱手套、电工绝缘于套、电焊手套、防 X 射线手套、石棉手套等(见图6)。

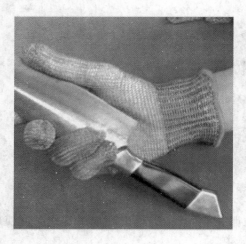

图 6　防护手套

　　(7)防护服。用于保护职工免受劳动环境中的物理、化学因素的伤害。防护服分为特殊防护服和一般作业服两类(见图 7)。

图 7　防护服

　　(8)防坠落具。用于防止坠落事故发生,主要有安全带、安全绳和安全网(见图 8)。

图 8　防坠落具

　　(9)护肤用品。用于外露皮肤的保护,分为护肤膏和洗涤剂。

（10）面罩面屏。用于保护脸部的保护，有防护屏、防护面屏、ADF 焊接头盔等（见图 9）。

图 9 面罩面屏

参考文献

[1]崔占全,等.工程材料[M].北京:机械工业出版社,2003.

[2]符芳.建筑材料[M].2版.南京:东南大学出版社,2001.

[3]陈志源,李启令.土木工程材料[M].2版.武汉:武汉理工大学出版社,2003.

[4]刘顺祥.土木工程材料[M].北京:中国建材工业出版社,2001.

[5]吴科如,等.土木工程材料[M].上海:同济大学出版社,2003.

[6]彭小芹,等.土木工程材料[M].重庆:重庆大学出版社,2002.

[7]阎西康,等.土木工程材料[M].天津:天津大学出版社,2004.

[8]向才旺.建筑装饰材料[M].北京:中国建筑工业出版社,2004.

[9]黄晓明,潘钢华,赵永利.土木工程材料[M].南京:东南大学出版社,2001.

[10]湖南大学,等.土木工程材料[M].北京:中国建筑工业出版社,2002.

图书在版编目(CIP)数据

工程材料/张月芳主编. —西安:西安交通大学
出版社,2016.2
ISBN 978 - 7 - 5605 - 8305 - 1

Ⅰ.①工… Ⅱ.①张… Ⅲ.①工程材料-高等职业教
育-教材 Ⅳ.①TB3

中国版本图书馆 CIP 数据核字(2016)第 032796 号

书　　名	工程材料	
主　　编	张月芳	
责任编辑	王建洪	
出版发行	西安交通大学出版社	
	(西安市兴庆南路 10 号　邮政编码 710049)	
网　　址	http://www.xjtupress.com	
电　　话	(029)82668357　82667874(发行中心)	
	(029)82668315(总编办)	
传　　真	(029)82668280	
印　　刷	西安明瑞印务有限公司	

开　　本	787mm×1092mm　1/16　**印张** 15.125　**字数** 364 千字	
版次印次	2016 年 8 月第 1 版　　2016 年 8 月第 1 次印刷	
书　　号	ISBN 978 - 7 - 5605 - 8305 - 1/TB・101	
定　　价	34.80 元	

读者购书、书店添货,如发现印装质量问题,请与本社发行中心联系、调换。
订购热线:(029)82665248　(029)82665249
投稿热线:(029)82668133
读者信箱:xj_rwjg@126.com